黄河
演变与治理

彭瑞善　著

中国水利水电出版社
www.waterpub.com.cn

·北京·

内 容 提 要

本书为作者 60 余年对黄河演变和治理方面的研究成果的总结，对当前黄河治理有重要的参考价值和借鉴作用。本书收集作者 18 篇研究重要成果，共分 5 章，即河流的形成、演变、治理和输沙，研究河流的途径和方法，河道整治经验总结及水资源优化利用，新时代河流治理的基本研究课题，以及黄河的治理。特别诸如按下垫面变化修正水沙资料等思路概念、理论方法和治理技术，对于变化环境下的江河治理具有重要的参考价值。

本书可供从事与江河开发治理有关的规划、设计、科研、管理等方面的工作人员和大专院校师生参考应用，也可供一切关心喜爱江河的人们阅读欣赏。

图书在版编目（CIP）数据

黄河演变与治理 / 彭瑞善著. -- 北京 : 中国水利
水电出版社，2021.12
ISBN 978-7-5226-0328-5

Ⅰ. ①黄… Ⅱ. ①彭… Ⅲ. ①黄河－河道整治－研究
Ⅳ. ①TV882.1

中国版本图书馆CIP数据核字(2021)第260613号

书　　名	**黄河演变与治理** HUANG HE YANBIAN YU ZHILI
作　　者	彭瑞善　著
出版发行	中国水利水电出版社 （北京市海淀区玉渊潭南路 1 号 D 座　100038） 网址：www. waterpub. com. cn E - mail：sales@waterpub. com. cn 电话：(010) 68367658（营销中心）
经　　售	北京科水图书销售中心（零售） 电话：(010) 88383994、63202643、68545874 全国各地新华书店和相关出版物销售网点
排　　版	中国水利水电出版社微机排版中心
印　　刷	天津嘉恒印务有限公司
规　　格	184mm×260mm　16 开本　13.25 印张　322 千字
版　　次	2021 年 12 月第 1 版　2021 年 12 月第 1 次印刷
印　　数	001—800 册
定　　价	**75.00 元**

前言

　　新时代、新形势、新情况，河流治理也必须有相应的新理念、新举措。本书是根据作者 60 余年研究黄河等江河演变和治理方面的成果编写的，对当前黄河治理有重要价值。我国已进入绿色发展的新时代，与过去相比，大地正在变绿，河水正在变清，进入河流的泥沙大幅度减少。

　　水沙条件是河流演变和开发治理的基本依据。随着流域下垫面的变化，早期观测的水沙资料已不再具有可重现的性质，须按下垫面的变化对水沙资料进行动态的修正，修正后的水沙资料才更接近未来实际情况，才能作为河流治理规划、工程设计和管理运用的依据。

　　黄河下游过去实施"宽河固堤"的治河方略是因为水少沙多，河道持续淤积，为保障大堤防洪安全，才牺牲滩区居民的利益。现在，由于已有水土保持工作的成效和干支流已建成水库的运用，及水土保持工作的继续进行和干支流水库的继续修建，黄河下游的洪水基本得到控制，河道已持续冲刷 20 年，按照修正后的水沙资料，预测未来的发展趋势是继续冲刷，直到冲淤交替的准平衡状态，不可能再发生持续淤积的情况。因此，应该修改"宽河固堤"的治河方略，实施根治黄河的治河方略。习近平总书记在黄河流域生态保护和高质量发展座谈会上的讲话中指出："下游滩区既是黄河滞洪沉沙的场所，也是 190 万群众赖以生存的家园""河南、山东居民迁建规划实施后，仍有近百万人生活在洪水威胁中""改善人民群众生活、保护传承弘扬黄河文化，让黄河成为造福人民的幸福河。"要解决滩区居民不受洪水威胁，就需要修堤保护。

　　作者分析了大量实测资料，并研究了黄河规划等有关成果，提出沿滩地修建防护流量 10000m³/s 的堤防，使滩区的防洪标准达到百年一遇，并可节约 100 多亿元移民搬迁费，此建议提交国家发展和改革委员会，发改委的回复为：他们正在研究编制黄河流域生态保护和高质量发展有关文件，在编制过程中将积极研究吸纳作者的建议。在绿色发展的新时代，泥沙减少的趋势是不可逆转的，因此，许多河流的治理，都应该用修正后的水沙资料来预测未来的水沙条件。对有水电资源开发的河流，为了提高水资源的利用效益，应尽力先在河流上游灌区推广节水灌溉技术，节约的水不但可增大下游河段的基流，而且可增加梯级电站的发电量和保证出力。以上研究成果在网上发布后，同行国际出版社或期刊编辑部纷纷来信，表示赞同和愿意推广。根据作者多年在黄河边的观察、测量和思考，觉得边界条件对河流的演变和治理有重要影响，在一定条件下可以改变河型，因而在20世纪60年代，曾提出依据修建整治工程的情况，对黄河下游三个河段划分为游荡型河段、工程半控制不稳定的弯曲型河段和工程控制较稳定的弯曲型河段。对三门峡下泄清水时期下游河道的变化，采用平二滩高程的断面分析方法，得出了在有工程控导、河势比较稳定的河段，河槽以下切为主，对河势不稳定的河段，则是以展宽为主的成果，从而解决了这个长期有争论的重要问题。在书中，对黄河下游治理规划中的平衡输沙问题，采用一次做到深度的平顺型河湾护岸，用潜水丁坝缩窄枯水河槽等问题提出了看法。关于动床变态河工模型的淤积相似问题和用比降二次变态解决阻力相似等新观点，对河工模型试验有参考价值。

　　本书是在许多河流的泥沙呈明显减少的背景下出版的，书中诸如按下垫面变化修正水沙资料等思路概念、理论方法和治理技术，对于变化环境下的江河治理具有重要的参考价值。

作　者

2020 年 12 月

目　　录

Preface

In the new era, new situation, and new condition, river harnessing should also have corresponding new ideas and measures. This book is based on the author's over 60 years of achievements on the evolution and harnessing of the Yellow River and other rivers. It is of important value to the current harnessing of the Yellow River. China has entered a new period of green development. Compared with the past, the land is turning green, the river water is becoming clear, and the sediment entering the river is remarkably reduced.

Water and sediment conditions are the basic foundation for river evolution and harnessing. With the change of the basin's underlying surface, so that data of water and sediment measured in early stage cannot return again. They must be dynamically revised according to the variation of underlying surface. Only the revised data of water and sediment can be closer to the actual situation in the future, and can be used as the basis of river harnessing planning, project design, and operation.

In the past, the river harnessing guiding was "wide river channel and consolidate riverbank" in the lower Yellow River. Because the condition of less water with more sediment led to sustained deposition of river bed, the benefits of the residents in the floodplain area had to be sacrificed in order to ensure the safety of main levee flood prevention. Now, due to the achievements of water and soil conservation works and the utilization of reservoirs built on mainstream and tributaries as well as the continuation of water and soil conservation works and the continued construction of mainstreams and tributaries reservoirs, the flood in the lower Yellow River has been basically controlled. The riverbed has been scouring continuously for 20 years. According to the revised data of water and sediment, it is predicted that the development trend in the future is to continue scouring until the quasi-balanced state of alternate scouring and silting, and no sustained deposition will happen again. Therefore, the river harnessing guiding of "wide river channel and consolidate riverbank" should be revised, and the river harnessing guiding of radical harnessing of the Yellow River should be implemented. In his speech at the Symposium on Ecological Protection and High Quality Development of the Yellow River Basin, General Secretary Xi Jinping pointed out: "The downstream floodplain area is not only a place for flood detention and sediment desilting of the Yellow River, but also a home for 1. 9 million people to survive", "After the implementation of the residents relocation plan in Henan and Shandong, nearly one million people still live in the threat of flood", "We will improve people's lives, protect , inherit and develop the Yellow River culture, and make the Yellow River a happy river that benefits the people" To solve the problem that residents in floodplain areas are not threatened by floods, it is necessary to build dikes for protection.

Author of this book analyzes a large number of measured data, studies the Yellow River planning and other related achievements and proposes to build a levee with a protective discharge of $10,000 \text{m}^3/\text{s}$ along the floodplain area, so that the flood control standard of the floodplain area can reach once in century, and it can save more than 10 billion yuan in relocation expenses. This proposal was submitted to the National Development and Reform Commission, and the reply is: "We are studying and compiling the relevant documents on ecological protection and high – quality development of the Yellow River Basin. In the compile process of it, we will actively study and absorb your suggestions". In the new period of green development, the reduction trend of sediment into rivers is irreversible. Therefore for many rivers, harnessing, the revised data of water and sediment should be used to predict the future water and sediment quantities. In order to improve the utilization efficiency of water resources for the rivers with hydropower resources, it is highly recommended to promote water saving irrigation technology in the upper stream, and the saved water will not only increase the base flow of downstream river section, but also increase both energy output and firm power of the cascade hydropower stations. After the above research results were published on the Internet, the peer international publishing houses or journal editorial departments wrote letters one after another to express their agreement and willingness to promote. According to the observation, survey and thinking of the author by the Lower Yellow River for many years to hold side conditions have important effect for evolution and harnessing of rivers, even they can transform type of river under certain conditions. So that in the 1960s it was proposed to divide the three reaches of the Lower Yellow River into wandering type, semi-control unstable curved type, and relatively stable regulation works control curved type according to the condition of the built-up regulation works. Based on the changes of the lower reaches of the Sanmenxia Reservoir during the period of discharging clear water, the sectional analysis method of second grade wash land full level is used, and it is concluded that the channel is mainly downcutting for the river section with works control and relatively stable river regime, while the channel is mainly widened for the river section with unstable river regime. Thus this long-term controversial important issue has been solved. In the book, the prob lem of the balanced sediment transport in the harnessing planning of the lower Yellow River, the use of the smooth river bank revetment with one-time to work depth, and the use of diving spurs to contract the low waterbed and other issues are put forward. The new viewpoints on the similar problems of deposition in the movable bed distorted river model and the solution of resistance similarity the application of twice-distorted slope in the river model have reference value for the river model test. This book is published under the background that the sediment of many rivers has been obviously reduced.

In the book, such as the revision of water and sediment data according to underlying surface changes, the ideas, concepts, theoretical methods and harnessing techniques have important reference value for rivers harnessing under changing environment.

Author

12/2020

Contents

第 1 章
河流的形成、演变、治理和输沙

■ 河流的形成、演变和治理

■ 黄河下游河道的输沙特性和整治

海洋中的水受太阳辐射，蒸发成水汽上升到空中，被气流运送到陆地，遭遇冷气而凝结成降水降落到地面，水由高处流向低处并将地表冲刷成沟，相应水中挟带部分泥沙，逐步集中成河流水系。其中一部分水下渗到地下，成为地下水。所有的水都流向最低的海洋，形成永无休止的汽水循环，河流是此循环的陆地通道。河流的演变过程是来水来沙与河床相互作用的过程。水流的输沙能力主要来自流量、比降和水深，阻碍输沙的是悬沙的沉速和河床的糙率。河流治理的基本要求是平面上主槽稳定，纵向输沙平衡。多沙河流输沙不易平衡，河床不断淤积抬高，治理难度大，首先要减少流域来沙；少沙河流的治理，相比要容易些。

河流的形成、演变和治理*

[摘要]　海洋与陆地气水循环产生的河流，为人类的生活、生产提供流动的淡水、运输航道和可再生的清洁能源，其唯一的灾害是洪水泛滥。流域流失过多的泥沙，会引起河床淤积抬高和主流摆动，对水库、航道等各项兴利事业和防洪安全都不利。因此，河流的开发治理应与流域的水土保持工作一起进行。减少流域进入河流沙量的程度，以维持河口地区海岸线的稳定、河道的平衡输沙以及改善流域地区的生态环境为标准。水土保持工作的成效需通过按下垫面变化修正前期的水沙资料，才能在规划设计和管理运用工作中产生效益。

[关键词]　河流；开发治理；水土保持；效益

1　引言

河山往往是一个国家的象征，具有深远的内涵，而江河的治理实质上是河山的治理。江河位于山谷，其水沙均来自比它高的山地（流域），其下游的平原就是它输送山地的泥沙冲积出来的。当平原冲积到一定高度的时候，由于平原最适合人们居住和从事各种生产活动，因而人越来越多，不能再容许洪水冲积，只能修堤阻挡，让水沙从河道内流入海洋，人们的生活生产需要河中的水，但要保持河床的平衡稳定，就不能有太多的泥沙。大暴雨不仅冲毁山地，而且造成河床泥沙淤积抬高，主流摆动甚至堤防决口，洪水泛滥。因此，治河必须同时治理产生洪水泥沙的山地。水土保持工作，既保护了当地水土，也改善了生态环境，有利于发展生产，对江河的开发治理更是非常有利，减少了进入河流的泥沙，就减轻了干支流水库的淤积，改善了航道的通航条件等。对于多沙的黄河，治河效益更为巨大，流域进入黄河沙量的大幅度减少，彻底解决了黄河下游持续淤积的难题，为根治黄河创造了最重要的前提。

2　河流的形成及与人类生存发展的关系

2.1　河流是海洋与陆地气水循环的产物

地球上的水在太阳辐射作用下，不断蒸发成水汽上升到空中，被气流带动运输到各地。在运输过程中，水汽遇冷凝结形成降水，降落到地面和海洋。以陆地上的年降水量

---

* 彭瑞善. 粗谈河流的形成、演变和治理 [J]. 水资源研究，2020，9 (1).

119000km³/a 为基准 100，则海洋蒸发量为 424，海洋降水量为 385。海洋输送到陆地的水汽为 39，等于 46410km³/a；陆地蒸散发量为 61，等于 72590km³/a；地表径流量为 38，等于 45220km³/a；地下径流量为 1，等于 1190km³/a。降落到地面的雨水，随地形向低处流动，冲出沟道，汇集成支流干流河道，最终流入高程最低的海洋。河流水系是雨水受重力作用的产物，雨水是大气环流生成的，天上有大气环流，地面必然会产生江河水流，江河是海洋与陆地气水循环的地面通道，没有这个通道，气水循环就不能封闭，不能持久，海洋就不能保持常态[1]。形成什么类型的河流，取决于降水情况和下垫面的地形、地质、地貌条件及地理位置。长江、黄河为单出口的大江大河，珠江、海河为扇形多出口江河，都是下垫面的地形条件所决定的。当下垫面为植被稀少的荒山坡地，遭遇暴雨即发生大量水土流失，汇入河道的水流挟带大量泥沙，形成黄河、永定河、辽河类型的多沙河流；若下垫面为植被良好的森林山地，遭遇暴雨，表土流失较少，汇入河道的水流挟沙相对较少，形成长江、松花江、珠江类型的少沙河流。我国东南沿海地区特别是南方，气温高，年降水量达 1000～2000mm，河流水系发达，水量充沛，如珠江、闽江。距海较远的内陆，由于遭遇海洋暖湿气流的机遇少，相应河流也少，我国西北地区，年降水量只有 20～200mm，蒸发、下渗和人们利用之后，几乎消失殆尽或少量余水流入湖泊洼地，成为内陆河流，如新疆的塔里木河、玛纳斯河。少沙河流容易达到输沙平衡，一般形成较稳定的弯曲型或分岔型河道；多沙河流大多处于淤积造床过程中，难以达到输沙平衡，一般形成游荡型河道[2]。流域下垫面的状况对产水产沙有巨大影响，远古时期黄土高原林草茂盛，进入黄河的泥沙较少。近年在黄土高原大规模种植林草，坡耕地改梯田，沟道筑淤地坝，由于林草能消煞雨水冲击地面的动能，增大汇流的阻力，梯田能增强地面的稳定性，避免雨水对坡面的冲刷，淤地坝能拦截下行的泥沙，从而使进入河道的泥沙大幅度减少，黄河下游不再持续淤积，而是向平衡输沙方向转变[3]。

2.2　河流与人类生存发展的关系

人类的生存离不开水，河流为人类提供优质流动的淡水资源，满足人们生活的基本要求，饮用、洗涤、灌溉，古代人多居住在河畔。河流是廉价的运输通道，除了利用天然河流运输以外，2600 年前就开始人工开挖运河；公元前 486 年，吴王夫差在扬州开挖邗沟，沟通了长江与淮河；1400 年前建成弯向隋朝京城洛阳长达 2700km 的京杭大运河；700 年前，元朝定都北京后，才取直经山东东平到杭州，全长 1974km 的京杭大运河，对我国南北交流发挥了重要作用。引水灌溉已有 2000 多年历史，早在战国时期，李冰父子在岷江修建都江堰，分岷江水灌溉成都平原。公元前 246 年秦国修建郑国渠，引泾河水灌溉关中平原，随后，在宁夏黄河修建秦渠、汉渠及在广西修建灵渠，汉武帝时期修建了引北洛河水的洛惠渠。古代水车为农业服务，现代水力发电提供可再生的清洁能源。截至 2017 年，全国农业、工业、生活、生态环境等的用水量已达 6043.4 亿 m³，其中约 82% 由地表水供给。河流给人们带来的唯一灾害是洪水淹没，其主要表现是堤防决口，洪水泛滥，淹没人们居住生活生产的堤防保护区。

3 平原冲积河流的演变与治理

河流的自然属性是输水输沙，把流域降水所产生的水沙径流输送到海洋。河床演变是来水来沙与河床边界相互作用的过程，主要反映在河床的平面形态变化和纵向冲淤变化两方面。

3.1 河床的平面形态变化

平原河流河床为床沙组成，河床的侧向边界有软硬之分，软边界是可冲动的，由水流的冲积物等松散物质构成；硬边界为不可冲动的，由山脚或防护建筑物等硬物质构成。

河床的平面形态变化，取决于来水来沙与河床边界相互作用时的强弱对比关系，来水来沙是造床的主动作用因素，河床边界起被动的反作用，并对水流产生一定程度的约束和导向，侧向硬边界只在河床底部发生冲淤变化，当流量不变时，其对水流的约束导向作用是基本不变的；侧向软边界，当水流的冲击作用强于边界的抵御能力时，边界的形式将发生变化，其对水流的约束导向作用也会相应发生变化[4]，当变化的程度超过可适应的范围以后，将引起河势流路和河床平面形态的变化。水流对河床的作用随流量的大小、含沙量的多少以及河床形态等因素而变化。

河床水流的一般特性是小水行弯，大水趋直，水流动力轴线的走向取决于惯性动量 $\rho v Q$（ρ 为水流的密度，v 为流速，Q 为流量）与边界阻抗的强弱对比关系。平原河流一般是流速随流量的增大而增大，因此，惯性动量随流量的增大而显著增大，惯性动量大则水流克服边界阻力保持水流原有流动方向的能力强，动力轴线的弯曲半径大；流量小则惯性动量明显减小，水流克服边界阻力保持水流原有流动方向的能力弱，容易发生弯曲，加之横向环流的影响，动力轴线的弯曲半径小。在制定河道治导线和整治工程布置中必须考虑水流的此种特性[5]。

3.2 河床的冲淤变化

河床的冲淤变化取决于来水的含沙量与水流挟沙能力的对比关系。挟沙能力（有一定的变化范围）大于含沙量则河床发生冲刷，反之则河床发生淤积。影响水流挟沙能力的因素十分复杂，当前实际应用较多的挟沙能力公式有以下 3 种。

改进的张瑞瑾公式[6]：

$$S_* = 0.89 \left(\frac{\gamma_m}{\gamma_s - \gamma_m} \frac{v^3}{gh\omega_m} \right)^{0.742} \left(\frac{h}{D_{50}} \right)^{0.167} \tag{1}$$

韩其为公式[7]：

$$S_* = 0.0803K \frac{J^{1.192} Q^{0376}}{\omega^{0.92} n^{2.38}} \tag{2}$$

张红武公式[8]：

$$S_* = 2.5 \left[\frac{(0.0022 + s_v)v^3}{k \frac{\gamma_s - \gamma_m}{\gamma_m} gh\omega_m} - \ln \frac{h}{D_{50}} \right]^{0.62} \tag{3}$$

式中：S_* 为挟沙能力；γ_s、γ_m 分别为泥沙和浑水的容重；v 为流速；g 为重力加速度；

ω_m 为泥沙在浑水中的沉速；n 为糙率；J 为比降；Q 为流量；D_{50} 为床沙中值粒径；K 为系数；ω 为悬沙平均沉速；式中的系数指数都是用黄河的实测资料率定的。

　　由于泥沙的容重远大于水，所以泥沙要下沉。水流能挟带泥沙的根本动力是水流的紊动，因为水流向上向下的紊动流速是相等的，所以悬沙浓度的垂线分布必须是上小下大。只有这样，才能形成向上紊速上举的泥沙多于向下紊速下推的泥沙，其差值是构成水流挟沙能力的基本因素，此差值主要源于水流的紊动强度和悬沙浓度垂线分布梯度。泥沙越粗，沉速越大，要求水流的紊动强度和悬沙浓度垂线分布梯度均大，才能保持悬浮状态。泥沙越细，沉速越小，则要求水流的紊动强度和悬沙浓度垂线分布梯度较小，即可保持悬浮状态。冲泻质泥沙的浓度垂线分布梯度几乎为零。水流的挟沙能力，从某种意义上理解，就是水流挟带床沙质泥沙的数量，在重力、紊动力、浮力、黏滞力和水流冲击力等力的共同作用下，在一个时段内，河床在冲淤交替变化中，总体上冲淤量为零，既悬移质泥沙平均沉速为零。水流运动的基本能率是 $r_m QJ$，水流挟带泥沙所消耗的能量也包括其中，若水流挟带了冲泻质泥沙，r_m 增大，不但增加了水流的能量，也增加了水流中阻抗泥沙下沉的浮力和黏滞力，冲泻质随水流运动，基本不下沉，几乎不消耗水流的能量，从而较大的增加水流挟带床沙质泥沙的能力。（顺便讨论一下对冲泻质定义的一种观点，认为冲泻质泥沙的沉速 $\omega = vJ$，泥沙就不下沉了，这样来定义冲泻质是不妥当的，因为 vJ 是水流相对于空间，而 ω 是水中的悬沙相对于水流，如果 $\omega = vJ$，在水中的悬沙还是要下沉的，只有 $\omega = 0$，悬沙才一直悬浮在水中）。$n\omega_m$ 是水流运动的阻力和负载，是降低挟沙能力的主要因素。n 为河床的综合糙率，是消耗水流能量最重要，最基本的因素[5]。因此，可以用下式来定性表示挟沙能力的基本关系：

$$S_* = f\frac{r_m QJ}{n\omega_m} \tag{4}$$

式中，各因素用什么形式的物理量和什么样的函数关系来表征，各家在公式推导过程中有所区别，但都符合上述基本关系。由于河流形态、泥沙的级配及温度等许多因素均对水流的挟沙能力有影响，故所有公式的部分系数指数都需要用所应用河流本身和同类型河流的实测资料来率定。平衡输沙要求各河段的输沙能力与来沙量一致，也就是来水的含沙量与河道的挟沙能力相等。因此，首先要加强流域地区的水土保持工作，减少进入河流的沙量，减少的程度以维持河口地区海岸线稳定，河道平衡输沙以及有利于改善流域地区的生态环境为基本标准。河道整治的目标就是依据河床演变规律，采取各种措施，形成一个有利于防洪、航运、引水、生态环境、水生物繁殖等各项水利事业的河床形态，并长期基本保持主槽稳定和纵向平衡输沙[9]。

3.3　江河与流域共同治理

　　江河的治理必须与产生江河水沙的流域一起治理，才能取得更好的成效。流域的水土保持工作，既保护了当地的水土，改善了生态环境，有利于当地人民的生活和生产发展，对江河的开发治理更是非常有利。对于少沙河流，减少了进入长江的泥沙，就减少了三峡等水库的淤积量及对重庆港的影响，对整个长江航道的畅通也是有益的；对于多沙河流，效益更为巨大，由于中上游黄土高原进入黄河沙量的大幅度减少，不仅减轻了小浪底等水库的淤积，而且彻底解决了黄河下游持续淤积的难题，加上小浪底、三门峡等水库的调洪拦沙、调水调沙作用，下游河道已由持续淤积转为冲刷造床并向平衡输沙方向演变，为根治黄河创造了最重要的前提，可以把游荡型河道整治成较稳定的弯曲型河道，实现全面根治黄河的目标[10]。

3.4 修正水沙资料提高预测的准确性

流域治理的成果需要通过修正水沙资料才能在江河治理中体现出来。水沙资料是江河开发治理的基本依据。江河的治理规划主要是根据江河的水沙等自然条件和社会需求等因素，采取各种措施，在保障防洪（防凌）安全的基础上，持续、充分、全面地发挥江河的各种效益。因此，规划所依据的水沙资料必须尽可能接近未来实际出现的情况，否则，规划将发生错误并出现各种问题造成损失。从流域进入河流的水沙过程是流域内降水与下垫面互相作用的结果，当下垫面发生巨大变化后，遭遇与过去同样的降水，将产生与过去不同的水沙过程，其变化的程度与下垫面的变化程度相对应[11-12]。

表 1 列出了全国主要江河各时段水沙量的变化，长江大通站沙量少是流域下垫面的变化和干支流已建水库拦沙共同作用的结果，而黄河潼关站沙量减少的原因主要是流域下垫面的变化。我国已进入绿色发展的新时代，山变青、水变绿是总的变化趋势。因此，前期观测的水沙资料已不再具有可重现的性质，用来预测未来的水沙条件时，必须根据未来下垫面的变化情况并考虑到终期的变化结果，对前期观测的水沙资料进行动态的修正，修正后的水沙资料才能作为江河治理规划、工程设计和管理运用的依据[3]。大江大河的流域面积辽阔广大，情况复杂，已有的观测资料，难以全面描述过去所发生的大暴雨及其降落地区下垫面的状况，不确定的因素较多，修正水沙资料时，在充分考虑各种影响因素的基础上计算出预测值，同时，要给出一个变化范围，采用的方案需对此范围内的变化都能适应。

表 1 全国主要江河各时段水沙量变化

河流	代表水文站	1950—2000 年			2003—2017 年			2003—2017 年/1950—2000 年		
		W	W_s	S	W	W_s	S	W	W_s	S
长江	大通	9051	43300	0.478	8635.1	13730.7	0.159	0.954	0.317	0.332
黄河	潼关	364.7	118500	32.49	237.17	21468.7	9.052	0.65	0.181	0.279
淮河	蚌埠＋临沂	285.4	1241	0.435	287.86	395.84	0.138	1.009	0.319	0.316
海河	4 站＋2 站＊	16.904	2060	12.19	6.4317	43.322	0.674	0.38	0.021	0.055
珠江	高要＋石角＋博罗	2864	7990	0.279	2702.5	2584.93	0.096	0.944	0.324	0.343
松花江	佳木斯	675.2	1270	0.188	526.32	1079.67	0.205	0.78	0.85	1.091
辽河	铁岭＋新民	35.02	1868	5.334	22.209	144.1	0.649	0.634	0.077	0.122
钱塘江	兰溪＋诸暨＋花山	202.7	292.3	0.144	210.58	291.74	0.139	1.039	0.998	0.961
闽江	竹岐＋永泰	577.1	695.7	0.121	576.47	289.6	0.05	0.999	0.416	0.417
塔里木河	阿拉尔＋焉耆	72.75	2403.9	3.304	71.111	1475.07	2.074	0.977	0.614	0.628

注 W 为年水量（亿 m³）；W_s 为年沙量（万 t）；S 为年平均含沙量（kg/m³）。

＊ 为 4 站为石匣里、响水堡、张家坟、下会，2006 年以后加观台、元村集 2 站。

4 我国江河开发治理的状况

4.1 全国水资源量及供用水量

表 2 列出了 1997—2017 年全国水资源量。

表 2   1997—2017 年全国水资源量

年份	降水量		地表水资源量	水资源总量	水资源总量/降水量	地表水资源量/水资源总量
	mm	亿 m³	亿 m³	亿 m³	%	%
1997	613	58168.6	26835.39	27854.76	47.89	96.34
1998	713	67631	32726	34017	50.3	96.2
1999	629.1	59702.4	27203.8	28195.7	47.23	96.48
2000	633.2	60092.34	26561.94	27700.81	46.1	95.89
2001	612	58126	25933	26868	46.22	96.52
2002	660	62610	27243	28255	45.13	96.42
2003	638	60416	26251	27460	45.45	95.6
2004	601	56876	23126	24130	42.43	95.84
2005	644.3	61009.6	26982.4	28053.1	45.98	96.18
2006	610.8	57840	24358	25330.1	43.79	96.16
2007	610	57763	24242.5	25255.2	43.72	95.99
2008	654.8	62000.3	26377	27434.3	44.25	96.15
2009	591.1	55965.5	23125.2	24180.2	43.21	95.64
2010	695.4	65849.6	29797.6	30906.4	46.93	96.41
2011	582.3	55132.9	22213.6	23256.7	42.18	95.51
2012	688	65159.1	28373.3	29528.8	45.32	96.09
2013	661.9	62674.4	26839.5	27957.9	44.61	96
1014	622.3	58966.9	26263.9	27266.9	46.24	96.32
2015	660.8	62569.4	26900.8	27962.6	44.69	96.2
2016	730	69172.1	31273.9	32466.4	46.94	96.33
2017	664.8	62994	27746.3	28761.2	45.66	96.47
平均	643.6	60986.2	26684.48	27754.34	45.44	96.13

由表 2 可以看出，全国水资源量变化为 23256.7 亿~34017 亿 m³，平均为 27754.34 亿 m³。构成水资源量的主要是地表水，地表水占水资源总量的比例为 95.51%~96.48%，变幅不足 1%，平均为 96.13%。水资源量占降水量的比例变化为 42.18%~50.3%，平均为 45.44%。

由表 3 可知，地表水约占供水总量的 81%，用水总量变化为 5320 亿~6183.4 亿 m³，平均为 5821.70 亿 m³。2013 年以前略呈逐年增加的趋势，2013 年以后稍有下降。农业用水最多，占用水总量的 63.8%，工业占 22.3%，生活占 12%，生态环境占 2%。生活用水和生态环境用水有逐年增加的趋势，农业用水随气候等因素而变化，灌溉面积的扩大会增加用水量，但节水灌溉技术的提高和节水灌溉面积的扩大会减少用水量。

表 3   1997—2017 年全国供水量和用水量情况

年份	供水量/亿 m³					用水量/亿 m³					
	地表水	地下水	其他	总量	地表/总量	生活	工业	农业	生态补水	总量	农业/总量
1997	4565.94	1031.49	25.7	5623.16	0.8120	525.15	1121.16	3919.72		5566.03	0.7042
1999	4514.22	1074.63	24.48	5613.33	0.8042	562.77	1158.95	3869.17		5590.88	0.6921
2000	4440.42	1069.17	21.14	5530.73	0.8029	574.92	1139.13	3783.54		5497.59	0.6882
2001	4448	1096.7	22.3	5567	0.7990	601.24	1141.24	3483.94		5567	0.6258
2002	4403.1	1071.92	22	5497	0.8010	615.66	1143.38	3375.16		5497	0.6140
2003	4287.92	1016.12	15.96	5320	0.8060	633.28	1175.72	3431.4	79.8	5320	0.6450
2004	4504.98	1026.38	16.64	5548	0.8120	649.12	1231.66	3584	83.22	5548	0.6460
2005	4572.2	1038.8	22	5633	0.8117	675.1	1285.2	3580	92.7	5633	0.6355
2006	4706.8	1065.5	22.7	5795	0.8122	693.8	1343.8	3664.4	93	5795	0.6323
2007	4723.5	1069.5	25.7	5818.7	0.8118	710.4	1404.1	3598.5	105.7	5818.7	0.6184
2008	4796.4	1084.8	28.7	5909.9	0.8116	729.2	1397.1	3663.4	120.2	5909.9	0.6199
2009	4839.5	1094.5	31.2	5965.2	0.8113	748.6	1390.9	3723.1	103	5965.2	0.6241
2010	4881.6	1107.3	33.1	6022	0.8106	765.8	1447.3	3689.1	119.8	6022	0.6126
2011	4953.3	1109.1	44.8	6107.2	0.8111	789.9	1461.8	3743.6	111.9	6107.2	0.6130
2012	4952.8	1133.8	44.6	6131.2	0.8078	739.7	1380.7	3902.5	108.3	6131.2	0.6365
2013	5007.3	1126.2	49.9	6183.4	0.8098	750.1	1406.44	3921.5	105.4	6183.4	0.6342
2014	4921	1117	57	6095	0.8074	767	1356	3869	103	6095	0.6348
2015	4969.5	1069.2	64.5	6103.2	0.8142	793.5	1334.8	3852.2	122.7	6103.2	0.6312
2016	4912.4	1057.5	70.5	6040.2	0.8133	821.6	1308	3768	142.6	6040.2	0.6238
2017	4945.5	1016.7	81.2	6043.4	0.8183	838.1	1277	3766.4	161.9	6043.4	0.6232
平均	4717.32	1073.81	36.22	5827.33	0.8094	699.23	1295.23	3709.43	110.21	5821.70	0.6377

4.2   全国江河开发治理的有关成果

从表 4 可知，2004—2017 年，灌溉面积由 6151.1 万 hm² 增加到 7394.6 万 hm²[13]，水土流失治理面积由 92 万 km² 增加到 125.8 万 km²，建成的水库由 84363 座（其中大型水库 460 座）增加到 98795 座（其中大型水库 732 座），水库总库容由 5541 亿 m³（其中大型水库 4147 亿 m³）增加到 9035 亿 m³（其中大型水库 7210 亿 m³），水电装机容量及年发电量由 10813 万 kW 及 3277 亿 kW·h 增加到 34168 万 kW 及 11961 亿 kW·h。

表 4　　　　　　　　　2004—2017 年全国江河开发治理的有关成果

年份	灌溉面积/ (×10³hm²)	水土流失 治理面积/ 万 km²	水库/座	大型水库/ 座	水库 总容积/ 亿 m³	大型水库 库容/ 亿 m³	水电装机 容量/ 万 kW	年发电量/ (亿 kW·h)
2004	61511	92	84363	460	5541	4147	10813	3277
2005	61898	94.65	84577	470	5623	4197	11652	3952
2006	62559	97.49	95249	482	5841	4379	12847	4163
2007	63413	99.87	85412	493	6345	4836	14523	4870
2008	64120	101.6	86353	529	6924	5386	17090	5614
2009	65165	104.3	87151	544	7064	5506	19683	5055
2010	66352	106.8	87873	552	7162	5594	21157	6813
2011	67743	109.7	88605	567	7201	5602	23007	6507
2012	67780	103	97543	683	8255	6493	24881	8657
2013	69481	106.9	97721	687	8298	6529	28026	9304.2
2014	70652	111.6	97735	697	8394	6617	30183	10661
2015	72061	115.5	97988	707	8581	6812	31937	11143
2016	73177	120.4	98460	720	8967	7166	33153	11815
2017	73946	125.8	98795	732	9035	7210	34168	11961

从表 5 可看出，总的通航里程略有增加，由 2003 年的 123964km 增加到 2018 年的 127100km，主要是通过河道整治等措施，使低等级航道及等级外航道升级，高等级航道通航里程明显增加，2003—2018 年，1 级航道的通航里程由 1346km 增加到 1828km，2 级航道由 2512km 增加到 3947km，3 级航道由 4195km 增加到 7686km，4 级航道由 7003km 增加到 10732km，低等级及等级外航道的通航里程均有所减少，从而增加了航行安全和提高了航行速度。

表 5　　　　　　　　2003—2018 年全国各级内河航道通航里程　　　　　　　单位：km

航道等级 年份	1 级	2 级	3 级	4 级	5 级	6 级	7 级	等级合	等级外	总合
2003	1346	2512	4195	7003	7784	19228	18797	60865	63099	123964
2004	1404	2513	4389	6948	8093	18904	18592	60800	62500	123300
2005	1404	2513	4714	6697	8331	18771	18584	61000	62300	123300
2006	1407	2538	4742	6768	8584	18407	18589	61000	62400	123400
2007	1407	2538	4877	6943	8586	18401	18445	61197	62298	123495
2008	1385	2634	4802	7213	8526	18160	18374	61100	61700	122800
2009	1385	2741	4716	7402	8521	18433	18348	61500	62200	123700
2010	1385	3008	4887	7802	8177	18806	18226	62300	61900	124200
2011	1392	3021	5047	8291	8201	18506	18190	62600	62000	124600

航道 等级 年份	1级	2级	3级	4级	5级	6级	7级	等级合	等级外	总合
2012	1395	3014	5485	8366	8160	19275	18023	63700	61300	125000
2013	1395	3043	5763	8796	8600	19190	18113	64900	61000	125900
2014	1341	3443	6069	9301	8298	18997	17913	65400	60900	126300
2015	1341	3443	6760	10682	7862	18277	17891	66300	60700	127000
2016	1342	3681	7054	10862	7486	18150	17835	66400	60700	127100
2017	1828	3947	7686	10732	7613	17522	17114	66400	60700	127100
2018	1828	3947	7686	10732	7613	17522	17114	66400	60700	127100

4.3 江河流域生态环境的改善

表1~表6的数据均引自水利部网站、交通运输部网站和林业和草原局网站。从表6可以看出，全国森林面积从1973年的12200万hm^2增加到2018年的26072.19万hm^2，45年增长了1.14倍，相应森林覆盖率由12.7%提高到27.2%，其中人工林面积从1994年的4709.95万hm^2增加到2018年的8950.34万hm^2，24年增加了90%。由表4可知全国水土流失治理面积从2004年的92万km^2增加到2017年的125.8万km^2，13年增加了36.7%。

表6   历次全国森林资源清查成果

查次	时段 年	林业用地面积/ 万 hm^2	森林面积/ 万 hm^2	人工林面积/ 万 hm^2	森林覆盖率/ %	森林蓄积量/ 万 m^3
第1次	1973—1976	25760	12200		12.7	865600
第2次	1977—1981	26713.02	11500		12	902800
第3次	1984—1988	26742.89	12500		12.98	914100
第4次	1989—1993	26288.85	13400		13.92	1013700
第5次	1994—1998	26329.47	15894.09	4708.95	16.55	1126659.14
第6次	1999—2003	28492.56	17490.92	5364.99	18.21	1245584.58
第7次	2004—2008	30590.41	19545.22	6168.84	20.36	1372080.36
第8次	2009—2013	31259	20768.73	6933.38	21.63	1513729.72
第9次	2014—2018	32649.25	26072.19	8950.34	27.16	1811887.5

注 第9次为预测值。

4.4 全国主要江河水沙量的变化

由于全国森林面积的大幅度增加和水土保持面积的扩大等原因，从流域进入江河的泥沙显著减少。表1为全国主要江河近年水沙量的变化，表中把2003—2017年平均年水量、年沙量及年含沙量与1950—2000年的平均值进行对比，可以看出，钱塘江、淮河、闽江、塔里木河、长江、珠江的年水量基本不变或略有减少,松花江、黄河年水量减少,海河年水量显著减少;年沙量只有来沙量本来就很少的钱塘江基本不变,松花江、塔里木河有不同程度的减少以外,其余江河的减少均超过 50%,海河减少了 98%,辽河减少 92%,黄河减少 82%,长江、淮河、珠江的减少程度均超过 67%。黄河潼关站沙量减少的主要原因是流域下垫面的变化,而长江、淮河、海河等江河沙量的减少是流域下垫面的变化和干支流已建水库拦沙等因素共同作用的结果。

5　结语

(1) 太阳的辐射使海洋的水蒸发成水汽上升输送到陆地,遇冷气团形成水滴降落到地面后,顺地形汇集成河流水系,再回流入海洋,河流是海陆气水循环的陆地通道,不同的地形、地质、地貌和降水,形成不同大小、不同类型的河流。河流为人类的生存发展提供流动的淡水资源、水运航道和可再生的清洁能源等,故绝大多数大城市都建设在河畔。河流唯一的灾害是洪水泛滥,治河的目标是采取各种措施,调节洪水,稳定主槽,平衡输沙,在保障防洪(防凌)安全的前提下开发各种水利事业。

(2) 中华人民共和国成立以来,我国在江河开发治理方面取得了巨大成就,特别是近 20 年,改善生态环境的措施更加落实,水土保持的治理面积和森林面积不断扩大,建成水库的数量和库容快速增加,洪水灾害减少,农业灌溉面积逐年增加,生活、工业用水基本得到保障,水电装机容量和发电量大幅度增加,内河等级航道的通航里程增加较多,有利于提高通航速度和保障航行安全。

(3) 江河的治理必须与产生江河水沙的流域地区同时治理,才能取得更好的成效。大规模的水土保持工作和植树造林等工程,首先是改善了流域地区的生态环境,有利于当地人民的生活和发展生产,同时使进入河道的沙量显著减少,黄河减少了 82%,海河、辽河、长江、淮河、珠江均有大幅度的减少,从而对江河的开发治理非常有利。对于少沙河流,减少了进入长江的泥沙,就减少了三峡等水库的淤积量及对重庆港的影响,对整个长江航道也是有利的;对于多沙河流,效益更为巨大,由于大幅度减少了进入黄河的泥沙,彻底解决了下游河道持续淤积的难题,为根治黄河创造了最重要的前提,可以把游荡型河道整治成较稳定的弯曲型河道。

(4) 流域的治理成果需要通过修正水沙资料才能在江河开发治理中体现出来。我国已进入绿色发展的新时代,大好河山正在不断的变化过程中,山变青水变绿是总的变化趋势,因此,前期观测的水沙资料已不再具有可重现的性质,用于预测未来的水沙条件时,必须根据未来下垫面的变化过程并考虑到终期的变化状况,对前期观测的水沙资料进行动态的修正。水沙资料是江河开发治理的基本依据,预测的水沙资料不准,将导致规划错误或出现各种问题,造成损失,不同的下垫面遭遇相同的暴雨所产生的水沙量是不同的,所以,只有修正后的水沙资料才能符合预测期的实际情况,才能作为江河治理规划,工程设计和管理运用的依据,修正水沙资料是把上中游的绿水青山使全河特别是下游河道变成金山银山的转化剂。

▓ 参 考 文 献 ▓

[1]　杨大文，杨汉波，雷慧闽. 流域水文学 [M]. 北京：清华大学出版社，2014：5-10.

[2]　彭瑞善. 新时期许多江河治理都需要研究修正水沙资料 [J]. 水资源研究，2015，4（4）：303-309.

[3]　彭瑞善. 适应新的水沙条件加快黄河下游治理 [J]. 人民黄河，2013，35（8）：3-9.

[4]　彭瑞善. 黄河综合治理思考 [J]. 人民黄河，2010，32（2）：1-4.

[5]　彭瑞善. 黄河下游河道整治与平衡输沙 [J]. 人民黄河，2011，33（3）：3-7.

[6]　吴保生. 水流输沙能力 [M] // 王光谦，胡春宏. 泥沙研究进展 [M]. 北京：中国水利水电出版社，2006：69-72.

[7]　韩其为. 黄河泥沙若干理论问题研究 [M]. 郑州：黄河水利出版社，2010：8-9.

[8]　张红武，吕昕. 弯道水力学 [M]. 北京：水利电力出版社，1993：39-42.

[9]　彭瑞善. 新时代黄河治理方向探讨 [J]. 水资源研究，2018，7（6）：584-594.

[10]　彭瑞善. 对近期治黄科研工作的思考 [J]. 人民黄河，2010，32（9）：6-9.

[11]　彭瑞善. 修正水沙资料是当前治黄的基础性研究课题 [J]. 人民黄河，2012，34（8）：1-5.

[12]　彭瑞善. 修正水沙资料系列初探 [J]. 水资源研究，2016，5（4）：368-378.

[13]　彭瑞善. 提高黄河水资源利用效益的途径 [J]. 水资源研究，2017，6（4）：384-391.

Discussion on the Formation, Evolution and Harnessing of Rivers

Abstract：Rivers generated by the air-water cycle of oceans and lands provide flowing fresh water, transportation channels and reproducible clean energy for human life and production. The only disaster of rivers is flood hazard. The excessive sediment loss in the river basin will cause the riverbed deposited to rise and the main flow to vibrate, which is not conducive to reservoirs, navigable channels etc. many item water conservancy projects and flood control safety. Therefore, the river harnessing should be carried out with the water and soil conservation works so as to reduce the amount of sediment entering the river basin. They are the criteria which maintain the stability of the coastline in the river mouth area, balance sediment transport in the river channel and improve the ecological environment of the river basin area. The results of water and soil conservation will produce effectiveness of planning, design and management. It need the previous water and sediment data to be revised according to the variation of underlying surface.

Key words：River, Basin, Harnessing, Water and Soil Conservation, Effectiveness

黄河下游河道的输沙特性和整治[*]

[摘要] 水流挟带泥沙的能源来自 $\gamma_m QJ$，阻力和负载为 $n\omega_m$，提高河道输沙能力的基本途径是减少河床的阻力损失，与流量相适应的河湾曲率半径、窄深河槽和平整连续的护湾工程，以及各河湾之间流势的衔接配合，有利于稳定主槽和平衡输沙。比降是影响输沙能力的重要因素，高村以下河道，特别是艾山以下河道，比降大幅度减小，必须相应缩窄河宽，才能达到与上游河段输沙能力一致。修建潜水丁坝，可改善艾山以下小比降河段在非汛期的淤积。黄河水流的挟沙能力，不仅与水力因素和泥沙粒径有关，而且随含沙量的增大而增大，具有多值关系和隐函数特性。

[关键词] 黄河下游；平衡输沙；河湾曲率半径；阻力损失；挟沙能力

平原河流的形成和演变决定于流域的产水产沙状况，河流的基本任务就是汇集流域的水沙并输送入海或湖泊，输水输沙是河流的自然属性。由于黄河流域产沙多、产水相对较少，且水沙异源，搭配失调，在其自然形成的河床上不断堆积抬高，当修建堤防后，就逐渐发展成河槽高于河岸的地上河，故一条流路不可能持续完成输水输沙的任务，因而经常改变流路重新造床后又逐渐堆积抬高，如此循环，冲积成 25 万 km^2 的华北平原。

人类的生活离不开水，原始社会的部落就居住在河畔[1]，现代人的生活、工农业生产、交通运输、能源和生态环境等都需要河流，要求河道的流路稳定顺畅，输沙平衡，流量均匀。因此服务于人类的生存发展是河流的社会属性。河流的治理必须在顺从河流自然属性的前提下，尽可能满足其社会属性，使河流的自然属性与社会属性合理的融合，以造福于人类。

1 河道的输沙能力

要规划河道各河段均实现输沙平衡，相对准确的挟沙能力公式十分重要，近些年在黄河上用得较多的挟沙能力公式主要有改进的张瑞瑾公式和张红武公式，现分别分析如下。

1.1 改进的张瑞瑾公式[2]

$$S_* = K \left(\frac{\gamma_m}{\gamma_s - \gamma_m} \frac{V^3}{gh\omega_m} \right)^a \left(\frac{h}{D_{50}} \right)^{0.1667} \tag{1}$$

曼宁阻力公式：

---

[*] 彭瑞善. 黄河下游河道整治与平衡输沙 [J]. 人民黄河，2011，33 (3).

$$V = \frac{1}{n} h^{2/3} J^{1/2} \tag{2}$$

连续方程：

$$Q = BhV \tag{3}$$

式中：S_* 为挟沙能力，kg/m^3；γ_s、γ_m 分别为泥沙和浑水的容重，kN/m^3；V 为流速，m/s；g 为重力加速度，m/s^2；h 为水深，m；ω_m 为泥沙在浑水中的沉速，m/s；n 为糙率；J 为比降；Q 为流量，m^3/s；B 为河宽，m；D_{50} 为床沙的中值粒径，m；K 和 a 分别为系数和指数，用实测资料率定得 $K = 0.08902$　　$a = 0.7419$。

将式（2）、式（3）代入式（1）中，可导出下列三种表示挟沙能力的公式。

$$S_* = K \left(\frac{\gamma_m}{\gamma_s - \gamma_m} \frac{Q^3 J^3}{g \omega_m n^6 B^3 V^6} \right)^a \left(\frac{h}{D_{50}} \right)^{0.1667} \tag{4}$$

$$S_* = K \left(\frac{\gamma_m}{\gamma_s - \gamma_m} \frac{h J^{3/2}}{g n^3 \omega_m} \right)^a \left(\frac{h}{D_{50}} \right)^{0.1667} \tag{5}$$

$$S_* = K \left(\frac{\gamma_m}{\gamma_s - \gamma_m} \frac{V^{3/2} J^{3/4}}{g n^{3/2} \omega_m} \right)^a \left(\frac{h}{D_{50}} \right)^{0.1667} \tag{6}$$

式（1）是挟沙能力的计算式，因 V、h 测量和计算都比较方便，但该式并未直观准确的表明 h 对挟沙能力的实际作用。式（4）、式（5）和式（6）因 n 含义复杂，不易准确测量和计算，不宜作为计算式，但综合起来分析，可反映各水力要素对挟沙能力的影响。由上述关于挟沙能力的 4 个公式可以看出：

（1）$\gamma_m Q J$ 是水流挟带泥沙的动力能源，为增大挟沙能力的主要因素。

（2）$n \omega_m$ 是水流挟带泥沙的阻力和负载，为减少挟沙能力的主要因素。n 实际上是代表河床的综合阻力（包括沙粒阻力、沙波阻力、断面与平面的形态阻力，以及整治建筑物所形成的岸边阻力等），是消耗水流能量最基本、最重要的因素。

（3）S_* 与 $\left(\frac{Y_m}{Y_s - Y_m} \right)^a \left(\frac{h}{D_{50}} \right)^{0.1667}$ 成正比，即 S_* 随含沙量的增大而增大。

（4）当流量用流速等因素表示时，S_* 与 $V^{3a/2} J^{3a/4}$ 成正比。

（5）当流量用水深等因素表示时，S_* 与 $h^a J^{3a/2}$ 成正比。

实质上水深和流速都是增大挟沙能力的因素，为了避免计算式中出现 n，式（1）中采用 V^{3a} 表示水流挟带泥沙的动力，故 h^a 表现为与挟沙能力成反比。

$\gamma_m Q J$ 是单位河长水流运动的基本能率，水流挟带泥沙所消耗的能量也包括在其中，但水流挟带泥沙后，由于 γ_m 增大又增加了水流的能量，特别是水流挟带大量冲泻质细沙（$\omega_m \leqslant VJ$）后，冲泻质只增加水流的能量，而不另外消耗水流的能量，并增大水流的浮力和黏滞力，因而增大水流的挟沙能力。所以床沙质粗沙受有效重力等力的作用而产生的沉速 ω_m 是水流的负载和消耗水流能量的主要因素。

泥沙在浑水中沉降，由于泥沙的有效重力 $(\gamma_s - \gamma_m) \frac{\pi D^3}{6}$ 随含沙量的增大而减小，水流的黏滞阻力则随含沙量的增大而增大等原因，泥沙在浑水中的沉速小于在清水中的沉速，其与含沙量的关系可采用下式[2]：

$$\omega_m = \omega_0 (1 - S_v)^7 \tag{7}$$

$$S_v = \frac{S}{\gamma_s} \tag{8}$$

$$\omega_m = \omega_0 \left(1 - \frac{S}{\gamma_s}\right)^7 \tag{9}$$

$$\gamma_m = \gamma + S\left(1 - \frac{\gamma}{\gamma_s}\right) \tag{10}$$

式中：D 为泥沙的粒径，m；ω_0 为泥沙在清水的沉速，m/s；S_v 为体积比含沙量；S 为含沙量，kg/m³；γ 为清水的容重，kN/m³。

将式（9）和式（10）代入式（1）可导出：

$$S_* = K \left\{ \frac{V^3}{\frac{\gamma_s}{\gamma + S\left(1 - \frac{\gamma}{\gamma_s}\right) - 1} \left(1 - \frac{S}{\gamma_s}\right)^7 gh\omega_0} \right\}^a \left(\frac{h}{D_{50}}\right)^{0.1667} \tag{11}$$

当平衡输沙时，$S = S_*$ 则

$$S_* = K \left\{ \frac{V^3}{\frac{\gamma_s}{\gamma + S_*\left(1 - \frac{\gamma}{\gamma_s}\right) - 1} \left(1 - \frac{S_*}{\gamma_s}\right)^7 gh\omega_0} \right\}^a \left(\frac{h}{D_{50}}\right)^{0.1667} \tag{12}$$

1.2　张红武公式[3]

$$S_* = 2.5 \left[\frac{(0.0022 + S_v)V^3}{\kappa \frac{\gamma_s - \gamma_m}{\gamma_m} gh\omega_m} \ln\frac{h}{6D_{50}} \right]^{0.62} \tag{13}$$

$$\kappa = 0.4 - 1.68\sqrt{S_v}(0.365 - S_v) \tag{14}$$

$$\omega_m = \omega_0 \left(1 - \frac{S_v}{2.25\sqrt{d_{50}}}\right)^{3.5}(1 - 1.25S_v) \tag{15}$$

将式（8）、式（10）、式（14）和式（15）代入式（13）可导得

$$S_* = 2.5 \left[\frac{\gamma + S\left(1 - \frac{\gamma}{\gamma_s}\right)}{\gamma_s - \gamma - S\left(1 - \frac{\gamma}{\gamma_s}\right)} \right]^{0.62} \left\{ \frac{0.0022\gamma_s + S}{\gamma_s \left[0.4 - 1.68 \times \sqrt{\frac{S}{\gamma_s}}\left(0.365 - \frac{S}{\gamma_s}\right)\right]} \right\}^{0.62} \times$$

$$\left[\frac{1}{\left(1 - \frac{S_*}{2.25\gamma_s\sqrt{d_{50}}}\right)^{3.5} \left(1 - 1.25\frac{S}{\gamma_s}\right)} \right]^{0.62} \left[\ln\frac{h}{6D_{50}}\right]^{0.62} \left(\frac{V^3}{gh\omega_0}\right)^{0.62} \tag{16}$$

式中，κ 为卡门常数；d_{50} 为悬沙中值粒径，mm。

令 $N = \left[\dfrac{\gamma + S\left(1 - \frac{\gamma}{\gamma_s}\right)}{\gamma_s - \gamma - S\left(1 - \frac{\gamma}{\gamma_s}\right)} \right]^{0.62}$

$$W = \left\{ \frac{0.0022\gamma_s + S}{\gamma_s \left[0.4 - 1.68 \times \sqrt{\frac{S}{\gamma_s}} \left(0.365 - \frac{S}{\gamma_s} \right) \right]} \right\}^{0.62}$$

$$Z = \left[\frac{1}{\left(1 - \frac{S_*}{2.25\gamma_s \sqrt{d_{50}}} \right)^{3.5} \left(1 - 1.25 \frac{S}{\gamma_s} \right)} \right]^{0.62}$$

则式（16）可写成

$$S_* = 2.5NWZ \left[\ln\left(\frac{h}{6D_{50}} \right) \right]^{0.62} \left(\frac{V^3}{gh\omega_0} \right)^{0.62} \tag{17}$$

当平衡输沙时 $S = S_*$ 则

$$S_* = 2.5 \left[\frac{\gamma + S_* \left(1 - \frac{\gamma}{\gamma_s} \right)}{\gamma_s - \gamma - S_* \left(1 - \frac{\gamma}{\gamma_s} \right)} \right]^{0.62} \left\{ \frac{0.0022\gamma_s + S_*}{\gamma_s \left[0.4 - 1.68 \sqrt{\frac{S_*}{\gamma_s}} \left(0.365 - \frac{S_*}{\gamma_s} \right) \right]} \right\}^{0.62}$$

$$\left[\frac{1}{\left(1 - \frac{S_*}{2.25\gamma_s \sqrt{d_{50}}} \right)^{3.5} \left(1 - 1.25 \frac{S}{\gamma_s} \right)} \right]^{0.62} \left[\ln \frac{h}{6D_{50}} \right]^{0.62} \left(\frac{V^3}{gh\omega_0} \right)^{0.62} \tag{18}$$

1.3 黄河下游河道的输沙特性

黄河由于含沙量大，其水流的挟沙能力改变了水流的物理力学性质[4]，故具有一些特性。从前述分析可以看出式（11）和式（16）两式本质上是相同的，都是以 $\frac{V^3}{gh\omega_0}$ 为基本影响因素，再加上含沙量和河床相对粗糙度的影响，只是张红武公式中含沙量影响的比重更大些。

设 $h = 2\text{m}$、$v = 1.5\text{m/s}$、$\gamma_s = 26\text{kN/m}^3$、$D_{50} = 0.06\text{mm}$、$d_{50} = 0.04\text{mm}$、$\omega_0 = 0.0998\text{cm/s}$ 对式（11）和式（17）的计算结果见表1。

表 1 挟沙能力计算表

$S/(\text{kg/m}^3)$	N	W	Z	$S_{*1}/(\text{kg/m}^3)$	$S_{*2}/(\text{kg/m}^3)$
5	0.735369	0.060846	1.010639	10.47718	16.10175
10	0.737648	0.078403	1.021434	13.68665	16.32107
15	0.739931	0.094265	1.032387	16.68371	16.54361
16.6	0.740663	0.099087	1.035927	17.61458	16.61552
19	0.741761	0.106132	1.041267	18.99238	16.724
20	0.742219	0.109008	1.043503	19.56095	16.76943
25	0.744511	0.122934	1.054784	22.36723	16.99858
30	0.746807	0.136228	1.066233	25.13238	17.2311
35	0.749108	0.149013	1.077853	27.87638	17.46707
40	0.751413	0.161377	1.089648	30.61348	17.70653
45	0.753722	0.173381	1.101621	33.35436	17.94953

续表

$S/(\text{kg/m}^3)$	N	W	Z	$S_{*1}/(\text{kg/m}^3)$	$S_{*2}/(\text{kg/m}^3)$
50	0.756037	0.185075	1.113775	36.10733	18.19615
60	0.760679	0.207674	1.138642	41.67522	18.70045
70	0.76534	0.229393	1.164279	47.35862	19.21992
80	0.770019	0.25038	1.190715	53.18832	19.75505
90	0.774717	0.270737	1.217984	59.18891	20.30638
100	0.779435	0.29054	1.246118	65.38117	20.87445
120	0.788929	0.328692	1.305126	78.41268	22.06308
140	0.798503	0.365138	1.368046	92.41485	23.32573
160	0.80816	0.400063	1.435214	107.5101	24.66752
180	0.8179	0.433578	1.507005	123.8197	26.09401
200	0.827728	0.465756	1.583831	141.4693	27.61117
250	0.852691	0.540611	1.801083	192.3614	31.84428
300	0.878249	0.607748	2.061613	254.9502	36.8013

注 S_{*1} 为按式（17）计算的挟沙能力；S_{*2} 为按式（11）计算的挟沙能力。

从表 1 可看出：

（1）当含沙量为 16.6kg/m³ 时，与按改进的张瑞瑾公式计算的挟沙能力相同，当含沙量为 19kg/m³ 时，与按张红武公式计算的挟沙能力相同。

（2）相同的水力条件和泥沙中值粒径，当含沙量从 5kg/m³ 增加到 300kg/m³ 时，改进的张瑞瑾公式计算的挟沙能力由 16.1kg/m³ 增加到 36.8kg/m³，增大约 2.3 倍，而张红武公式计算的挟沙能力由 10.5kg/m³ 增加到 255kg/m³，增大约 24 倍，张红武公式中增加最明显的是 W 项，该项增加约 10 倍。

（3）张红武公式与改进的张瑞瑾公式比较，张红武公式增加了专门反映含沙量对挟沙能力影响的 W 项，该项是造成挟沙能力随含沙量增大而快速增大的主要原因。另外，张红武公式在 ω_m/ω_0 的计算式中除考虑含沙量的影响之外，还考虑了 d_{50} 的影响，即悬沙越细，ω_m/ω_0 越小。公式中的其余 3 项与改进的张瑞瑾公式基本相同。

1.3.1 挟沙能力是隐函数

平衡输沙时，挟沙能力是隐函数，同时也是水力条件和泥沙沉速（ω_0）的函数，需要从数学上研究该类隐函数的显化，以利于计算。不平衡输沙时，挟沙能力是在水力条件下泥沙沉速（ω_0）和含沙量的函数。

1.3.2 挟沙能力的多值关系

决定挟沙能力的水力条件主要是流量、比降与阻力的对比关系，挟沙能力随 QJ 的增大而增大，随 n 的增大而减小。在泥沙因素方面，集中反映为沉速（ω_m）的影响，挟沙能力除了随泥沙粒径的增大而减小以外，还随含沙量的增大而增大，挟沙能力是多值关系，从而具有多来多排的特性。

1.3.3 床沙质与冲泻质

将床沙质和冲泻质加以区分是有一定道理的，但在计算床沙质挟沙能力时，必须充分考虑冲泻质对水流结构、性质暨床沙质沉降过程和沉降速度的影响，也就是说，冲泻质的存在，可以增大水流挟带床沙质的能力，完全去除冲泻质后，计算水流的挟沙能力或率定挟沙能力公式的系数和指数都是不合适的。

1.3.4 水温的影响

影响挟沙能力最重要，最明显的因素是沉速，黄河悬沙中处于滞流区的细沙甚多，黏滞系数与沉速成反比，水温对黏滞系数有一定影响，见表 2。

表 2　　　　　　　　　　清水黏滞系数与水温的关系

T/℃	5	10	12	15	20	30
$v/(cm^2/s)$	0.0152	0.0131	0.0124	0.0114	0.0101	0.0081

根据 1972 年黄河花园口以下 7 个水文站汛期 7—10 月的观测资料，月平均水温变化在 $14.6 \sim 28.2℃$ 之间[5]，各日的水温变化幅度会更大。由此可见，采用一种水温计算各站各场洪水的挟沙能力，也会产生不小的偏差。

1.3.5 泥沙级配的影响

各种泥沙粒径的沉降速度不同，在其沉降过程中会发生相互作用，这种相互作用又随含沙量的大小而有所区别，且泥沙粒径和含沙量都在不断变化，其相互作用十分复杂。

1.3.6 挟沙能力公式的相对准确性

通过分析认为，前述两公式均包含了影响挟沙能力的主要因素，对于研究各河段输沙的相对关系还是基本可信的，结合实测资料进行输沙计算，也可得出近似的成果。由于黄河挟沙能力的影响因素众多，且经常变化和相互作用，其函数关系非常复杂，要提高计算精度和更准确的预估今后河道的冲淤情况，还需加强原型观测，增加测量频次、项目和提高测量精度，并进行有关因素的专项实验和综合试验，改进分析方法，把各种影响因素及其变化和相互作用都考虑进去，进行深入研究。

2　黄河下游河道整治

2.1　河道整治的基本要求

黄河下游河道整治的基本要求是实现平面上河势稳定和纵向输沙平衡，在规划流路和布设整治工程时，不但要求能控导河势，保护堤防安全，而且要提高河道的输沙能力，使各河段的输沙能力均能与上游的来沙量一致，以实现输沙平衡，河床不抬高。并使各处整治工程的河势能平顺衔接，固定基本流路，以保障防洪安全，并满足各引水闸的进水要求。

2.2　平衡输沙

根据前面的分析，提高挟沙能力的重要途径是增大 QJ，减小 $n\omega_m$。总水量决定于流域的降水和下垫面的状况，增大 Q 可以通过水库调度调节来实现[6]。尽量减少水流的能耗（减小 n），把更多的能量用于输沙是规划黄河下游河道整治方案应该予以重视的一个问题。河道的输水输沙能力决定于河道的总落差（ΔZ）及河道的断面尺寸、形态和平面、纵剖面形态。总落差、总水量（或年平均流量 Q）和浑水的容重是河道水流运动的基本能源（$\gamma_m Q \Delta Z$ 为各河段 $\gamma_{mi} Q_i \Delta Z_i$ 之合），进入河流的泥沙，既是河道水流的负载，又增加了河道水流的能量（增大 γ_m）和固体资源（淤平洼地、填海造陆等）。各河段河道的断面尺寸、形态和平面、纵割面形态与各河段的能量分配和比降相关，黄河下游 6 个河段历年 10 月的比降（根据文献 [5] 的资料整理）见表 3。

表 3　　　　黄河下游的 6 个河段历年 10 月的比降变化（1/万）

河段 年份	花园口— 夹河滩	夹河滩—高村	高村—孙口	孙口—艾山	艾山—泺口	泺口—利津
1972	1.792	1.557	1.130	1.211	0.989	0.890
1973	1.750	1.510	1.140	1.160	0.970	0.930
1975	1.734	1.500	1.112	1.087	0.953	0.956
1976	1.793	1.510	1.108	1.159	0.984	0.937
1978	1.734	1.545	1.146	1.168	0.983	0.918
1979	1.761	1.498	1.152	1.159	1.048	0.921
1980	1.761	1.500	1.150	1.160	0.990	0.930
1982	1.760	1.470	1.140	1.140	0.980	0.960
1985	1.780	1.430	1.120	1.100	0.980	0.970
1987	1.761	1.499	1.167	1.214	1.269	1.529
1988	1.783	1.516	1.141	1.211	1.001	0.940
1991	1.805	1.490	1.172	1.203	1.055	0.906
1992	1.750	1.523	1.131	1.175	0.997	0.935
1993	1.775	1.528	1.120	1.170	0.990	0.942
1994	1.582	1.783	1.112	1.243	1.046	0.897
1995	1.593	1.752	1.112	1.203	0.969	0.931
1996	1.561	1.753	1.133	1.194	0.975	0.944
1997	1.581	1.746	1.166	1.225	1.009	0.948
1998	1.650	1.637	1.147	1.278	1.013	0.937
1999	1.600	1.600	1.146	1.195	1.001	0.959
2000	1.579	1.620	1.172	1.211	0.989	0.968
1972—1993 年 平均	1.768	1.506	1.136	1.162	0.994	0.933
1994—2000 年 平均	1.592	1.699	1.141	1.221	1.142	0.941
1972—2000 年 平均	1.706	1.573	1.138	1.183	1.046	0.936

从表 3 可看出花园口—夹河滩与夹河滩—高村两个河段比降接近 1.6/万，而高村以下比降急剧减小至 1.15/万左右，艾山以下减小至 1/万左右。由于比降是影响挟沙能力的重要因素，要实现全河段的输沙平衡，必须缩窄高村以下河段的整治河宽，以增大水深和流速，才能保持与上游河段的输沙能力一致[7-8]。

2.3　整治河湾的水力特性

要提高河道的输水输沙能力，应该尽可能减少流路的长度，以增大比降，并使平面形态平滑规顺，断面窄深，以减小阻力损失，把更多的能量用于输水输沙。人工渠道和运河基本上都采用直线流路和窄深断面，但这只适用于流量变幅较小的情况，天然河流演变的资料和模型试验都证明，直线的平原河流是不稳定的，随着流量的变化，环流的作用，河床冲淤和泥沙运动，流路必然发生弯曲（或分汊），河湾蠕动，弯曲发展，裁弯取直是天然弯曲型河道的演变规律，但通过修建河道整治工程，改变河道的边界条件，是可以使弯曲型河道长期稳定的[9]。弯曲型河道河湾的曲率半径决定于流量过程，即洪峰流量、峰型、流量变幅、年平均流量及汛期平均流量等，通常简化为用造床流量或平滩流量代表。因为水流动力轴线的弯曲半径随流量的增大而增大[10]，罗海超等统计国内若干弯道资料，得到如下经验公式[11]：

$$R = 0.0588Q^{0.51} \tag{19}$$

式中：R 为弯道曲率半径，km；Q 为多年平均流量，m^3/s。

文献 [12] 汇集了以下几个经验公式：

$$R = KQ_n^{0.5}J^{-0.25}\varphi^{-1.3} \tag{20}$$

$$R = 48.1(QJ^{\frac{1}{2}})^{0.83} \tag{21}$$

$$R = 0.0068(QJ^{\frac{1}{2}}H^{\frac{2}{3}})^{0.85} \tag{22}$$

$$R = 0.0664(Q^2JD_{50})^{0.925} \tag{23}$$

式中：R 为弯道曲率半径，m；Q_n 为平滩流量，m^3/s；φ 为中心角（弧度）；K 为系数，对于黄河 $K=10$；H 为一流量的函数。

尽管各公式的函数关系存在一些差异，但 R 随 Q 的增大而增大是一致的。

整治河湾的弯曲半径与水流动力轴线的弯曲半径越接近，则水流对河湾工程的冲击作用越小，水流越平顺，阻力损失越小，工程河湾对水流的控导作用也越好；整治河湾的弯曲半径比水流动力轴线的弯曲半径小得越多，则水流对河湾工程及附近河床的冲击作用越强，局部冲刷坑的深度越大，水流越紊乱，阻力损失越大，但只要有足够的工程强度、长度及上、下游工程的紧密衔接，工程是能够控制住河势的，黄河下游的节点（3 处以上工程，紧密对应衔接构成，尽管上游河势有些变化，但节点的出流方向变化很小）[10]，就是由小弯曲半径的工程河湾和配套的几处工程构成的，例如孙楼与上、下游工程构成的节点，蔡楼与上、下游工程构成的节点等；整治河湾弯曲半径比水流动力轴线的弯曲半径大得越多，则工程河湾对水流的控制作用越差，出流方向变化的随机性越大，河势容易发生变化。一般情况是，弯曲半径小，有利于集中水流，弯曲半径大，水流容易分散（以上所述弯曲半径大小，均指在一定合理范围内），具体还与上游来流方向和着溜位置有关。河湾之间过渡段的长度也随流量大小而变化，因流量越大，水流的惯性动量越大，保持出流方向的距离越长。要把游荡型河道逐步整治成较稳定的弯曲型河道，须根据流量的大小，选择合适的整治河湾曲率半径，工程护湾长度，整治河宽、过渡段长度，并注意上下游，左右岸各工程河湾之间流势的衔接配合，以及对流量变化的适应和流路的回归[13]，才能实现稳定主槽，平衡输沙的目标。

2.4　整治建筑物结构型式的改进

2.4.1　平整型护湾工程

要达到弯道水流平顺，耗能小，最好是采用连续平整的护湾工程。过去的险工和护滩控导工程，由于施工时基础做得很浅，需要通过汛期抢险来加深基础，逐步达到稳定[10]，从保障防洪安全和便于汛期抢险加固考虑，多采用长、短丁坝群护湾、护岸，形成锯齿形边界，流态紊乱，冲刷剧烈，耗能大。近些年，黄河下游也开始采用管柱护岸，一次把基础深度做到位，不需要汛期抢险加固，这种连续平整的护湾、护岸工程结构对提高河道输水输沙能力是有益的。今后要进一步研究和尽可能多采用连续平整的护湾工程结构。

2.4.2　潜水丁坝

黄河中上游已修建大量水库和取水工程，进入下游的水量和洪峰流量均大幅度减小[7]，过去规划和修建的部分工程河湾曲率半径和整治河宽偏大，难以完全控制河势。增修潜水丁坝，有利于适应主槽内枯水水流动力轴线的变化及流路的回归。高村以下，特别是艾山以下河道，比降较上游河道大幅度减小，造成非汛期河道淤积，可利用潜水丁坝缩窄枯水河槽，提高小水的输沙能力，以改善艾山以下小比降河道非汛期的淤积，因而需要研究适用于黄河下游细沙河床的潜水丁坝结构型式。

3　结语

（1）输水输沙是河流的自然属性，服务于人类的生存发展是河流的社会属性。河流的治理必须在顺从河流自然属性的前提下，尽可能满足其社会属性，使河流充分、全面、可持续地造福于人类。

（2）黄河水流的挟沙能力，由于含沙量大，改变了水流的物理力学性质，影响因素众多且经常变化和相互作用，其函数关系非常复杂，要提高计算精度和更准确的预估今后河道的冲淤情况，还需加强原型观测，增加测量频次，项目和提高测量精度，并进行试验研究，不断改进分析方法，把各种影响因素及其变化过程和相互作用的机理搞清楚，对于治黄工作是十分有益的。

（3）由于比降是影响挟沙能力的重要因素，高村以下河道，特别是艾山以下河道，比降大幅度减小，是造成非汛期冲河南、淤山东的主要原因。用潜水丁坝缩窄枯水河槽，提高小水的输沙能力，以改善艾山以下小比降河道非汛期的淤积，对于实现全河段的输沙平衡是值得考虑的。

（4）在规划黄河下游河道整治方案、工程布置和选择工程结构时，尽量减少水流的能耗（减小 n），这不但有利于工程的稳定，而且可以提高输水输沙能力。

▓ 参 考 文 献 ▓

［1］ 李国英. 河流伦理［J］. 人民黄河，2009，31（11），3-5.

［2］ 王光谦，胡春宏. 泥沙研究进展［M］. 北京：中国水利水电出版社，2006：46-94.

［3］ 张红武，吕昕. 弯道水力学［M］. 北京：水利电力出版社，1993.

［4］ 钱宁，万兆惠. 泥沙运动力学［M］. 北京：科学出版社，1983.

［5］ 史传文. 河型模糊控制基础［M］. 郑州：黄河水利出版社，2009.

［6］ 黄河水利委员会. 黄河流域防洪规划［M］. 郑州：黄河水利出版社，2008.

［7］ 彭瑞善. 黄河综合治理思考［J］. 人民黄河，2010，32（2）：1-4.

［8］ 彭瑞善. 对近期治黄科研工作的思考［J］. 人民黄河，2010，32（9），6-9.

［9］ 彭瑞善，李慧梅. 小浪底水库修建后已有河道整治工程适应性研究［J］. 人民黄河，1996，18（10）：30-33.

［10］ 丁联臻，彭瑞善. 黄河东坝头以下河道整治经验初步总结［C］//中国水科院. 中国水科院科学研究论文集第11集. 北京：水利电力出版社，1983：1-19.

［11］ 谢鉴衡. 河流泥沙工程学（上册）［M］. 北京：水利出版社，1981.

［12］ 万强，江恩惠，张林忠. 河湾平面形态及河湾流路方程研究综述［J］. 人民黄河，2009，31（12），43-44.

［13］ 陈孝田，陈书奎，李书霞，等. 黄河下游游荡型河段河势演变规律［J］. 人民黄河，2009，31（5），26-27.

第 2 章
研究河流的途径和方法

- 对近期治黄科研工作的思考

- 关于动床变态河工模型的几点新认识

- 在河工模型中应用比降二次变态的试验研究

- 黄河下游花园口至黑岗口河段河道整治模型试验

- 松花江哈尔滨段防洪模型试验

- 泥沙的动水沉速及对准静水沉降法的改进

治理一条河流，宏观上首先要把流域的来水来沙等自然条件和人民的生产发展等社会经济状况结合起来考虑。研究河流一项具体问题的途径和方法主要是在现场查勘观测的基础上，采用实测资料分析、物理模型试验和数学模型计算。本章主要介绍作者对黄河治理和物理模型试验方面的一些探索。

对近期治黄科研工作的思考*

[摘要] 从当前黄河的实际情况出发,提出应深入研究黄河水沙变化与降雨和下垫面之间的关系,以较准确地预估以后一段时间进入黄河各河段的水沙量及其过程,作为编制和修订治黄规划和工程设计、运用的依据。不必再把"宽河固堤"作为治河方略的内容,黄河下游的治理要强调稳定流路和平衡输沙。通过暴雨洪水预报和水库群联合调控等措施,减少花园口各级频率的洪峰流量,滩区可修筑一定高度的生产堤,以改善滩区和滞洪区人民的生产生活条件。挖过渡段浅滩难以改变弯曲型河道起伏不平的纵剖面。"二级悬河"的治理可研究局部将流路改走河床最低位置。

[关键词] 来水来沙预估;治河方略;洪水预报;水库群调控;宽河固堤

1 来水来沙预估

中华人民共和国成立以来,治黄工作取得了丰硕的成果,不仅保障了 60 多年伏秋大汛的防洪安全,而且在引黄灌溉和水电开发等方面做出了重要贡献。但是,治黄工作也遭受过严重的挫折,因对水土保持减沙效益估计错误、对泥沙淤积的严重性认识不足,导致了三门峡水利枢纽改建,下游花园口水利枢纽、位山水利枢纽,相继破坝恢复原河道,泺口水利枢纽、王旺庄水利枢纽,已施工了部分建筑物后被迫半途而废,三门峡水库回水对渭河造成的淤积,至今还严重影响关中平原的防洪安全和农业生产等。若在规划设计阶段能正确预估来沙量,第一期工程先建小浪底水利枢纽或加大三门峡水利枢纽的泄洪排沙措施,建成低水头枢纽,下游不建梯级枢纽,则可避免这些损失和后遗症。可见,正确预估今后的水沙条件,是规划治黄方案的基本依据和成败的关键。因此,必须深入细致地对水沙问题进行研究,水沙量估计少了不行,估计太大也会造成一些麻烦和损失。从治河大业走向长治久安考虑[1],只有研究成果尽可能接近今后的实际情况,才能使规划建设取得最大的综合效益。

1.1 降水、下垫面与水沙径流的关系

分析全流域历年降水、产流、汇流及下垫面(包括流域地面及干支流河道,下同)的变化情况与河道水沙径流量及其过程的关系,预估今后一段时间进入黄河各河段的水沙量及其过程。近年黄河流域降水量和黄河下游径流量见表1和表2。

* 彭瑞善. 对近期治黄科研工作的思考 [J]. 人民黄河, 2010, 32 (9).

表 1   黄河流域年降水量统计[2]

区　间	年平均降水量/mm							较多年平均值/%
	2000 年	2001 年	2002 年	2003 年	2004 年	2005 年	平均	
兰州以上	412.9	434.5	375.6	524.9	461.0	551.0	456.0	−5
兰州至头道拐	182.9	238.3	261.0	282.4	228.1	143.7	222.7	−15
头道拐至龙门	338.9	418.4	436.9	545.4	423.0	366.0	421.4	−3
龙门至三门峡	478.7	469.4	505.9	735.7	461.0	520.0	528.5	−2
三门峡至花园口	657.1	521.6	578.1	991.8	667.0	659.6	679.3	3
花园口以下	681.5	525.8	381.7	922.2	838.9	799.7	691.6	7
内流区	165.6	293.0	327.1	291.4	245.1	173.4	249.3	−8
全流域	381.8	404.0	404.2	555.6	421.0	431.0	433.1	−3

注　多年平均值为 1956—2000 年平均值。

表 2   黄河下游年径流量统计

水文站	年径流量/亿 m³							较多年平均值/%
	2000 年	2001 年	2002 年	2003 年	2004 年	2005 年	平均	
花园口	165.3	165.5	195.6	272.7	240.5	257.0	216.1	−45
高村	136.9	129.5	157.7	257.6	231.0	243.4	192.7	−47
利津	48.59	46.53	41.9	192.6	198.8	206.8	122.5	−61

注　多年平均值为 1956—2000 年平均值。

从表 1 和表 2 可以看出，全流域 2000—2005 年平均降水量较多年平均值减少约 3%，但黄河下游花园口、高村、利津站 2000—2005 年平均径流量较多年平均值分别减少 45%、47% 和 61%。可见，影响进入下游河道径流量减少的主要原因是人类活动，降水量减少占的比重较小。黄河下垫面的巨大变化和人类的生存发展，不但会使相同降雨量进入下游河道的水量减少，而且也会使洪峰流量减小。

对水沙资料应有动态分析的观念。洪水出现的频率和进入河道的水沙量都是一种随机现象。观测资料的系列越长，计算出的成果越接近实际，因此最好对全河的水沙资料进行连续的跟踪研究，每 5～10 年可将新近观测的资料添加到原来分析计算的资料系列中去，重新计算洪水频率和各种水沙特征值，作为此后工程规划设计的依据，并对已建工程进行校核，若某个时期下垫面等因素发生巨大变化，则应对此前观测的水沙资料，按新的下垫面等因素进行修正[3]，再用修正后的水沙资料计算洪水频率和各种水沙特征值，这样做可以使分析计算结果更接近今后可能出现的实际情况。

1.2   洪水频率计算方法的改进

防洪安全包括防冲决、溃决、漫决三方面。防冲决主要是布设河道整治工程控导河势[4-6]，防溃决主要依靠堤防的质量和宽度[7]，防漫决主要与设计频率洪峰流量的水位有关，在洪水频率和水位流量关系的分析计算中，除应用数学方法以外，还宜适当考虑物理因素（地物、地貌、气候、河床、含沙量等）和人为因素的影响。例如，小陆故花区间流域洪水的含少量较小，同流量的水位应该偏低。

1.3 典型水沙系列的选配组合和应用

对建设在江河上的某些水利工程，宜采用动态管理，原设计的运用方案是根据当时所掌握的水沙资料和认识制定的，随着观测资料系列的延长，来水来沙和有关因素的变化，可考虑调整水沙数据和运用方式或工程规划等，使其与新的情况相适应，以发挥最大的综合效益。例如，建设在黄河上的某些水利枢纽，就可以根据水沙观测资料系列的延长和以后的变化趋势等因素，重新选配组合代表今后可能发生的水沙系列，进行水库淤积年限校核计算，甚至可以考虑调整运用水位、防洪库容等。黄河下游河道整治规划也应根据来水来沙的变化趋势等情况进行修订。

总之，对洪水频率的推算和典型水沙系列的选配组合，必须充分利用已有的降雨、水沙观测资料和有关因素的变化，进行科学合理分析，力求得出的成果接近今后实际出现的情况。还须强调，对难以预料的大洪水等不利情况，要有可行的对策预案，以确保防洪大局和人民群众生命安全。

2 下游河道治理方略需要进一步研究和解释

黄河流域防洪规划中提出的治河方略包括"控制、利用、塑造，综合管理洪水""上拦下排，两岸分滞，控制洪水""拦、排、放、调、挖，综合处理泥沙"及"稳定主槽、调水调沙，宽河固堤、政策补偿的下游河道治理方略"[8]。

笔者1988年在治黄规划座谈会上曾提出："根据全流域的具体情况，在治理开发规划上应强调，上中游，用能节水，水土保持；下游，用水用沙，宽堤固河。"接着对下游治理的解释中提到"综合防洪、减淤、引水、航运、造陆等各方面的要求，下游河道规划治理要突出强调用水用沙，宽堤固河"。沉沙淤堤，最好是在引水闸后布置沉沙池，将浑水基本澄清后再进入渠系，具体方法是距大堤200m左右，平行修筑一堤，并在中间修一隔堤，由黄河引出的浑水，经平行大堤的沉沙条渠后再进入渠系（见图1）[9]。

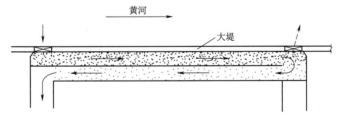

图1 沉沙淤堤示意

由于黄河下垫面的巨大变化，今后不大可能再出现20世纪50—60年代的水沙系列[3]。有关研究表明[10]，未来20～30年河口镇至三门峡区间区域性暴雨仍然偏少，因此小浪底水库的淤积年限估计会超过20年，争取在小浪底水库淤满以前建成古贤水库，随后建设碛口水库。同时，水土保持工作还要持续进行，因此今后进入黄河下游的水量难有明显大幅度增加，总的趋势是随降雨量的多少而波动变化。沙量是随降雨的多少、强度和梯级水库的状况而波动变化，基本趋势很可能是减少。同频率的洪峰流量增大的概率小，可能是略微减小到一定程度后趋向平稳。因此，今后的黄河下游不再需要过去那样宽的河道，"宽河固堤"没有必要作为治河方略的内容。黄河流域防洪规划在治河方略一节的前两段已经论述了综合管理洪水、控制洪水和综合处理泥沙的理念和措施，不必再重复"调水调沙"，故建议将下游河道治理方略修改为"稳定主槽，平衡输沙，关注滩区和滞洪区"。在治河方略中强调在保障全河防洪安全大局的前提下，还要尽力为改善滩区人民的生存条件和滞洪区的发展建设着想。

3　有利于滩区和滞洪区人民生产生活的技术措施

黄河流域防洪规划把东平湖滞洪区（居住人口约 34 万人）作为重点滞洪区，运用的概率约为 30 年一遇洪水（花园口洪峰流量 13100m³/s）。黄河下游滩区（居住人口约 180 万人，有耕地约 25 万 hm²）避水设施的设计标准为花园口洪峰流量 12370m³/s（约相当于 20 年一遇洪水）。小浪底、陆浑、故县、花园口无控制区间 100 年一遇洪峰流量 12900m³/s，考虑到区间以上来水经三门峡、小浪底、陆浑、故县四水库联合调节运用后，花园口 100 年一遇洪峰流量为 15700m³/s[8]。

为了有利于滩区和滞洪区人民的生产生活，应尽力设法降低花园口各级频率的洪峰流量，以减少滩区和滞洪区的使用频率。

3.1　洪水频率计算

洪水频率计算应包括新近观测的资料（只用 1997 年以前资料不够），对过去的资料可根据下垫面等因素的变化进行校正[3]。进一步细致分析计算小陆故花区间 20 年一遇至 200 年一遇的洪峰流量，并分别计算出伊洛河陆浑、故县水库以下流域，沁河流域和小浪底至花园口干流流域在洪水中所占的比重，以便考虑是否在伊洛河口和沁河口建坝，当小花干流来大水时关闸拦洪，以减少花园口的洪峰流量。

3.2　及时预报无控制区间流域的降雨、产流状况

在小陆故花区间流域，除加强水利水保工作以外，还应增设雨量站，更准确控制区间流域的降雨产流状况[11]。研究三门峡、小浪底、陆浑、故县水库群联合调控决策支持系统，采用各种先进的测量传输手段，以提高预报暴雨产流汇流的时效性和准确性。适时调控水库群的运用方式，充分发挥三门峡、小浪底、陆浑、故县四水库拦截上游来水的作用，力争使花园口的洪峰流量只来源于小陆故花区间的降雨，这就有可能把滩区避水设施的设计标准 12370m³/s，由花园口 20 年一遇洪水改变为接近 100 年一遇的洪水 12900m³/s。

3.3　滩区治理

滩区可考虑建成防 8000～10000m³/s 洪水的生产堤。滩区治理应满足两方面要求：

（1）从保障全河的防洪安全出发，当发生大于 10000m³/s 洪水时，必须保持滩区的滞洪淤沙作用，以减少进入下游窄河段的洪峰流量和含沙量。在较宽的滩区，可考虑修建

二级生产堤，将滩区分成两部分，根据预报的洪峰流量和峰型（峰量），决定采取部分滩区过流或全部滩区滞洪。

（2）除保障发生大洪水分滞洪水时滩区人民的生命财产安全以外，还要尽可能为滩区人民创造一个相对安稳的生产生活环境，即尽量减少滩区过洪的概率。

因此，滩区治理除修建避水设施、引洪淤积串沟、堤河、洼地等以外，还可考虑建成一定高度的生产堤，以避免中等洪水就漫滩淹地。生产堤的设计标准，可略低于避水设施的设计标准，即 10000m³/s 以下，接近或小于陶城铺以下窄河段的防洪标准，这样做还有利于水库调水调沙运用时施放大于 4000m³/s 的流量，以提高冲刷河槽的效果。

花园口各级频率洪峰流量的减少，东平湖滞洪区的运用的概率亦相应减少，从而有利于滞洪区的开发建设。

4　挖河固堤及"二级悬河"治理

黄河流域防洪规划提到："陶城铺至鱼洼河段为河势得到控制的弯曲型河段，沿河两岸多由河道整治工程控制，相邻整治工程间为过渡段，过渡段的河道相对宽浅，水流挟沙能力降低，是主槽淤积的主要部位。选择在过渡段挖河疏浚，有利于增加主槽的排洪能力，增大平滩流量，也有利于减少主槽的淤积。因此，挖沙部位布置在过渡段。规划对陶城埠至鱼洼 356km 河道的过渡段全线进行开挖，开挖河段长 227.615km。对河口过渡段主槽及拦门沙进行开挖，疏通尾闾，以利于向深海输沙。利用挖河泥沙可加固堤防约 320km。"[8]

4.1　挖河固堤

大量实测资料证明：弯曲型河流河床纵剖面的基本形态是起伏不平的，两弯道之间的过渡段浅滩的高程总是高于上下弯道深槽的高程，这是由弯曲型河道的水力特性和输沙特性所决定的。流量大小变化会引起水流动力轴线走向的变化[3]及纵向流速和横向环流所组成的螺旋流的强度和作用的变化等，使弯曲型河道的浅滩和深槽具有交替变化的水力特性和冲淤特性。原型观测资料表明，洪水时弯道深槽的比降大于过渡段浅滩的比降，弯道流速大于过渡段流速，故弯道发生冲刷，过渡段发生淤积，或弯道冲得多，过渡段冲得少；而枯水时期正好相反，过渡段比降大于弯道比降，过渡段流速大于弯道流速（图 2 和图 3）[12]。故弯道发生淤积，过渡段发生冲刷，或弯道淤得多过渡段淤得少。过渡段浅滩滩脊高程的变化与水位升降变化的趋势是一致的，大多数河流滩脊高程的变化滞后于水位的变化，只有像黄河下游这类河床调整迅速的河道，才会出现浅滩高程的变化几乎与水位的变化同步（图 4）[12]。

在通航的少沙河流，航道部门常常采取挖河疏浚的方法来降低过渡段浅滩的高程，以获取足够的通航水深。治理浅滩的长远办法是在两岸修建潜水丁坝，缩窄枯水河槽以集中水流增加水深，提高水流的输沙能力，避免回淤，保证枯水航深，并且不影响泄洪。松花江三姓浅滩就是采用两岸对应修建潜水丁坝治理成功的例子。长江口增大航深的治理，也是在长江口拦门沙航槽两侧修建潜水丁坝，使航深由 7m 增加到 12.5m，除掉了长江入海咽喉的骨鲠，大大提高了通航能力。

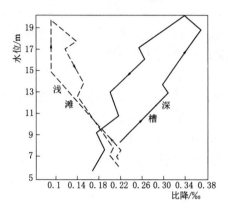

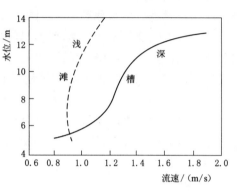

图 2　长江下游某浅滩和上深槽比降
随水位变化[12]

图 3　长江下游某浅滩和上深槽的
水位、流速关系[12]

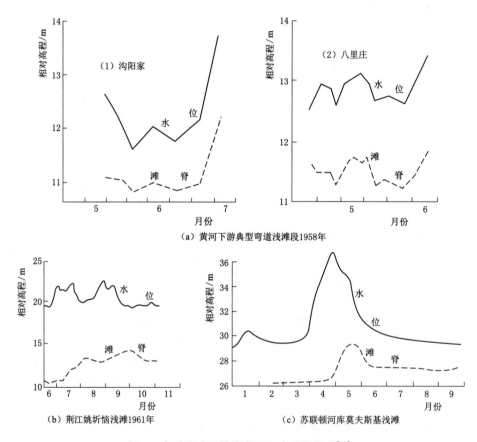

（a）黄河下游典型弯道浅滩段1958年

（b）荆江姚圻恼浅滩1961年　　　（c）苏联顿河库莫夫斯基浅滩

图 4　弯道浅滩段滩脊高程与水位的关系[12]

　　弯曲型河流河床纵剖面的起伏形态是其自身的演变规律形成的，输沙平衡河流、堆积型河流都是这样，采取挖河疏浚措施是难以根本改变其河床形态的，单从防洪的角度考虑，也没有必要去改变它。研究表明，在河口挖沙，疏通尾闾，有利于泄洪排沙。

小浪底水库建成后，陶城铺至鱼洼窄河段仍然会继续发生淤积，原因是整个河段的比降较上游河段明显减小，河道的挟沙能力低于上游河道的来沙量，淤积部位也并不只是相对宽浅的过渡段，而是包括工程控制河湾在内的整个河段。为防止河床淤积，应根据小浪底水库淤积平衡后下泄水流的含沙量和沿河的比降变化等因素，在下游统一规划各河段的整治河宽，使各河段河槽的挟沙能力均能与上游河段来水的含沙量相适应，以实现全河的输沙平衡，具体可根据挟沙能力公式、曼宁阻力公式和连续方程联解，得出整治河宽的表达式。

挟沙能力公式：

$$S_* = K \left(\frac{\gamma_m}{\gamma_s - \gamma_m} \frac{V^3}{gh\omega_m} \right)^a \tag{1}$$

曼宁公式：

$$V = \frac{1}{n} h^{2/3} J^{1/2} \tag{2}$$

连续方程：

$$Q = Bhv \tag{3}$$

式中：S_* 为挟沙能力，kg/m^3；γ_s、γ_m 分别为泥沙和浑水的容重，kN/m^3；V 为流速，m/s；g 为重力加速度，m/s^2；h 为水深，m；ω_m 为泥沙在浑水中的沉速，m/s；K、a 分别为系数和指数；n 为糙率；J 为比降；Q 为流量，m^3/s；B 为河宽，m。

设各河段均为均匀恒定流，在输沙平衡时，河槽的流量、含沙量、粒径均沿程不变，挟沙能力与含沙量相等，联解式（1）～式（3），得

$$B = \frac{\left[\left(\frac{K}{S_*} \right)^{1/a} \frac{\gamma_m}{\gamma_s - \gamma_m} \frac{1}{g\omega_m} \right]^{5/3} QJ^2}{n^4} \tag{4}$$

设

$$C = \left(\frac{K}{S_*} \right)^{1/a} \frac{\gamma_m}{\gamma_s - \gamma_m} \frac{1}{g\omega_m} \tag{5}$$

则

$$B = \frac{C^{5/3} Q}{n^4} J^2 \tag{6}$$

4.2　"二级悬河"治理

关于"二级悬河"的治理，可研究局部改变流路的办法，即顺应水往低处流的本性，选择河床高于河滩地较为突出的"二级悬河"河段，将主流改走原为滩地但高程最低的位置。改道前先规划好新流路治导线，并布设好控导工程，在改线过程中尽量设法使原河道发生淤积，新河道按治导线造床。当原河道完全废弃之后，可拆搬原流路废弃工程的石料用于新流路工程的加固，此办法的优点是：

（1）彻底改变"二级悬河"的状况，符合长治久安的要求。

（2）可按平衡输沙的要求选择河槽的整治河宽。

（3）使新流路更趋顺畅，控导工程的布设与今后的水沙条件更相适应、合理，水流能耗更小，有利于河道泄洪输沙。缺点是新修控导工程及工程维修加固经费较多。

5　结语

（1）要充分认识治黄工作取得的成效，以增强治理好黄河的信心。

（2）要善于利用并继续深入研究黄河的演变规律，针对当前出现的新问题，大力开展新的研究项目，以推动治黄工作稳步发展，长治久安。

（3）要深刻总结治黄工作的经验教训，全面研究水利水保措施和干支流水库及取水工程等，对进入各河段水沙条件的影响。采用科学的分析方法，力争预估未来的水沙系列，接近未来实际发生的情况。沙量和洪峰流量估算小了不行，估算太大也会带来一些麻烦和障碍。需要强调的是，对于难以预料的大洪水等不利情况，要有可行的对策预案，确保防洪大局安全。

（4）洪水出现的频率和进入河道的水沙量都是一种随机现象，并受人类活动的影响，因而对水沙资料要有动态分析的观念。对某些水利工程的运用或规划，也应采取动态管理的方法，使工程措施尽量与实际情况相适应，以最大限度地发挥综合效益。

（5）要加强小陆故花区间流域的水利水保工作，加密雨量观测站点布设，研究水库群联合调度决策支持系统，并采用最先进的量测传输手段，以充分发挥三门峡、小浪底、陆浑、故县水库群拦截洪水的作用，减少花园口各级频率的洪峰流量，降低滩区和滞洪区的使用频率。

（6）适应进入黄河下游洪峰流量减小的新情况，应该考虑在保障全河防洪安全大局的前提下，采取各种措施，改善滩区人民的生产生活条件和有利于滞洪区的开发建设。

▓　参　考　文　献　▓

[1]　潘家铮. 治黄大业要从近期治理走向长治久安 [J]. 人民黄河，2009，31（11）：1-2.

[2]　尚洪霞. 2000 年以来黄河流域水沙变化分析 [C] //时明立，姚文艺，李勇. 2006 年黄河河情咨询报告. 郑州：黄河水利出版社，2009：125-159.

[3]　彭瑞善. 黄河综合治理思考 [J]. 人民黄河，2010，32（2）：1-4.

[4]　彭瑞善，李慧梅. 小浪底水库修建后已有河道整治工程适应性研究 [J]. 人民黄河，1996，18（10）：30-33.

[5]　胡一三，刘贵芝，李勇，等. 黄河高村至陶城铺河段河道整治 [M]. 郑州：黄河水利出版社，2006.

[6]　张林忠，江恩慧，赵新建. 黄河下游游荡型河道整治效果评估 [J]. 人民黄河，2010，32（3）：21-22.

[7]　兰雁，李建军，常向前，等. 黄河下游淤背体合理宽度分析与评价 [J]. 人民黄河，2009，31（12）：13-14.

[8]　黄河水利委员会. 黄河流域防洪规划 [M]. 郑州：黄河水利出版社，2008.

[9]　彭瑞善. 粗浅黄河的治理规划 [C] //治黄规划座谈会秘书组. 治黄规划座谈会文件及代表发言汇编. 郑州：黄河水利委员会，1988：134-136.

[10]　李伟珮，闫观清，李保国，等. 黄河流域近 300 年来水文情势及其变化 [J]. 人民黄河，2009，31 (11)：25 - 26.

[11]　李国英. 黄河流域水文站网布设与调整研究 [J]. 人民黄河，2009，31 (12)：1 - 5.

[12]　钱宁，张仁，周志德. 河床演变学 [M]. 北京：科学出版社，1987.

关于动床变态河工模型的几点新认识[*]

本文讨论了动床变态河工模型中的下列三个问题,力图探索一条在小场地进行长河段模型试验的途径:①从含沙量垂线分布重心高度(以含沙量为权重的加权平均沉降高度)的概念出发,提出了计算淤积相似的新方法;②运用比降二次变态,使各种变率的动床河工模型都不须加糙,即可自动满足阻力相似和重力相似;③分析冲刷相似与起动相似的区别,从而使动床选沙获得较大的自由度,有利于采用天然沙或廉价的人工沙作为模型沙。

1 引言

由于天然河道边界条件十分复杂,许多实际问题不能单纯通过数学模型求解,因而在河床演变、河道整治和水库淤积等研究中,广泛采用河工模型试验的方法。对于平原河流,由于河宽水浅,宽深比很大,难以做成正态模型,特别是像黄河、永定河等多沙河流,更是十分宽浅,即使在野外也必须做成变态模型。根据前人的研究[1-2],可以概括为下列三类变态:

(1)几何变态。①平面比尺 λ_L 与垂直比尺 λ_H 不等;②比降比尺 λ_J 不等于 λ_H/λ_L;③泥沙粒径比尺 λ_D 不等于 λ_H,也不等于 λ_L。

(2)输沙变态。①底沙运动速度比尺 λ_{Vs} 不等于水流运动速度比尺 λ_V;②悬沙输沙率比尺 λ_{Qs} 不等于底沙输沙率比尺 λ_{Qsb};③泥沙的密度比尺 $\lambda_{\rho s}$ 不等于流体的密度比尺 λ_{ρ}。

(3)时间变态。①河床变形时间比尺 λ_{t_2} 不等于水流时间比尺 λ_{t_1};②底沙时间比尺不等于悬沙时间比尺。

通常所称的变态模型系指水平比尺不等于垂直比尺,目前国内广泛采用的变态主要是 $\lambda_H \neq \lambda_L \neq \lambda_D$,比降变态很少采用。要想在小试验厅里做长河段的模型,水平比尺必然很大,为了保证模型有一定的水深,垂直比尺需大大小于水平比尺,因而使模型的变率很大。大变率带来的第一个难题是淤积相似中含沙量垂线分布相似与泥沙颗粒沉降相似的矛盾更加尖锐;第二个难题是模型糙率远大于原型糙率,使动床加糙更加困难。另外是模型沙的问题,目前塑料沙、电木粉的价格已高于大米、白面五六倍。由于细颗粒的絮凝、板结等性能很不稳定,致使试验操作十分麻烦,而且也影响试验成果的可靠性。针对这些情况,下面着重讨论三个问题:

(1)淤积相似问题。

(2)比降二次变态的应用。

---

* 彭瑞善. 关于动床变态河工模型的几个问题 [J]. 泥沙研究,1988 (3).

（3）冲刷相似与起动相似的联系与区别。

2　淤积相似问题

要达到淤积相似必须满足挟沙能力相似、含沙量横向分布相似、含沙量垂线分布相似及泥沙颗粒沉降相似。

挟沙能力相似，各家采用的表达式都是一致的，即

$$\lambda_s = \lambda_{s*}$$

其余的相似条件试从悬沙运动的扩散方程来探讨[3]：

$$\frac{\partial s}{\partial t} = -\frac{\partial}{\partial x}(SV_x) - \frac{\partial}{\partial y}(SV_y) - \frac{\partial}{\partial z}(SV_z) + \frac{\partial}{\partial z}(S\omega) +$$

$$\frac{\partial}{\partial x}\left(\varepsilon_{sx}\frac{\partial s}{\partial x}\right) + \frac{\partial}{\partial y}\left(\varepsilon_{sy}\frac{\partial s}{\partial y}\right) + \frac{\partial}{\partial z}\left(\varepsilon_{sz}\frac{\partial s}{\partial z}\right) \tag{1}$$

对于变态模型，由式（1）写出的比尺关系式为

$$\frac{\lambda_s}{\lambda_t} = \frac{\lambda_s\lambda_{V_x}}{\lambda_L} = \frac{\lambda_s\lambda_{V_y}}{\lambda_L} = \frac{\lambda_s\lambda_{V_z}}{\lambda_H} = \frac{\lambda_s\lambda_\omega}{\lambda_H} = \frac{\lambda_s\varepsilon_{sx}}{\lambda_L^2} = \frac{\lambda_s\varepsilon_{sy}}{\lambda_L^2} = \frac{\lambda_s\varepsilon_{sz}}{\lambda_H^2} \tag{2}$$

式中：S 为含沙量；V 为流速；ω 为泥沙沉速；ε_s 为泥沙紊动扩散系数；x、y、z 分别为纵向、横向、铅垂方向；λ 代表比尺；λ_L 为平面比尺；λ_H 为水深（高度）比尺；λ_t 为水流时间比尺。

在满足平面水流相似的条件下，可以认为含沙量横向分布是相似的，且 $\lambda_{V_x} = \lambda_{V_y} = \lambda_V$，令 $\lambda_\omega = \lambda_{V_z}$，则式（2）可写成：

$$\lambda_t = \frac{\lambda_L}{\lambda_V} = \frac{\lambda_H}{\lambda_\omega}, \quad 即 \quad \lambda_\omega = \frac{\lambda_H}{\lambda_L}\lambda_V \tag{3}$$

$$\lambda_V\lambda_L = \lambda\varepsilon_{sx} = \lambda\varepsilon_{sy} = \left(\frac{\lambda_L}{\lambda_H}\right)^z \lambda\varepsilon_{sz} \tag{4}$$

对于三度水流泥沙紊动扩散系数的表达式目前还不清楚，本文暂不讨论式（4）。

再看由扩散理论导出的含沙量垂线分布公式：

$$\frac{S}{S_a}\left[\frac{\frac{h}{z}-1}{\frac{h}{a}-1}\right]^{\frac{w}{ku_*}} \tag{5}$$

要实现含沙量垂线分布相似，必须满足：

$$\lambda_\omega = \lambda_{u*}\lambda_k = \frac{\lambda_H}{\lambda_L^{1/2}}\lambda_k$$

同时满足重力相似，并令 $\lambda_k = 1$，则

$$\lambda_\omega = \left(\frac{\lambda_H}{\lambda_L}\right)^{1/2}\lambda_V \tag{6}$$

时间乘以流速为平面距离，时间乘以沉速为垂直距离，从几何图形的相似可知式（3）表示泥沙颗粒的沉降相似。

对于正态模型式（3）与式（6）是完全一致的；对于变态模型式（3）与式（6）从数学上是无法统一的[3-4]。作者在"论变态动床河工模型及变率的影响"一文的讨论稿[5]中曾指出：单纯满足式（3），则模型泥沙的淤积位置偏近；单纯满足式（6），则模型泥沙的淤积位置偏远，且变率越大，其偏离的程度也越大。由于含沙量垂线分布相似和泥沙颗粒的沉降相似在变态模型中不能同时满足，只有寻求其他的途径来探讨一种满足平均淤积部位相似的近似方法，如果按式（3）设计模型，则变态模型中的 $\frac{\omega}{ku_*}$ 值较原型大，表现为

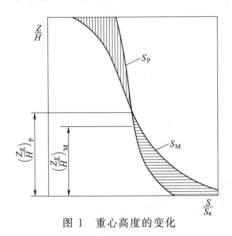

图1　重心高度的变化

含沙量垂线分布比原型更不均匀（如图1），上部的一部分泥沙移向下部，图中的垂线阴影部分的泥沙变成水平阴影部分，即垂线含沙量分布的重心位置下移。满足式（3），虽然保证了模型和原型对应部位的泥沙淤积是相似的，但因分布重心的下移，使部分泥沙的沉降距离减少，故提前沉降到河底。为了达到平均淤积部位相似，可以将式（3）中代表泥沙沉降距离的水深比尺 λ_H 改为含沙量垂线分布重心高度的比尺 λ_{Z_g}（Z_g 实质上是以含沙量为权重的加权平均沉降高度，代表全垂线泥沙沉降到河底的平均距离），即

$$\lambda_\omega = \frac{\lambda_{Z_g}}{\lambda_L}\lambda_V \tag{7}$$

从而使悬沙的平均淤积位置相似，Z_g 的数学表达式为

$$Z_g = \frac{\int_a^h SZ\mathrm{d}z}{\int_a^h S\mathrm{d}z} \tag{8}$$

用扩散方程描述含沙量垂线分布时，不能用于河底和水面，考虑到在水面的偏差对整个积分的影响较小，积分下限 a 为悬移质和推移质交界面至河底的距离，一般采用1～3倍床沙颗径，代入扩散方程后式（8）可写成：

$$Z_g = \frac{\int_a^H \left(\frac{h}{z}-1\right)^{\frac{\omega}{ku_*}} Z\mathrm{d}z}{\int_a^H \left(\frac{h}{z}-1\right)^{\frac{\omega}{ku_*}} \mathrm{d}z} \tag{9}$$

求得式（9）的解析解十分困难，暂用数值计算的方法求解，鉴于模型和原型的水深相差很大，而泥沙粒径的差别可能较小，要适应模型和原型的各种情况，故计算了 $\frac{a}{H}=0.1\sim 0.0001$ 的一套资料见表1和图2。从图2可以看出以下一些特点：

（1）当模型和原型的 $\frac{\omega}{ku_*}$ 均大于2，且 $\frac{a}{H}<0.001$，模型和原型的 $\frac{Z_g}{H}$ 比较接近，即

$\lambda_{Z_g}=\lambda_H$，可以直接按式（3）计算。

（2）当 $\dfrac{\omega}{ku_*}<0.2$，且 $\dfrac{a}{H}<0.001$，同样也可以直接按式（3）计算。

（3）对于其他情况都应该按式（7）计算。

（4）模型床沙采用轻质沙特别是塑料沙时，模型沙的粒径可能接近原型沙，因而模型 $\dfrac{a}{h}$ 将远大于原型，此时，即使满足了 $\lambda_{\omega}=\lambda u_*$，$\dfrac{Z_g}{H}$ 也不相等，这是因为模型中推移质的活动范围 $[(1\sim3)D_M]$ 接近原型推移质的活动范围 $[(1\sim3)D_P]$，而模型中悬沙的活动范围则相对减少，故 Z_g 值增大，有时甚至大于 $0.5H$。这个问题有待今后进一步探讨。

表 1   **按 式（9）计 算 结 果**

$\dfrac{\omega}{ku_*}$ ＼ Z_g/H	a/H						
	0.0001	0.001	0.005	0.01	0.02	0.05	0.1
0.005	0.4973	0.4978	0.4998	0.5024	0.5075	0.5227	0.5479
0.05	0.4749	0.4755	0.4781	0.4811	0.4870	0.5040	0.5315
0.1	0.4500	0.4509	0.4541	0.4577	0.4646	0.4837	0.5138
0.2	0.4000	0.4018	0.4068	0.4119	0.4210	0.4447	0.4800
0.3	0.3500	0.3534	0.3607	0.3677	0.3793	0.4080	0.4484
0.4	0.3000	0.3060	0.3165	0.3256	0.3400	0.3736	0.4192
0.5	0.2500	0.2603	0.2745	0.2859	0.3032	0.3418	0.3922
0.6	0.2006	0.2169	0.2354	0.2491	0.2693	0.3126	0.3675
0.7	0.1529	0.1768	0.1996	0.2156	0.2384	0.2859	0.3449
0.8	0.1091	0.1408	0.1674	0.1854	0.2105	0.2618	0.3243
0.9	0.0722	0.1095	0.1392	0.1588	0.1857	0.2400	0.3057
1.0	0.0441	0.0834	0.1149	0.1355	0.1638	0.2206	0.2888
1.5	0.0021	0.0180	0.0435	0.0628	0.0911	0.1514	0.2259
2.0	0.0002	0.0049	0.0200	0.0344	0.0581	0.1142	0.1884
3.0	0.0001	0.0016	0.0094	0.0185	0.0356	0.0821	0.1507
4.0	0.0001	0.0012	0.0073	0.0147	0.0290	0.0701	0.1340

注 计算步长为 $\dfrac{H-a}{1000}$。

淤积相似选沙计算举例。

某河平均水深 $H_P=2m$，比降 $J_P=0.0001$，悬沙中值粒径 $D_{50P}=0.063mm$，相应沉速 $\omega_P=0.24cm/s$。

摩阻流速 $u_{*P}=\sqrt{gH_PJ_P}=\sqrt{980\times200\times0.0001}=4.427$（cm/s）

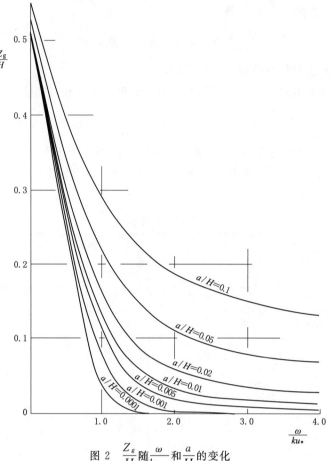

图 2 $\dfrac{Z_g}{H}$ 随 $\dfrac{\omega}{ku_*}$ 和 $\dfrac{a}{H}$ 的变化

$$\frac{\omega_P}{ku_{*P}} = \frac{0.24}{0.4 \times 4.427} = 0.136$$

按 $\dfrac{a}{h} = 0.0001$，查图 2 得 $\dfrac{Z_{gP}}{H_P} = 0.43$，$Z_{gP} = 0.43 \times 200 = 86$ （cm）。

根据场地条件及有关相似要求，初步选定 $\lambda_L = 500$，$\lambda_H = 50$。相应 $\lambda_V = \lambda_H^{1/2} = 7.07$，

$H_M = \dfrac{H_P}{\lambda_H} = 4\text{cm}$，$\lambda_J = \dfrac{\lambda_H}{\lambda_L} = 0.1$，$J_M = \dfrac{J_P}{\lambda_J} = 0.001$，有

$$u_{*M} = \sqrt{gH_M J_M} = \sqrt{980 \times 4 \times 0.001} = 1.98 \ (\text{cm/s})$$

模型 Z_{gM} 的计算采用试算法：

设 $Z_{gM} = 0.4 H_M = 1.6$ （cm），

按式 （7） 计算 $\omega_M = \dfrac{\lambda_L \omega_P}{\lambda_{sg} \lambda_V} = 0.316$ （cm/s）

$$\frac{\omega_M}{ku_{*M}} = 0.399$$

考虑到 $\lambda_H = 50$，暂按 $\dfrac{a}{h} = 0.005$，查图 2 得 $\dfrac{Z_{gM}}{H_M} = 0.34$

$Z_{gM}=1.36$cm，较原设 $Z_{gM}=1.6$cm 为小。

再设 $Z_{gM}=1.5$cm

算得 $\omega_M=0.296$cm/s，$\dfrac{\omega_M}{ku_{*M}}=0.374$

查图 2 得 $\dfrac{Z_{gM}}{H_M}=0.348$

$Z_{gM}=1.39$cm，小于 1.5cm

再设 $Z_{gM}=1.42$cm

算得 $\omega_M=0.28$cm/s，$\dfrac{\omega_M}{ku_{*M}}=0.354$

查图 2 得 $\dfrac{Z_{gM}}{H_M}=0.355$，$Z_{gM}=0.42$cm。

根据以上计算，可以采用 $Z_{gM}=1.42$cm，$\omega_M=0.28$cm/s。若选用天然沙作模型沙，则相应于 ω_M 的粒径为 $D_M=0.068$mm。将此计算结果与按式（3）、式（6）计算结果比较见表 2。

表 2　　　　　　　　　　三种方法计算结果的比较

公式 \ 项目	λ_ω	$\omega_M/$ （cm/s）	D_M /mm
$\lambda_\omega=\dfrac{\lambda_H}{\lambda_L}\lambda_V$	0.707	0.339	0.075
$\lambda_\omega=\left(\dfrac{\lambda_H}{\lambda_L}\right)^{1/2}\lambda_V$	2.240	0.107	0.042
$\lambda_\omega=\dfrac{\lambda_{Zg}}{\lambda_L}\lambda_V$	0.857	0.280	0.068

由以上比较可知，按式（7）的计算结果在式（3）与式（6）计算结果之间，具体值偏向于哪一式要根据该模型的具体情况而定。

3　比降二次变态的应用

早在 20 世纪 50 年代，爱因斯坦和钱宁就曾提出用比降二次变态来解决动床变态模型设计中遇到的困难问题[6,1]，并在设计实例中用比重为 1.1 的模型沙去代替原设计要求的比重为 1.041 的模型沙，通过允许比降二次变态和弗劳德数有一定偏差来满足模型的相似要求。杨志达在设计契白瓦河进入密西西比河汇流区的模型中，用放缓模型比降来适应买到的模型沙，地形验证基本符合，并取很满意的试验成果[7]。1958 年在花园口引黄沉沙池上进行的黄河下游花园口至东坝头河段野外大模型试验，为了适应试验场地的比降，将比降比尺由 $\lambda_J=\dfrac{\lambda_H}{\lambda_L}=\dfrac{12}{160}=0.075$ 改变为 0.125。现在看来，应用比降二次变态还有很大的潜力，值得进一步探索。

前述变态模型淤积相似问题中含沙量垂线分布相似条件 $\lambda_\omega = \lambda_J^{1/2}\lambda_V$ 和泥沙沉降相似条件 $\lambda_\omega = \dfrac{\lambda_H}{\lambda_L}\lambda_V$ 之间的矛盾也可以用比降二次变态来加以解决，只要放弃 $\lambda_J = \dfrac{\lambda_H}{\lambda_L}$ 的条件，并令两式的 λ_ω 相等，即可得出统一两式的比降比尺：

$$\lambda_J = \frac{\lambda_H^2}{\lambda_L^2} \tag{10}$$

冲积河流的比降与上游来水来沙条件密切相关，其调整变化的趋势是趋向输水输沙平衡。比降反映单位河长的能耗，在水深、流速相同的情况下，阻力越大，比降越陡。在变态模型中，为了增大模型水深，通常采用垂直比尺 λ_H 小于平面比尺 λ_L，带来的后果是模型比降大于原型比降，且比降增大的程度与模型的变率成正比，因此，在变态模型中一般都需要加糙。定床模型通常是在河底加糙。动床模型要研究河底的变化，只得采用拉挂纲格、摆放纲架或插粗糙杆状物等在水中加糙。这些加糙方法虽取得水面比降相似，但严重地破坏了水流内部结构，因而使水流、输沙、造床的相似性受到影响，特别是在大变率或原型糙率本来就很大时，模型中加糙的状况更令人难以容忍。

宽浅河道的模型，往往要占用很大的场地，为了在较小的试验室里研究宽浅河流长河段的演变和整治问题，必须做大变率的模型，现提出应用比降二次变态来适应模型的糙率，使模型不须加糙，即可自然满足阻力相似和重力相似，也就是先把比降比尺 λ_J 看作自由变量，然后用满足阻力相似和重力相似的条件来反求它。一般常用的阻力公式为曼宁公式：

$$V = \frac{1}{n}R^{2/3}J^{1/2}$$

对于宽浅河流，$R \approx H$，故上式可写成：

$$V = \frac{1}{n}H^{2/3}J^{1/2}$$

其比尺关系式为

$$\lambda_J = \frac{\lambda_v^2\lambda_n^2}{\lambda_H^{4/3}}$$

同时满足重力相似 $\lambda_v = \lambda_H^{1/2}$ 则

$$\lambda_J = \frac{\lambda_n^2}{\lambda_H^{1/3}} \tag{11}$$

按式（11）来选择比降出尺，不须在模型中加糙，其计算步骤为：根据试验场地确定平面比尺 λ_L；考虑模型水深及有关相似要求确定水深比尺 λ_H；分析确定原型河道的糙率及所用模型沙的糙率（可通过预备试验确定），得出糙率比尺，再按式（11）计算 λ_J。比降二次变态所造成的不利影响是纵横比降不一致，这应作为其变率的限制条件加以考虑。

4　冲刷相似与起动相似的区别和联系

目前国内广泛采用起动相似条件来表示冲刷相似。即用起动流速比尺 λ_{v0} 与水流速度比尺 λ_v 相等作为冲刷相似条件，对于起动流速的计算公式，中外学者做了大量工作，共同的认识是起动流速主要与重力（$\sqrt{(\lambda_s-\gamma)D}$）和黏结力（薄膜水引起的附着力及沙质材料的黏性）有关。

窦国仁公式[3]：

$$\lambda_{v0}=\lambda_\varphi\lambda_{\gamma_s-\gamma}^{1/2}\lambda_D^{1/2}$$

$$\lambda_\varphi=\frac{\left[\left(\ln11\frac{H}{\Delta}\right)\sqrt{1+0.19\frac{\gamma}{\gamma_s-\gamma}\frac{\varepsilon_k+gH\delta}{gD^2}}\right]_P}{\left[\left(\ln11\frac{H}{\Delta}\right)\sqrt{1+0.19\frac{\gamma}{\gamma_s-\gamma}\frac{\varepsilon_k+gH\delta}{gD^2}}\right]_M}$$

张瑞瑾公式[3]：

$$\lambda_{v0}=\lambda_\varphi\lambda_{\gamma_s-\gamma}^{1/2}\lambda_D^{1/2}$$

$$\lambda_\varphi=\frac{\left[\left(\frac{H}{D}\right)^{0.14}\sqrt{17.6+605\times10^{-9}\frac{\gamma}{\gamma_s-\gamma}\frac{10+H}{D^{1.72}}}\right]_P}{\left[\left(\frac{H}{D}\right)^{0.14}\sqrt{17.6+605\times10^{-9}\frac{\gamma}{\gamma_s-\gamma}\frac{10+H}{D^{1.72}}}\right]_M}$$

冲刷率主要决定于输沙率的沿程递增率$\frac{dQ_s}{dx}$，而悬沙和底沙的输沙率都是与流速的高次方成比例，窦国仁的底沙输沙率公式为

$$Q_{sb}=\frac{K_0}{C_0^2}\frac{\gamma_s\gamma}{\gamma_s-\gamma}(V-V_0)\frac{V^2}{g\omega}$$

当$V_0\ll V$时，其比尺关系式可写成：

$$\lambda_{Q_{sb}}=\frac{\lambda\gamma_s}{\lambda_{\gamma_s}-\gamma}\frac{\lambda_v^4\lambda_L}{\lambda_{C_0}^2\lambda_\omega}$$

同时满足阻力相似，则

$$\lambda_{Q_{sb}}=\frac{\lambda_{\gamma_s}}{\lambda_{\gamma_s-\gamma}}\frac{\lambda_v^4\gamma_L\lambda_J}{\lambda_\omega}$$

窦的悬沙输移率公式为

$$\lambda_{Q_s}=\lambda_s\cdot\lambda_Q=\frac{\lambda_{\gamma_s}}{\lambda_{\gamma_s-\gamma}}\frac{\lambda_v\lambda_J}{\lambda_\omega}\lambda_L\lambda_H\lambda_v$$

同时满足重力相似，则

$$\lambda_{Q_s}=\frac{\lambda_{\gamma_s}}{\lambda_{\gamma_s-\gamma}}\frac{\lambda_v^4\lambda_L\lambda_J}{\lambda_\omega}$$

钱宁教授分析比较了各家的推移质公式后认为[9]：低强度输沙时，输沙强度Φ与水流强度θ关系在双对数纸上成为坡度很平的线，多数公式都有$\theta-\theta_c$或$\sqrt{\theta}-\sqrt{\theta_c}$的指数项，在推移质运动很弱时，输沙率对水流条件是很敏感的，水流条件稍有加强，输沙率就会大幅度增加，根据广东北江及湖南流沙河的观测资料分析，推移质输沙率与平均流速的5.7次方成比例；高强度输沙对，各家公式的$\Phi-\theta$关系逐渐接近指数关系，在对数纸上成为一条直线，且梅叶-彼德、拜格诺、英格伦和雅林四家公式的指数都等于1.5，即$\Phi-\theta^{1.5}$。

从概念上分析，冲刷相似包括起动相似与冲刷率相似两方面的内容，应根据所研究问

题的性质和天然河道的具体情况各有所侧重。当河道流速在床沙起动流速附近变化时，满足起动相似是实现冲刷相似的重要条件，对于这种情况，河道的冲刷变化一般是较小的；单纯的冲刷试验，例如研究修建水库后下游河道的清水冲刷问题，也必须满足起动相似，因为起动流速决定河床最终冲刷平衡的形态和尺寸；对于河道流速远大于起动流速，且来沙量也比较大的情况，河道处于动平衡或有冲淤发生，但不涉及冲刷平衡的问题，例如黄河下游就属于这种情况，比降陡，流速大，而床沙粒径又处于起动流速最小的 0.1mm 左右，故河道流速远大于起动流速，但因上游来沙量大，河床有冲有淤，但总的趋势是淤积，对于这种情况，就可以放宽起动相似的要求，为模型选沙争取更多的自由度。从窦的输沙率公式，可以直接得出冲刷率（底沙和悬沙相同）的比尺关系式：

$$\frac{\lambda_{Q_s}}{\lambda_L} = \frac{\lambda_{Q_{sb}}}{\lambda_L} = \frac{\lambda_{\gamma_s}}{\lambda_{\gamma_s - \gamma}} - \frac{\lambda_v^4 \lambda_J}{\lambda_\omega}$$

对这类问题，只要模型和原型的流速都远大于泥沙普遍起动的流速，并满足输沙率相似，即可达到冲刷相似。

■ 参 考 文 献 ■

[1] 钱宁. 动床变态河工模型律 [M]. 北京：科学出版社，1957.

[2] Shen H W. Modeling of Rivers [R]. 北京：中国水利水电科学研究院，1977.

[3] 武汉水利电力学院. 河流泥沙工程学 [M]. 北京：水利出版社，1982.

[4] 李昌华. 论悬沙水流模型试验的相似律 [C] //泥沙模型报告汇编 [R]. 南京：南京水利科学研究院，1978.

[5] 彭瑞善. 对"论变态动床河工模型及变率的影响"的讨论 [J]. 泥沙研究，1986（4）.

[6] Einstein H A, Chien Ning. Similarity of Distorted River Models With Movable Beds. Tran, ASCE, 1956（121）.

[7] 杨志达. 输沙与河工 [C] //第一次河流泥沙国际学术讨论会论文集. 北京：光华出版社，1980.

[8] 窦国仁. 全沙模型相似律及设计实例 [C] //泥沙模型报告汇编 [R]. 南京：南京水利科学研究院，1978.

[9] 钱宁. 推移质公式的比较 [R]. 北京：清华大学，1980.

在河工模型中应用比降二次变态的试验研究[*]

　　本文利用比降二次变态来解决河工模型加糙（即同时满足阻力相似和重力相似）的问题，及统一淤积相似中悬浮相似与沉降相似的矛盾，并通过模型试验，研究不同程度的比降二次变态对水流特性的影响，以得出满足流速分布相似所容许的变态幅度。文中实例表明，宽浅顺直河流比弯曲型河流，更适合在河工模型中采用比降二次变态。

1　问题的提出及试验研究的方法

　　研究宽浅冲积河流的模型，要严格满足各种相似条件，几乎是不可能的。当今广泛采用的是垂直比尺 λ_H 不等于水平比尺 λ_L，故比降比尺 $\lambda_J = \lambda_H / \lambda_L \neq 1$，模型比降不等于原型比降，这是模型比降的第一次变态（即不二次变态）。因原型河床宽而浅，为了使模型河床具有一定的水深，通常是 λ_H 小于 λ_L，模型比降大于原型比降，采用在模型中加糙的方法来实现阻力相似，但模型加糙又会破坏水流的内部结构，因而水流、输沙、冲刷等方面的相似性受到影响；加糙的程度越大，对相似性的破坏也越大，如放弃 $\lambda_J = \lambda_H / \lambda_L$ 的约束，按照其他的相似要求采选取 λ_J，则比降要出现二次变态。例如按照同时满足阻力相似和重力相似的要求来选择比降比尺，即 $\lambda_J = \lambda_n^2 / \lambda_H^{1/3}$，则各种比尺的模型都不需加糙。由于模型原有的糙率（定床水泥沙浆抹面的糙率或动床模型沙的糙率）一般较所要求的糙率偏小，所以采用比降二次变态后的模型比降，是朝接近原型比降的方向变化。再如，按照同时满足悬浮相似：

$$\lambda_\omega = (\lambda_J \lambda_H)^{1/2} = \left(\frac{\lambda_H}{\lambda_L}\right)^{1/2} \lambda_V \tag{1}$$

和沉降相似

$$\lambda_\omega = \frac{\lambda_H}{\lambda_L} \lambda_V \tag{2}$$

来选择比降比尺，如比降二次变态 $\lambda_J = (\lambda_H / \lambda_L)^2$ 和 $\lambda_J = \lambda_n^2 / \lambda_H^{1/3}$ 等，则可统一式（1）和式（2）之间的矛盾要求，实现淤积相似，上面 λ_ω 和 λ_V 为沉速比尺和流速比尺。此外泥沙起动、输移等方面，也可通过调整比降比尺来满足相似。因此，比降二次变态在河工模型中是很有用途的。早在 20 世纪 50 年代，爱因斯坦和钱宁就曾提出用比降二次变态来解决动床变态模型设计中的困难问题[1-2]，杨志达在设计契白瓦河进入密西西比河汇流区治理的河工模型中，用放缓模型比降来适应市场能买到的模型沙，地形验证基本符合，并取得

---

　　*　彭瑞善，蔡今，方芳欣，等. 在河工模型中应用比降二次变态的试验研究 [J]. 水利学报，1989 (9).

满意的试验成果[3]。1960年前后，钱宁、李保如等在设计黄河下游河道野外大模型时，为了适应试验场地的自然比降，将比降比尺由 $\lambda_J = \lambda_H/\lambda_L = 0.075$ 改变为0.125，使模型比降由0.0027减小为0.0016，也取得良好效果❶。

比降二次变态所带来的主要问题是改变了模型地形纵横比降的关系，会产生哪些不利的影响？从概念上分析，对于顺直的宽浅河流，可能影响较小，对于窄深的弯曲型河流，其影响相对要大些。对水流的影响主要表现在平面流速分布及水流动力轴线的变化，本文针对这当问题，结合黄河下游河道整治模型设计中选择比尺的问题，专门制作了一个概化的弯道模型，弯道的基本尺寸采用黄河下游河道整治规划中的概化数据，弯曲半径 $R=3500m$，河宽 $B=1500m$，过渡段长度 $L=2500m$，中心角 $\phi=70°$。黄河下游河道模型（有关模型的设计方法及过程，原型数据等，已有另文❷介绍）的平面比尺已选定 $\lambda_L=1200$，垂直比尺 $\lambda_H=50$，相应于比降二次变态（同时满足阻力相似和重力相似），$\lambda_J = \lambda_H^2/\lambda_H^{1/3}$（原型比降 $\lambda_P=0.000175$）和非二次变态，模型比降的变化范围为1‰～4.2‰，故初步确定模型比降 J_M 为1‰、2.5‰、4.2‰三种模型比降进行试验比较。模型弯道的平面尺寸按上列资料算出，$B_M=1.25m$，$R_M=2.92m$，$L_M=2.08m$。在模型中布置了5个弯道，重点观测CS3～CS8断面的流速分布及沿程水位，模型布置见图1。模型边墙及槽底均用水泥沙浆抹面，其糙率 n 约为0.013。由于本项试验属于带有基本研究性质的概化试验，从便于模型观测出发结合比尺换算，选定相当于对原型造床起作用较大的三级流量 $3000m^3/s$、$5000m^3/s$、$8000m^3/s$，并按均匀流计算出模型水深（表1）。在模型弯道的凹凸岸保持1～2cm的地形高差，每种坡降均施放三级流量；模型先做成1‰底坡，资料测完后再依次加陡，坡降加陡后，通过增加河底糙率，即加大河床阻力来取得平衡，以保持同流量下三种坡降的平均水深和平均流速不变，从而保持阻力相似，以便比较三种坡降流速分布和水流动力轴线的差别。进口流量采用电磁流量计控制，读数有3‰～7‰的误差。由于时间仓促，模型施工加糙和尾水位调节等方面存在一定偏差，实测的坡降值与原计划的数值间也稍有差异。

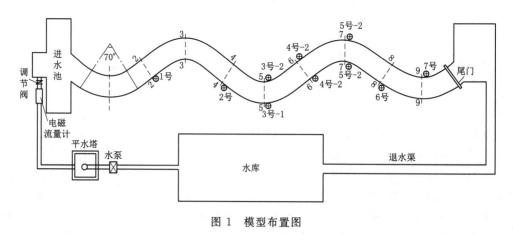

图1 模型布置图

❶ 水利水电科学研究院，黄河水利委员会，黄河下游研究组. 黄河下游河道野外大模型浑水试验报告. 1960年5月.

❷ 水利水电科学研究院泥沙所. 黄河下游花园口至黑岗口河段河道整治模型试验报告. 1988年9月.

表 1		模 型 基 本 数 据	
模型流量/(L/s)	14.2	23.7	37.9
模型水力半径/cm	4.0	5.4	7.2
模型水深/cm	4.3	6.0	8.1

采用比降二次变态设计的模型，其地形的制作按下述方法进行：首先确定模型水流动力轴线的方向，令模型的上端（或下端）高程不变，按垂直比尺换算模型高程，沿动力轴线向下，与动力轴线垂直的各地形断面点的高程均应进行改正，改正的数值 ΔZ_x 与距上端的距离 X 和比降二次变态的程度（$J_1 - J_2$）成正比，即

$$\Delta Z_x = (J_1 - J_2) x \tag{3}$$

式中：J_1、J_2 分别为模型比降二次变态和非二次变态的比降。模型地形各断面点的高程均须加上相应的 ΔZ_x，这样处理以后，模型地形的纵坡减小，但横截面未变，这就是上面提到的比降二次变态带来的主要问题。

2　试验成果的初步分析

三组试验水深的沿程变化如图 2 所示，重点观测段 CS3～CS8 的平均水力数据见表 2。

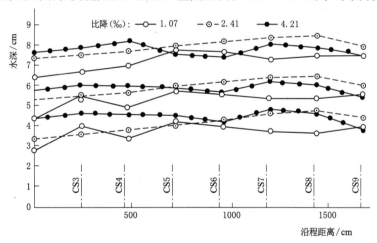

图 2　平均水深沿程变化

表 2		模 型 平 均 水 力 要 素				
Q_c/(L/s)	观测项目	模型实测平均比降 J			平均	备　注
		0.00107	0.00241	0.00421		
14.2	H/cm	3.76	4.13	4.50		Q_c 为进口流量，按测量的断面流速分布，计算流量模型设计比降分别为 0.001、0.0025、0.0042；n_b 为底部糙率
	R/cm	3.55	3.87	4.20	4.13	
	Q_c/(L/s)	11.96	11.76	14.10		
	n	0.0131	0.0231	0.0292		
	n_b		0.0246	0.0312		

续表

Q_c/(L/s)	观测项目	模型实测平均比降 J			平均	备 注
		0.00107	0.00241	0.00421		
23.7	H/cm	5.35	5.94	5.88	5.72	Q_c 为进口流量，按测量的断面流速分布，计算流量模型设计比降分别为 0.001、0.0025、0.0042; n_b 为底部糙率
	R/cm	4.93	5.42	5.37		
	Q_c/ (L/s)	21.94	23.13	23.09		
	n	0.0124	0.0206	0.0268		
	n_b		0.0224	0.0292		
37.9	H/cm	7.23	7.96	7.77	7.65	
	R/cm	6.48	7.06	6.91		
	Q_c/ (L/s)	33.67	33.86	36.01		
	n	0.0127	0.0219	0.0262		
	n_b		0.0245	0.0293		

由图 2 和表 2 可以看出，模型的实测平均比降与设计值基本接近，但比降为 1.07‰的一组试验，水深明显偏小。根据各断面垂线平均流速计算的流量与进口流量之间有一定偏差，最大可达 20%左右，同流量不同坡降的水深也存在偏差，可能与测量仪器、试验操作等方面的因素有关，美国生产的 523M 电磁流速仪，可同时测量 x、y 两个方向的流速，用以计算流向，但测量流速时指针摆动剧烈，振幅较大，由于 y 方向（横向）流速很小，流速仪很难准确读数，故在比较同流量不同坡降的流速分布时，主要采用 x 方向（纵向）的流速数据。为便于比较，将各断面实测垂线平均流速按下式进行校正，统一为同流量、同水深的情况，即

$$v_c = \frac{Q_c H_x}{Q_x H_0} v_x \tag{4}$$

式中：v_c 为改正后的流速；Q_c 为进口流量；H_0 为三种比降同级流量下各断面的平均水深；H_x 为计算断面的平均水深；v_x 为计算断面的垂线平均流速。

校正后三级流量各断面不同比降垂线平均流速的比较如图 3 所示（起点距零点在右岸），其中 CS3、CS5、CS7 为弯道断面，CS4、CS6、CS8 为过渡段断面。由图 3 看出，除靠模型进口较近的 CS3 偏离较大以外，其余断面三种比降的平面流速分布的偏差，基本上都在模型系统的误差范围以内，特别是比降为 2.41‰与 4.21‰两组资料更为接近，比降为 1.07‰的部分点偏差稍大。

三种比降各断面主流线位置的比较见表 3。从表 3 看出，主流线位置的比较与流速分布的比较相似，比降为 2.41‰和 4.21‰两组的主流线位置比较接近，比降为 1.07‰的一组偏差较大。

沿程水位系采用测针直接测量水面，因水面波动较大，读数有一定误差，图 4 给出的水面线系采用测流前后两次水位的平均值绘成。由图 4 看出三组水面线与河底近似平行，故近似按均匀流计算。

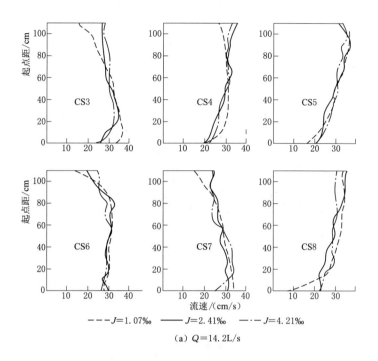

（a）$Q=14.2L/s$

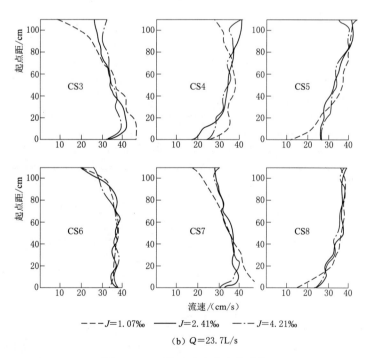

（b）$Q=23.7L/s$

图 3（一）　平面流速分布的比较

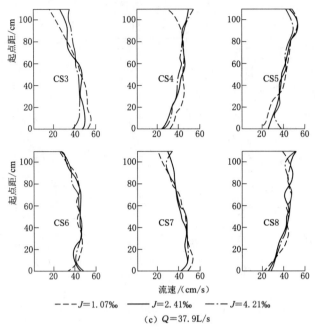

(c) $Q=37.9\text{L/s}$

图 3（二） 平面流速分布的比较

表 3 主 流 线 位 置 比 较

$Q_c/$ (L/s)	$J/‰$	主流线位置（起点距）					
		CS3	CS4	CS5	CS6	CS7	CS8
14.2	1.07	107.5	77.5	17.5	57.5	117.5	27.5
	2.41	97.5	7.5	17.5	57.5	107.5	7.5
	4.21	97.5	7.5	17.5	57.5	97.5	37.5
23.7	1.07	107.5	67.5	7.5	67.5	117.5	17.5
	2.41	107.5	7.5	7.5	57.5	107.5	7.5
	4.21	107.5	7.5	17.5	87.5	97.5	7.5
37.9	1.07	107.5	37.5	27.5	87.5	107.5	47.5
	2.41	107.5	7.5	27.5	87.5	107.5	7.5
	4.21	107.5	7.5	27.5	87.5	107.5	7.5

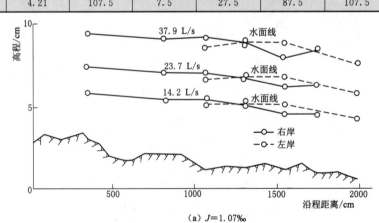

(a) $J=1.07‰$

图 4（一） 各级流量的水面线

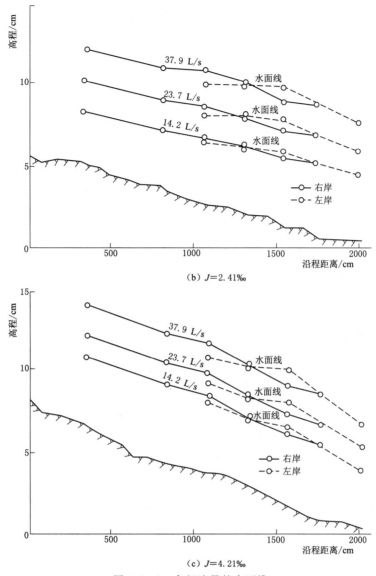

(b) $J=2.41‰$

(c) $J=4.21‰$

图 4（二）　各级流量的水面线

　　由水尺测 3 号（CS5）、测 4 号（CS6）、测 5 号（CS7）测出的三个断面水面横比降的资料见表 4。由表看出，流量为 23.7L/s 和 37.9L/s 时，纵比降为 2.41‰ 与 4.21‰ 两组的横比降是相当接近的。

表 4　　　　　　　　　　　　　　水 面 横 比 降 比 较

Q/(L/s)	实测平均比降 /‰	水面横比降/‰		
		测 3 号	测 4 号	测 5 号
14.2	1.07	1.92	−0.8	−4.16
	2.41	1.76	−0.72	−2.56
	4.21	2.96	0.08	−3.68

续表

Q/(L/s)	实测平均比降 /‰	水面横比降/‰		
		测 3 号	测 4 号	测 5 号
23.7	1.07	2.80	−0.72	−4.68
	2.41	4.16	0.48	−5.2
	4.21	4.56	0.48	−5.2
37.9	1.07	5.36	−0.48	−7.12
	2.41	6.48	0.96	−7.92
	4.21	7.28	0.80	−7.84

3　小结

通过对试验成果的分析，得出以下几点认识：

（1）当比降 $J_1 = 4.21‰$、$J_2 = 2.41‰$（$J_2/J_1 = 0.57$）时，平面流速分布、水流动力轴线及弯道横比降都比较接近，与比降为 1.07‰时相比，部分资料偏差增大，说明随着比降二次变态幅度的增大，偏差亦相应增大，初步认为比降二次变态的幅度采用 $J_2/J_1 = 0.5 \sim 1.0$，对水流特性的影响是不大的。

（2）在宽浅顺直河流，横向地形与纵坡比例的变异对水流运动的影响较小，比弯曲型河流更适宜采用比降二次变态。

（3）采用比降二次变态与所研究的问题有关，例如对于主要研究水位问题的模型，采用比降二次变态比其他加糙措施更方便有效。

用模型试验的方法研究河流、水库中的问题，很难做到完全相似，必须针对具体河流、具体问题、具体场地和仪器设备条件等来进行模型设计，首先要抓住研究的主要问题，权衡各种技术措施的利弊及经费后作出选择。比降二次变态也是一种可供选择的技术措施。

▓　参　考　文　献　▓

[1]　Einstein H A. Chien Ning. Similarity of distorted river models with movable bed [J]. *Tran.*, *ASCE*. 1956（121）.

[2]　钱宁. 动床变态河工模型律 [M]. 北京：科学出版社，1957.

[3]　杨志达. 输沙与河工 [C] //第一次河流泥沙国际学术讨论会论文集. 北京：光华出版社，1980.

黄河下游花园口至黑岗口河段河道整治模型试验

1　试验任务

黄河下游是一条强烈堆积的河流，根据水文资料记载，1919—1949年，平均年水量为468亿 m³，年沙量15.6亿 t，平均含沙量33.3kg/m³，在这31年中有21年发生决溢及改道，把大量泥沙带出堤外，下游河道平均每年淤积约2亿 t，若不发生决溢及改道，估计平均每年淤积约3.2亿 t；1950—1981年，平均年水量451亿 m³，年沙量14.2亿 t，年平均含沙量31.5kg/m³，年淤积量2.2亿 t。泥沙淤积导致水位抬高，主流摆动，素以善淤、善徙、善决著称。中华人民共和国成立以来，已经三次全面加高加固堤防，并整修和加修了一些险工及护滩控导工程，保障了40年伏秋大汛未发生决口。

黄河下游河道按边界条件及河床演变特性可分成四个河段：

（1）京广铁桥（更确切地说应该是孟津）—高村为游荡型河段。

（2）高村—陶城埠为半控制不稳定的弯曲型河段。

（3）陶城埠—前左为有工程控制的较稳定的弯曲型河段。

（4）前左以下属河口段。

从20世纪50年代开始，在加高加固堤防的同时，对陶城埠（首先是洛口）以下河段修筑护滩控导工程，控制河势，逐步形成较稳定的微弯形河道。高村—陶城埠河段，在60年代以后，断续修筑了一些工程，逐步减少河势摆动的范围，使河道朝较稳定的方向变化。京广铁桥—高村河段，河床宽浅，水流散乱，堤距宽达10～20km，流量变幅大，比降陡，平均水深只1m多，主流变化快、摆幅大，20世纪60年代以后，虽也先后修筑了一些工程，相对缩小了游荡摆动的范围，但河势仍有相当大的变化，险情不断发生，对于这段河道的治理，大致有以下三种意见：

（1）认为游荡型河段在来水来沙未得到调节控制之前，不可能转换河型，只能根据河道变化情况，相机修建防护工程，逐步缩小游荡宽度。

（2）两条治导线并存，分析历年主流线的套绘资料，游荡型河段有两条基本流路，相应须按两条治导线布置工程，才能控制住河势。

（3）仿效陶城埠以下河段的整治经验，通过修建控导工程，逐步将游荡型河道整治成工程控制下的弯曲型河道。

黄河下游河道的整治关系到我国中原、华北、华东广大地区工农业生产和人民生命财产的安危，因河势变化造成决口在历史上屡见不鲜，1855年铜瓦厢决口改道就属于这种情况。因此，控制河势，稳定流路是黄河下游河道整治的一个关键，对防洪、引水、航运等除害兴利事业都是有利的。

花园口—黑岗口是黄河下游防洪最重要的河段，也是游荡型河段整治的"龙头"，黄河水利委员会河南黄河河务局正在规划实施这段河道的整治方案，为了给河道整治工作提供科学论证，河南黄河河务局委托本所进行浑水动床模型试验，重点研究的问题为：

（1）通过工程措施，将游荡型河道整治成微弯型河道的可能性。

（2）验证和比较大弯方案和小弯方案的优缺点及改善措施。

兼顾试验的内容为：

（1）整治方案遭遇大洪水河势趋直后，中小水能否回归整治河槽。

（2）选用的治导线方案能否适应小浪底水库修建后清水冲刷的条件。

（3）河道整治工程对河道输水输沙能力的影响。

2 模型设计

2.1 基本资料

1982年发生了近20年来最大的一次洪水，洪峰流量达15300m³/s，经初步分析，其河床地形、水位流量关系和现今的情况比较接近，分析1982年的实测水位资料，花园口—黑岗口河段的水面比降为0.000175。根据花园口站的水位流量关系，查出3000m³/s、5000m³/s、8000m³/s流量的水位，并按前述比降推算出花园口—黑岗口河段各大断面的相应水位，然后算出断面特征值见表1。

表1　　　　　　　　　　　　花园口—黑岗口河段大断面平均特征值

流量 \ 项目	测量时间	1981年 10月20—29日	1982年 5月6—9日	1982年 8月25—28日	1982年 10月13—29日	四个测次 平均
3000m³/s	H/m	0.98	0.85	1.20	1.00	1.01
	B/m	2299	2514	2383	2551	2437
	V/(m/s)	1.69	1.55	1.24	1.36	1.46
	n	0.0098	0.0079	0.0126	0.0103	0.0102
	Fr					0.46
5000m³/s	H/m	0.97	0.86	1.24	1.11	1.05
	B/m	3094	3463	2949	3107	3153
	V/(m/s)	2.02	1.84	1.61	1.68	1.79
	n	0.008	0.007	0.01	0.0089	0.0085
	Fr					0.56
8000m³/s	H/m	1.06	1.06	1.29	1.23	1.16
	B/m	4130	4216	3846	3951	4036
	V/(m/s)	2.18	2.01	1.93	1.98	2.03
	n	0.0077	0.0074	0.0087	0.0082	0.008
	Fr					0.6

流量 ＼ 项目 ＼ 测量时间	1981 年 10 月 20—29 日	1982 年 5 月 6—9 日	1982 年 8 月 25—28 日	1982 年 10 月 13—29 日	四个测次 平均
三级流量平均　　　H/m					1.07
B/m					3209
$V/(m/s)$					1.76
n					0.009
Fr					0.54

注　水深 H、水面宽 B 及流速 V 均为花园口至黑岗口 7 个大断面的平均值；糙率 n 系以两个大断面之间为一河段，分别算出 n 后再进行平均。

2.2　模型布置

根据委托单位提出的试验河段长度 70km 及我所试验室的面积 17m×68m，模型的平面比尺最小只能采用 $\lambda_L=1200$。按照试验任务，模型须做动床悬沙，考虑试验场地条件，采用清浑水系统搭配掺混，以满足施放流量和含沙量过程的要求。试验室西头原有潮汐厢作为清水库，并在模型主体北侧挖筑三个 4m 直径的泥浆搅拌池作为浑水库，用管路将清、浑水引至模型进口对冲掺配，清、浑水管路均分设电磁流量计及调节伐，用比重瓶测算含沙量，电磁流量计、调节伐与 DK-80 流量微机控制器连接，跟踪控制清、浑水管路的流量和含沙量过程，尾门采用单板机按输入水位过程跟踪自控（目前只能做到半自动）。模型主体的北侧，除留过路通道以外均围作沉沙池，其末端与清水库连接。北侧过路通道的下方为不淤暗渠，可分别流入三个泥浆搅拌池，沉沙池与不淤渠道进口均分设闸门与模型尾门下游连接，清、浑水系统可单独运行，亦可掺混运行。

试验河段原型有 8 个水位测站，模型中相应布置 8 台超声水位计测记水位。模型南侧和北岸高滩均布设轨道，用超声地形仪测量动床断面。用美国生产的 523m 双向电磁流速仪测量流速、流向。含沙量用比重瓶及光电测沙仪校测。

2.3　相似条件的考虑

（1）为实现河道水流和造床作用的相似，模型设计应尽力满足阻力相似、淤积相似、冲刷相似、重力相似、输沙率及河床变形时间相似等要求，必要时可容许重力相似有一定偏差。

（2）原型床沙 $D_{50}=0.1mm$，正处于起动流速最小的区域，要严格满足起动相似，模型选沙十分困难，本试验河段比降陡，流速远大于床沙的起动流速。当床面泥沙普遍开始运动以后，冲刷率主要决定于输沙率的沿程递增率 dQ_s/dx，而悬沙和底沙的输沙率都是与流速的 4 次方成正比，与泥沙沉速成反比，输沙率的比尺关系式可写成。

$$\lambda Q_s = \frac{\lambda_{rs}}{\lambda_{rs}-r} \frac{\lambda_L \lambda_v^4 \lambda_J}{\lambda_\omega}$$

相应冲刷率的尺比关系式为

$$\frac{\lambda Q_s}{\lambda_L} = \frac{\lambda_{r_s}}{\lambda_{r_s} - r} \frac{\lambda_v^4 \lambda_J}{\lambda_\omega}$$

起动流速主要与重力 $[\sqrt{(r_s - r) D}]$、黏滞力（薄膜水引起的附着力 H/D 及沙质材料的黏性）及其他阻力等有关，同冲刷率的相似要求并不一致，因此，只要模型和原型的流速都远大于床沙的起动流速（扬动流速），并满足冲刷率相似，则可认为冲刷强度相似，不一定要严格满足起动相似。

（3）黄河下游的悬沙与底沙均为细颗粒泥沙，在造床过程中相互交换，且河床的冲淤幅度也较大，要在模型中分别采用两种沙操作上非常困难，本次试验仿照黄科所的做法，选取一种模型沙，并尽可能同时满足淤积相似和冲刷相似的要求。

（4）由于试验段河床宽浅多变，河槽部分没有地形图，地形断面也比较稀少，断面间距约 10km，因而动床地形的制作会有较大偏差，另外，模型沙在运动过程中会形成一定尺寸的沙波，因此，要尽可能减小模型的垂直比尺，以加大模型水深，至少应保证模型河道的平均水深大于 $2 \sim 3$cm，经计算比较，选取垂直比尺 $\lambda_H = 50$。

（5）水流运动相似一方面要求模型的变率小，另一方面也要求有一定的水深，考虑到天然河流的特性就是河流越小，宽深比也越小，河相关系也要求模型变态，且平面比尺缩小得越多，模型的变态率相应越大，本模型的变态率 $\alpha = \lambda_L / \lambda_H = 24$，按各家关于变率的公式检验计算如下：

根据张瑞瑾等的分析，河道水流的二度性及均匀性愈强，则允许模型的变率愈大。

张建议的表示河道水流二度性的模型变态指标：

$$D_R = R_x / R_1 = (B + 2H)/(B + 2\alpha H)$$

式中：R_1 为正态模型的水力半径；R_x 为垂直比尺与正态模型长度比尺相同，变率为 α 的变态模型的水力半径；$D_R = 0.95 \sim 1.00$ 为理想区。

用原型资料 $B = 2000 \sim 1500$m，$H = 1 \sim 1.5$m 代入公式算得 $D_R = 0.977 \sim 0.956$，均在理想区的范围内。

张建议的表示河道水流均匀为性的模型变态指标：

$$D_v = \frac{2\alpha H}{L} \frac{|V_2^2 - V_1^2|}{V_2^2 + V_1^2}$$

用 1982 年汛前花园口—黑岗口 7 个大断面的资料代入公式计算，$D_v = (0.2 \sim 0.35) \times 10^{-3}$ 小于限制数值 $(4 \sim 6) \times 10^{-3}$，亦属可用区域。

窦国仁从控制变态模型边壁阻力与河底阻力的比值，以保证模型水流与原型相似的概念出发，提出了限制模型变率的关系式。

$$\frac{\lambda_L}{\lambda_H} \leqslant \left(1 + \frac{1}{20}\frac{B_P}{H_P}\right)$$

用原型资料代入公式算得 $\left(1 + \frac{1}{20}\frac{B_P}{H_P}\right) = 50 \sim 101$，远大于本模型的变率 $\lambda = 24$。

克劳斯根据雅林关于水流二度性的概念，提出限制模型变率的公式：

$$\alpha \leqslant 0.1\frac{B_P}{H_P}$$

用原型资料代入算得 $0.1\dfrac{B_P}{H_P}=100\sim200$，更大于本模型的变率 $\alpha=24$。

谢鉴衡等从分析紊动水流微分方程式及河床边界条件出发，认为只要能满足重力相似和阻力相似，垂线平均流速沿河宽的分布即可达到相似。谢等曾在荆江分洪工程模型中采用变率 $\alpha=50$，仍取得较好的试验成果。谢等根据平面水流并兼顾三度流相似的要求，综合分析了坎鲁根、冈恰洛夫及洛西耶夫斯基等人的研究成果，提出限制模型变率的条件是：

$$\frac{B_M}{H_M}>5\sim10$$

代入本模型的数据是：

$$\frac{B_M}{H_M}=41.7\sim83.3>5\sim10$$

从以上用各家公式计算检验的结果表明，本模型采用变率 $\alpha=24$ 在各家公式的允许范围之内。

（6）在大变率的情况下，为了同时满足阻力相似和重力相似，考虑采取模型比降二次变态，以避免在动床河槽中加糙。比降二次变态的数值由联解重力相似公式和阻力相似公式得出 $\lambda_J=\lambda_n^2/\lambda_H^{1/3}$，按此式计算模型比降，则阻力相似与重力相似自然满足。

（7）为了研究河床地形的调整变化，又要方便操作，在模型中把可能发生冲刷坍塌的滩地和河槽部分做成动床，将不会冲塌的高滩做成定床。对于有植物生长的滩地，往往有洪水滞流期留下的淤泥夹层，其糙率与抗冲能力远大于河槽，为了在模型中重演这些差别，在模型滩地上采用铅丝四面体框架加糙；对于有村庄的高滩，摆放混凝土立方体模拟房屋村庄等阻力。

（8）实现淤积相似，必须同时满足含沙量垂线分布相似 $\lambda_\omega=\left(\dfrac{\lambda_H}{\lambda_L}\right)^{1/2}\lambda_V$ 和泥沙沉降相似 $\lambda_\omega=\dfrac{\lambda_H}{\lambda_L}\lambda_V$，这在垂直比尺不等于水平比尺的变态模型中是难以满足的，且变率越大，偏差也越大，本模型从满足平均淤积位置相似的要求出发，容许含沙量垂线分布有一定偏差，引入含沙量垂线分布重心高度 Z_g（以含沙量为权重的加权平均沉降高度）的概念，用 λ_{Zg} 替换 λ_H 代入沉降相似公式得 $\lambda_\omega=\dfrac{\lambda_{Zg}}{\lambda_L}\lambda_V$，按此式进行模型选沙计算。

（9）模型沙的选择，尽量选用无黏性影响、能铺成地形、性能比较稳定的散粒体，还要求价格便宜、操作方便，模型的河床变形时间比尺尽可能与水流时间比尺接近。

2.4　模型比尺计算

2.4.1　计算公式

（1）重力相似：

$$\lambda_V=\lambda_H^{1/2} \qquad\qquad (1)$$

（2）阻力相似：

$$\lambda_V=\frac{\lambda_H^{2/3}}{\lambda_n}\lambda_J^{1/2} \qquad\qquad (2)$$

同时满足阻力相似和重力相似，则

$$\lambda_n = \frac{\lambda_H^{2/3}}{\lambda_L^{1/2}} \tag{3}$$

考虑比降二次变态，则

$$\lambda_J = \frac{\lambda_n^2}{\lambda_H^{1/3}} \tag{4}$$

（3）水流连续方程：

$$\lambda_Q = \lambda_L \lambda_H \lambda_V \tag{5}$$

（4）淤积相似：

$$\lambda_\omega = \frac{\lambda_{Z_g}}{\lambda_L} \lambda_V \tag{6}$$

$$Z_g = \frac{\int_a^H Sz\,dz}{\int_a^H S\,dz} \tag{7}$$

S 按扩散方程代入，Z_g 的积分求解十分困难，采用数值计算成果，绘成一组曲线（见图 1）查用。

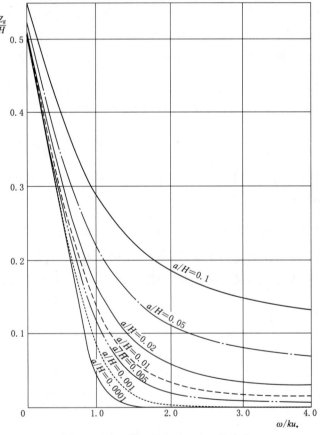

图 1 Z_g/H 随 ω/ku_* 和 a/H 的变化

（5）起动（扬动）相似：

$$\lambda_V = \lambda_{V_0} = \lambda_{V_f} \tag{8}$$

如不能满足式（8），则要求模型流速和原型流速均远大于床沙的起动、扬动流速。当 $V_P \gg V_{OP}$ 和 V_{fP} 则要求：

$$\frac{V_P}{\lambda_V} \gg V_{OM} \text{ 和 } V_{fM} \text{ 或 } \lambda_V \ll \frac{V_P}{V_{OM}} \text{ 和 } \frac{V_P}{V_{fM}} \tag{9}$$

（6）悬沙输沙率相似：

$$\lambda_{Qs} = \lambda_Q \lambda_{s*} \tag{10}$$

挟沙能力公式以维力坎诺夫公式为基础，武汉水院的表达式为

$$\lambda_s = \frac{\lambda_{rs}}{\lambda_{\gamma s - \gamma}} \frac{\lambda_V^3}{\lambda_H \lambda_\omega} \tag{11}$$

同时满足重力相似则：

$$\lambda_s = \frac{\lambda_{rs}}{\lambda_{\gamma s - \gamma}} \frac{\lambda_V}{\lambda_\omega} \tag{12}$$

窦国仁的表达式为

$$\lambda_s = \frac{\lambda_{rs}}{\lambda_{\gamma s - \gamma}} \frac{\lambda_J \lambda_V}{\lambda_\omega} \tag{13}$$

（7）输沙连续方程及河床变形时间比尺：

$$\frac{\partial Q_s}{\partial X} + Br_0 \frac{\partial Z}{\partial t} = 0 \tag{14}$$

$$\lambda_{t2} = \frac{\lambda_L^2 \lambda_H \lambda_{r0}}{\lambda_Q \lambda_s} \tag{15}$$

（8）河相关系相似：

$$B = K \frac{Q^{1/2}}{J^{0.2}} \tag{16}$$

$$\lambda_H = \frac{\lambda_L}{\lambda_V} \lambda_J^{0.4} \tag{17}$$

2.4.2　计算成果

已选定 $\lambda_L = 1200$，$\lambda_H = 50$，同时满足阻力相似和重力相似要求模型的糙率为

$$n_M = \frac{n_P}{\lambda_n} = \frac{n\lambda^{1/2}}{\lambda_H^{2/3}} = \frac{0.009 \times 1200^{1/2}}{50^{2/3}} = 0.023$$

根据初步计算资料，综合考虑各种因素，拟选取天然沙和株洲精煤粉作为模型沙，并对这两种模型沙在水槽中进行了起动、糙率等预备试验，预备试验得出这两种模型沙的糙率 n 均为 0.015 左右，远小于要求的糙率 0.023。为避免在动床河槽中加糙，并有利于床沙冲刷相似，根据前人的经验，在长河段的河道模型中，可以容许弗劳德数有 40%～50% 以下的偏差，故按照模型不加糙的情况计算流速比尺，即增大模型流速，以实现阻力相似。

$$\lambda_V = \frac{\lambda_H^{2/3}}{\lambda_n} \lambda_J^{1/2} = \frac{50^{2/3}}{\dfrac{0.009}{0.015}} \times \left(\frac{50}{1200}\right)^{1/2} = 4.62$$

相应引起的弗劳德数偏差 ΔFr：

$$\Delta Fr = \left(1 - \frac{\lambda_V}{\lambda_H^{1/2}}\right) \times 100\% = \left(1 - \frac{4.62}{50^{1/2}}\right) \times 100\% = 34.7\% < 40\%$$

由淤积相似计算选沙，花园口站多年平均汛期悬沙 $D_{50} = 0.028$mm，床沙 $D_{50} = 0.1$mm。

$$U_{*P} = \sqrt{gH_P J_P} = \sqrt{980 \times 100 \times 0.000175} = 4.14(\text{cm/s})$$

$$\omega_P = 63 \frac{D^2}{\gamma} = 63 \times \frac{0.0028^2}{0.0101} = 0.049(\text{cm/s})$$

$$\left(\frac{\omega}{KU_*}\right)_P = \frac{0.049}{0.4 \times 4.14} = 0.03$$

$$\left(\frac{a}{H}\right)_P = \frac{2 \times 0.01}{100} = 0.0002$$

查图 1 选 $Z_{gP} = 4.95$cm

由式（6）得：

$$\omega_M = \frac{Z_{gM}\lambda_L}{Z_{gP}\lambda_V}\omega_P = \frac{1200 \times 0.049}{49.5 \times 4.62}Z_{gM} = 0.257Z_{gM}$$

$$\lambda_J = \frac{\lambda_H}{\lambda_L} = \frac{50}{1200} = 0.0417$$

$$J_M = \frac{J_P}{\lambda_J} = \frac{0.000175}{0.047} = 0.0042$$

$$U_{*M} = \sqrt{gH_M J_M} = \sqrt{980 \times 2 \times 0.0042} = 2.87(\text{cm/s})$$

查图 1 用试算法求解 Z_{gM} 和 ω_M。

采用天然沙作模型沙，$r_s = 2.65$，相应于 $\omega_M = 0.213$cm/s 的粒径为

$$D_M = \sqrt{\frac{\omega\gamma}{63}} = 0.0055 \sim 0.0062\text{cm}(T = 15 \sim 25℃)$$

试算 Z_{gM} 和 ω_M：

设 Z_{gM}/cm	ω_M/(cm/s)	$\left(\dfrac{\omega}{KU_s}\right)_M$	$\left(\dfrac{Z_g}{H}\right)_M$	Z_{gM}/cm	λ_{Z_g}	λ_ω
0.8	0.206	0.179	0.42	0.84		
0.85	0.218	0.19	0.414	0.828		
0.83	0.213	0.186	0.416	0.832	59.5	0.23

其起动流速校核见表 2。

表 2　　　　　　　　　模型流速与模型沙起动流速的比较

V/(cm/s) ＼ H/mm ＼ D/mm	0.055～0.062			备 注
	2	4	6	
武水公式计算 V_0	20.5～21.3	22.4～23.4	23.7～24.7	
窦国仁公式计算 V_0	18.4～19.2	20.7～21.7	22.1～23.2	
水槽试验 V_0	14.0	16.0	17.0	$J_M = 0.0042$
水槽试验 V_f	26.0	28.5	30.5	
模型流速 V	31.8	50.5	66.2	

淤积相似要求的煤粉（$r_s = 1.33$）粒径 $D_{50} = 0.11\text{mm}$。水槽试验得出其起动流速为 $6 \sim 8\text{cm/s}$，扬动流速为 $15 \sim 18\text{cm/s}$，其冲刷相似性比天然沙好，但煤粉暴露后有板结现象，且大面积铺做河床地形操作十分困难，还有价格贵、加工时间长等原因，故决定先采用天然沙进行试验。

河相关系相似校核：

$$\lambda_H = \frac{\lambda_L}{\lambda_V} \lambda_J^{0.4} = \frac{1200}{4.62} \times 0.417^{0.4} = 7.29$$

输沙率及河床变形时间比尺，武汉水院公式：

$$\lambda_s = \frac{\lambda_{r_s}}{\lambda_{\gamma s - \gamma}} \frac{\lambda_V^3}{\lambda_H \lambda_\omega} = \frac{4.62^3}{50 \times 0.23} = 8.57$$

$$\lambda_{t_2} = \frac{\lambda_L^2 \lambda_H \lambda_{r_o}}{\lambda_H \lambda_L \lambda_V \lambda_s} = \frac{\lambda_L}{\lambda_V \lambda_s} = \frac{1200}{4.62 \times 8.57} = 30.3$$

窦国仁公式：

$$\lambda_s = \frac{\lambda_{r_s}}{\lambda_{\gamma s - \gamma}} \frac{\lambda_V \lambda_J}{\lambda_\omega} = \frac{4.62 \times 50}{0.23 \times 1200} = 0.836$$

$$\lambda_{t_2} = \frac{1200}{4.62 \times 0.836} = 310.7$$

黄河下游河道输沙关系十分复杂，两个公式相差 10 倍是不足为怪的，先在其间选择，通过验证试验最后确定含沙量及时间比尺。

考虑到原型河道弗劳德数已经较大，比降也较陡，大变率以后，模型比降更陡，再加大模型流速，允许弗劳德数偏差，有可能影响河道水流的相似性，故在事前的预备试验中，专门制作了一个弯道模型，研究模型比降二次变态对水流相似性的影响，试验成果表明：只要同时满足阻力相似和重力相似，模型比降由 4.2‰ 变到 2.5‰ 对平面流速分布和水流动力轴线的影响不大，因此，如果在验证试验中发现加大弗劳德数的方法不行，模型将采用比降二次变态来同时满足阻力相似和重力相似的要求。模型的布置和施工都考虑了适应这种调整变化的可能性。

3　验证试验

3.1　验证年份的选定

黄河下游属堆积性河道，本河段在三门峡水库修建前，平均每年淤高 5cm 左右，随着三门峡水库的建成蓄水运用和改建后的滞洪排沙运用、蓄清排浑运用，下游河道经历了清水冲刷及回淤等过程，到 20 世纪 80 年代，水库已基本稳定为蓄清排浑的运用方式。经与有关单位多次商讨，确定选用 1982 年洪水进行验证试验有以下理由：

（1）1982 年洪峰流量 $15300\text{m}^3/\text{s}$ 是三门峡水库建成后最大的一次洪水。

（2）1982 年洪水是三门峡水库已稳定为蓄清排浑运用时期的洪水，与今后的水库运用条件比较接近。

（3）1982 年洪水是距现在最近的一次洪水，反映了近几十年来水土保持措施的作用和影响，比较接近今后的水沙条件和工程边界条件。

（4）1982 年洪水是近 20 多年来观测资料较多的，除大断面、河势及险工水位以外，还有航空照片等资料。

3.2 验证试验的内容与方法

黄河下游河道泥沙粒径细，比降陡，河床宽浅散乱，演变速度快、变幅大，定量描述其演变及输沙关系的数学公式精度都比较低，因而模型试验中的部分比尺须通过验证试验来校正确定，本次计划通过验证试验确定的比尺有流速比尺 λ_V、流量比尺 λ_Q、比降比尺 λ_J、含沙量比尺 λ_s 及河床演变时间比尺 λ_{t_2}。

模型河道的高滩部分系按 1982 年航测的 1/万地形图做成定床，用 6cm（相当于原型 3m）的混凝土立方体摆放在有村庄的区域，以模拟村庄房屋的阻水，动床部分按汛前的地形断面及河势图铺制地形，然后施放 7 月下旬至 8 月中旬的洪峰过程，观测洪水位及河势，测量放水后的地形断面与原型洪峰后汛中测量的大断面进行比较。

3.3 验证成果

验证试验从 1987 年 10 月至 1988 年 2 月经历四个月时间，共进行 14 组试验，大体可分为四个阶段。

第一阶段：容许弗劳德数有 35％的偏差，满足阻力相似，淤积相似，基本满足冲刷相似，调整含沙量比尺和河床变形时间比尺。

第二阶段：为了便于操作、节省时间，先在花园口—来童寨局部河段进行验证，调整流速比尺、流量比尺、含沙量比尺和河床变形时间比尺。

第三阶段：仍在花园口—来童寨局部河段进行验证，采用模型比降二次变态来同时满足阻力相似和重力相似，调整比降比尺，含沙量比尺和河床变形时间比尺，验证成果与原型资料基本符合。

第四阶段：把局部河段验证基本符合要求的比尺关系再在全模型河段进行验证，验证结果亦基本符合。

各组验证试验的简要情况见表 3。

表 3 　　　　　　　　　　　　　各组验证试验概况表

验证组次	验证河段	模型比降	模型比尺	验 证 情 况
验-1	花园口—黑岗口段	4.2‰	$\lambda_J = 0.0417$ $\lambda_V = 4.62$ $\lambda_Q = 277200$ $\lambda_s = 2$ $\lambda_{t_2} = 130$	放 1982 年洪峰过程，历时 472min，测有断面河势等资料，地形铺沙松软，冲刷很厉害
验-2	花园口—黑岗口段	4.2‰	$\lambda_J = 0.0417$ $\lambda_V = 4.62$ $\lambda_Q = 277200$ $\lambda_s = 1$ $\lambda_{t_2} = 260$	放 1982 年洪峰，历时 166min，测有水位，断面，含沙量等资料，河势不对，地形淤高

验证组次	验证河段	模型比降	模型比尺	验证情况
验-3	花园口—黑岗口段	4.2‰	$\lambda_J=0.0417$ $\lambda_V=4.62$ $\lambda_Q=277200$ $\lambda_s=2.6$ $\lambda_{t2}=100$	放 1982 年洪峰，历时 90min，测有水位，模型进出口含沙量等资料，由于河势不对，放水中断
验-4	花园口—黑岗口段	4.2‰	$\lambda_J=0.0417$ $\lambda_V=4.62$ $\lambda_Q=277200$ $\lambda_s=2$ $\lambda_{t2}=130$	放 1982 年洪峰，历时 160min，由于地形做得偏高，放水后发现花园口，马渡水位偏高 2cm，随即停水，测有水位及含沙量资料
验-5	花园口—黑岗口段	4.2‰	$\lambda_J=0.0417$ $\lambda_V=4.62$ $\lambda_Q=277200$ $\lambda_s=2$ $\lambda_{t2}=130$	放完 1982 年洪峰，历时 460min，测有断面、水位、模型进口含沙量河势等资料，水位接近符合断面有冲有淤，河势不对
验-6	花园口—黑岗口段	4.2‰	$\lambda_J=0.0417$ $\lambda_V=4.62$ $\lambda_Q=277200$ $\lambda_s=2$ $\lambda_{t2}=130$	放完 1982 年洪峰，历时 460min，测有水位，模型进出口含沙量等资料，河势不对
验-7	花园口—来童寨段	4.2‰	$\lambda_J=0.0417$ $\lambda_V=6$ $\lambda_Q=366000$ $\lambda_s=2$ $\lambda_{t2}=130$	放 1982 年洪峰，历时 70min，水位偏低较多，随即停水
验-8	花园口—来童寨段	2.5‰	$\lambda_J=0.07$ $\lambda_V=7.07$ $\lambda_Q=424264$ $\lambda_s=5$ $\lambda_{t2}=34$	根据同时满足重力相似和阻力相似的要求，采用模型比降二次变态，放 1982 年洪峰，历时 44min，由于设在来童寨断面下游的尾门严重漏水，水位偏低 3cm，河床严重冲刷
验-9	花园口—来童寨段	2.5‰	$\lambda_J=0.07$ $\lambda_V=7.07$ $\lambda_Q=424264$ $\lambda_s=5$ $\lambda_{t2}=34$	将来童寨附近的临时尾门加固后，放 1982 年洪峰，历时 189min，因水位偏低停水

验证组次	验证河段	模型比降	模型比尺	验 证 情 况
验-10	花园口—来童寨段	2‰	$\lambda_J = 0.0875$ $\lambda_V = 7.07$ $\lambda_Q = 424264$ $\lambda_s = 2$ $\lambda_{t2} = 84.9$	放完 1982 年洪峰，历时 317min，测有水位，模型进出口含沙量及断面资料，八堡、来童寨断面均严重淤积
验-11	花园口—来童寨段	2‰	$\lambda_J = 0.0875$ $\lambda_V = 7.07$ $\lambda_Q = 424264$ $\lambda_s = 2$ $\lambda_{t2} = 84.9$	放 1982 年洪峰前后的大流量，历时 149min，测有水位，模型进出口含沙量及断面资料，八堡、来童寨断面仍是大量淤积
验-12	花园口—来童寨段	2‰	$\lambda_J = 0.0875$ $\lambda_V = 7.07$ $\lambda_Q = 424264$ $\lambda_s = 3$ $\lambda_{t2} = 56.5$	放 1982 年洪峰前后中等流量及峰顶大流量，检验水位与原型的吻合程度，发现水流冲刷力弱，水位偏高，放水历时 430min
验-13	花园口—来童寨段	2.5‰	$\lambda_J = 0.07$ $\lambda_V = 7.07$ $\lambda_Q = 424264$ $\lambda_s = 3$ $\lambda_{t2} = 56.5$	摆水泥块增加八堡附近滩面的糙率及抗冲能力。放 1982 年洪峰，历时 295min，测有水位，模型进出口含沙量及断面等资料，水位、断面、河势与原型基本吻合
验-14	花园口—黑岗口	2.5‰	$\lambda_J = 0.07$ $\lambda_V = 7.07$ $\lambda_Q = 424264$ $\lambda_s = 3$ $\lambda_{t2} = 56.5$	在验-13 局部河段验证试验的基础上，改用铅丝四面体以增加长草滩面的糙率及抗冲能力。放 1982 年洪峰过程，测有水位，模型进出口含沙量，断面、河势等资料，水位、河势与原型基本吻合，断面淤积量较原型多淤 20%

加大模型流速（流量）允许弗劳德数偏差 35%，既能满足阻力相似，又有利于模型沙冲刷相似，根据已有的一些经验，一般情况应该是可行的，但在本模型的验证过程中，发现河势不能相似。验 5 是一次操作比较好的试验，水位、流量，含沙量等都较符合，但东大坝以下的河势偏差较大（见图 2），经初步分析，有下列两方面的原因：

（1）试验河段属平原堆积性河流，比降较陡，弗劳德数较大，分析 1982 年大断而资料，其弗劳德数达 0.4～0.6，当弗劳德数偏离 35% 以后，模型弗劳德数达 0.7～0.9，有时水流接近急流。

（2）原型河道中有一些存在时间较长的中低滩，滩面有植物生长，每遇洪水过后，常有细黏土沉积，形成黏性土夹层，这些滩地的抗冲力与糙率均较河槽为大，由于在模型中采用相同的模型沙铺做河槽和滩地，未能反映这些滩地糙率和抗冲力高于河槽的特点。

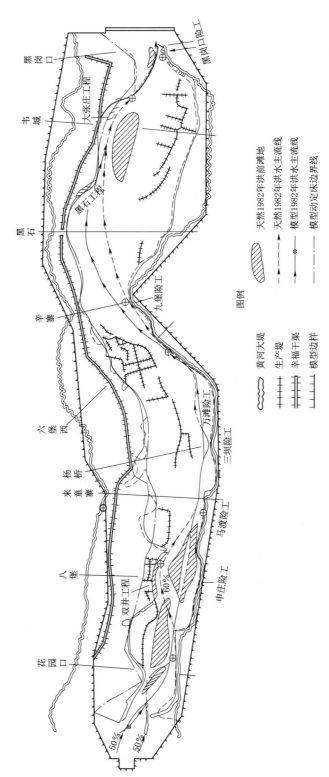

图 2　第五次验证试验大水河势图

针对以上分析，采取了以下两项措施：

（1）在有植物生长的滩面上，用铅丝四面体框架加糙，四面体框架的高度为 4cm（相当于原型 2m），把模型河床的糙率提高到 $n=0.018$ 左右。

（2）模型采用比降二次变态，按同时满足阻力相似和重力相似的要求选择比降比尺，即

$$\lambda_J = \frac{\lambda_n^2}{\lambda_H^{\frac{1}{3}}} = \frac{\left(\frac{0.009}{0.018}\right)^2}{50^{1/3}} = 0.068$$

$$\lambda_M = \frac{J_P}{\lambda_J} = \frac{0.000175}{0.068} = 0.0025$$

模型比降由 0.0042 减小为 0.0025，根据预备试验成果，平面流速分布及动力轴线无大变化，只要都是同时满足阻力相似和重力相似。与此相应的是流速比尺 λ_V 由 4.62 增大到 7.07. 模型流速减小，但模型沙粒径未变，实质上相当于在模型中去掉了一部分悬沙中的非造床质，根据新的模型数据，反算相当于满足淤积相似条件的原型悬沙中径。

$$U_{*M} = (gH_M J_M)^{1/2} = (980 \times 2 \times 0.0025)^{1/2} = 2.21 (cm/s)$$

$$\frac{\omega_M}{KU_{\cdot M}} = \frac{0.213}{0.4 \times 2.21} = 0.24$$

$$\frac{\alpha_M}{H_M} = \frac{2 \times 0.006}{2} = 0.006$$

查图 1 得 $Z_{gM} = 0.79$cm

$$U_{*P} = (980 \times 100 \times 0.000175)^{1/2} = 4.14 (cm/s)$$

$$\frac{a_P}{H_P} = \frac{2 \times 0.01}{100} = 0.0002$$

$$\lambda_W = \frac{\omega_P}{\omega_M} = \frac{\lambda_{Z_g}}{\lambda_L} \lambda_V = \frac{7.07}{1200 \times 0.79} Z_{gP}$$

$$\omega_P = \frac{7.07 \times 0.213}{1200 \times 0.79} = 0.00159 Z_{gP}$$

试算求解 ω_P：

设 $\omega_P/(cm/s)$	$\frac{\omega_M}{KU_*}$	Z_{gP}/cm	算出 $\omega_P/(cm/s)$
0.1	0.0604	47	0.0750
0.08	0.0483	47.5	0.0755
0.076	0.0459	47.6	0.076

$$\lambda_{Z_g} = \frac{47.6}{0.79} = 60.3$$

$$\lambda_\omega = \frac{0.076}{0.213} = 0.357$$

$$D_{\mathrm{P}} = \sqrt{\frac{\omega_{\mathrm{P}}\gamma}{63}} = \sqrt{\frac{0.076}{63} \times 0.0101} = 0.0035$$

算得的原型悬沙中值粒径 0.035mm. 相当于将 1982 年汛期悬沙级配中 0.01mm 以下的非造床质（占全沙的 40%）去掉后的中值粒径。由于各种条件的限制，许多模型都是在去掉部分非造床质条件下进行的，相对于本次试验研究的主要问题，其对试验成果的影响是不大的。

按照以上数据，重新计算含沙量及河床变形时间比尺，武水公式：

$$\lambda_s = \frac{\lambda_{rs}}{\lambda_{\gamma s - \gamma}} \frac{\lambda_V^3}{\lambda_H \lambda_\omega} = \frac{\lambda_V}{\lambda_\omega} = \frac{7.07}{0.357} = 19.8$$

窦国仁公式：

$$\lambda_s = \frac{\lambda_{rs}}{\lambda_{\gamma s - \gamma}} \frac{\lambda_V \lambda_J}{\lambda_\omega} = \frac{7.07 \times 0.068}{0.357} = 1.34$$

$$\lambda_{t2} = \frac{\lambda_L^2 \lambda_H \lambda_{rs}}{\lambda_Q \lambda_s} = \frac{\lambda_L}{\lambda_v \lambda_s} = \frac{1200}{7.07 \lambda_s}$$

相应于上述两个挟沙能力公式的时间比尺变化范围如下表：

λ_s	1	2	3	4	5	6	8	10	20
λ_{t2}	170	84.9	58.5	42.4	34	28.3	21.2	17	8.5

第 14 次验证试验采用的比尺为：

$\lambda_J = 0.07$, $J_M = 0.0025$, $\lambda_V = 7.07$

$\lambda_Q = 424264$, $\lambda_s = 3$, $\lambda_{t2} = 56.5$

验证结果表明，水位、河势、冲淤等基本符合，根据大断面计算的汛前至汛中的冲刷量原型为 $57.53 \times 10^6 \mathrm{m^3}$，模型为 $48.18 \times 10^6 \mathrm{m^3}$，模型比原型少冲 20%，这反映模型的含沙量比尺略偏小，故在正式试验中采用 $\lambda_s = 4$。

4　整治方案试验

4.1　方案试验的水沙过程

水沙过程的选择，经与委托单位等商议，尽可能包括以下几种情况：

（1）近 40 年来最大的洪峰，即 1958 年洪峰和 20 世纪 80 年代最大的一场洪水，即 1982 年洪水。

（2）造床作用较强且出现概率较多的流量 $5000 \mathrm{m^3/s}$。

（3）含沙量较大的造床流量组合。

（4）小浪底水库建成后下泄清水的造床流量组合。

黄河下游属于堆积性河道，水位-流量关系逐年都在变化，本次整治方案试验是以 1987 年汛前的河道地形为起始条件，要施放 1987 年以前的洪峰过程，必须给出其相应于

1987 年汛前地形的尾水位数据。1982 年是距 87 年最近的一次 10000m³/s 以上的大洪水，为了判明 1982 年洪峰的黑岗口水位能否直接用于 1987 年汛前地形，进行了两方面的分析：第一是水位-流量关系分析，将 1980 年以后历次洪水的水位-流量关系点绘在一起，其中 22000m³/s 洪峰的水位采用河南黄河河务局 1985 年的设计洪水位，由此看出 1982 年以后的洪水位略低于 1982 年同流量的水位；第二是大断面分析，将试验河段 1982 年和 1987 年汛前的大断面套绘在一起，分别计算其标准水位下过水面积，发现 1987 年过水断面较 1982 年略有扩大，这与水位-流量关系的结果是一致的，均说明这段河道 1987 年的过水能力稍大于 1982 年，考虑到今后河道仍然是淤积趋势，确定模型的尾水位以 1982 年的水位-流量关系为依据，并选定下列水沙过程：

(1) 1982 年洪峰加 1958 年峰顶，配 1982 年含沙量。

(2) 5000m³/s 定常造床流量，按 1982 年含沙量。

(3) 3000～8000m³/s 组合造床流量，配 100kg/m³ 左右甚至 200kg/m³ 较大含沙量。

(4) 3000～8000m³/s 组合造床流量。模拟小浪底水库建成初期泄放清水或低含沙量。

4.2　起始的河道地形

整治方案的实施是从现有的河道地形条件开始，本次整治方案试验是以 1987 年汛前的河道地形为起始条件，原型只有 9 个实测大断面（一般年份只测 7 个大断面，为做模型，1987 年汛前加测 2 个大断面），要控制全河段的河道地形几乎是不可能的。为了比较整治后对河道输水输沙能力的影响，各组试验必须具有相同的起始地形条件，为此，必须增加控制模型地形的断面板。采用的方法是先按 9 个实测断面和河势图，铺成模型地形，通过模型放水观测水位与原型各险工水位的比较，来调整各大断面之间的模型地形，使主要流量级模型水位与原型水位相符合，停水增测模型地形断面（断面间距 1～2m），制作断面板 32 个，连同原有的 9 个共 41 个断面板，各整治方案试验均用这 41 个断面板铺制起始地形。

4.3　整治方案试验组次

委托单位根据多年的工作成果，提出了以控制河势为主的大弯方案和小弯方案，作为试验的基本内容，试验过程中又做了一些补充和调整，共计进行五组方案试验。在进行整治方案试验之前，先做 1987 年现状试验，即按 1987 年现有工程及地形情况，施放各组水沙过程，得出一套资料数据，作为各方案比较的基础。

(1) 1987 年现状试验。

(2) 大弯方案试验。

(3) 大弯加坝方案试验，以大弯方案为基础，在来童寨、温堤、太平庄下首各接 5 道坝，赵口下首接 3 道坝，武庄下首接 6 道坝。

(4) 小弯方案试验。

(5) 小弯加坝方案试验。

(6) 小弯加坝上南方案试验，赵口以上顺应大河南靠的趋势调整工程布置，即不做武庄、来童寨赵口的新修工程，赵口以下仍为小弯加坝方案。

各方案所修护滩控导工程的高程，均按已建双井和大张庄工程的高程插补确定，大致相当于 5000m³/s 流量的水位再加 1m，为防止护滩工程坝后走溜，各护滩工程上首均做有生产堤与老滩连接，生产堤与护滩工程同高。

5　试验成果

5.1　河势

花园口至黑岗口河段属于典型的游荡型河道，南岸由花园口枢纽至九堡近 50km 堤段，几乎都修有险工，说明历史上都曾靠过溜。北岸系 1855 年铜瓦厢决口后溯源冲刷留下的高滩，一旦靠溜即发生坍塌后退。根据 1949 年以来历年汛后主流线的套绘资料，作出主流线摆动范围的外包线，主流线的摆动幅度一般为 4～5km，最大达 7km。20 世纪 50—80 年代，先后沿北岸高滩修筑了黑石、大张庄、徐庄、三官庙、黄练集、双井等护滩工程，对保护滩地、限制游荡宽度起了一定的作用，但河势仍有很大变化，近几年东大坝和九堡下首还相继接坝抢险，特别是 1982 年 8 月因大张庄坐弯形成斜河，主流直冲黑岗口险工 10～18 坝薄弱段塌堤生险，幸抢护及时未造成决口，模型试验的大弯（包括大弯加坝）和小弯（包括小弯加坝及小弯加坝上南）方案主流浅的摆动幅度，整治后由于工程的控制作用已大幅减小。

不同的水沙过程，在起始地形的基础上，塑造不同的河势流路，流量越大，流路的弯曲半径亦大。含沙量大则河床发生淤积，河势容易摆动，此时，工程的挑流造床作用也比较明显。当流量在 3000～8000m³/s 变化时，小弯、大弯加坝方案，水流基本上均可以稳定在已形成的治导线河槽内。当流量增大到 10000～20000m³/s 时，由于大洪水的冲刷趋直作用，引起部分控导工作脱溜，但主流的变化仍在工程的控制范围之内。从模型中观测的流速分布资料看，东大坝虽有一定的挑流作用，但花园口至赵口河段，主流大多倾向南靠，适应这种自然演变趋势，并考虑到有利于扬桥闸引水，在小弯加坝方案试验之后，拆除来童寨、赵口接长部分和武庄工程（即小弯加坝上南方案）再放水试验，试验表明，20000m³/s 以下各级流量，主流均偏南，只在涨峰期的 13100m³/s 和 20000m³/s 时，偏北也走一股水，但落峰至 14000m³/s，主流亦只靠南的一股（见图 3）。大弯方案洪水河势如图 4，小弯加坝方案洪水河势如图 5。小弯加坝方案造床流量河势如图 6，从图 6 可以看出，8000m³/s 流量主流仍走 1987 年汛前枯水河槽的流路，当 5000m³/s 流量来沙量较大河槽发生淤积时，东大坝将主流挑至双井工程中段，原枯水河槽淤积成滩。

对于大、中水河势，大弯和小弯方案的工程布置都有河势下延的趋势（见图 7），从图 7 可以看出，各河湾的出溜方向都大致与出弯段的切线方向平行，进入下一河湾的中段，而不是上段，为了适应大、中水河势，各对应河湾的工程宜适当下移并接长，使上弯的出溜进入本弯的中上段，最明显的是小弯方案的武庄工程，布置偏上偏短，河湾也过于平缓，有时出现河走武庄以下直冲三官庙、黑石一带。

5.2　洪水位

各整治方案在 1987 年起始地形情况下 10000m³/s 以上流量的洪水位列于表 4。

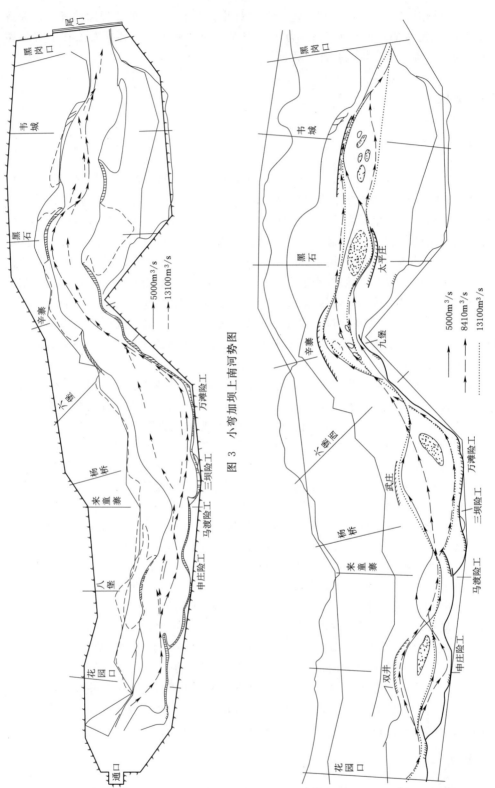

图 3 小弯加坝上南河势图

图 4 大弯方案洪水河势图

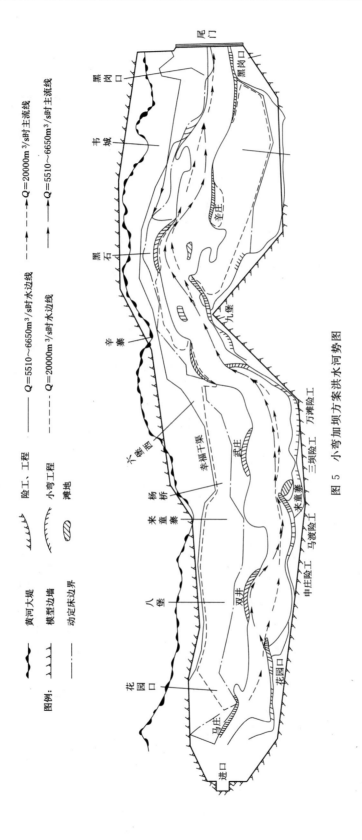

图5 小弯加坝方案洪水河势图

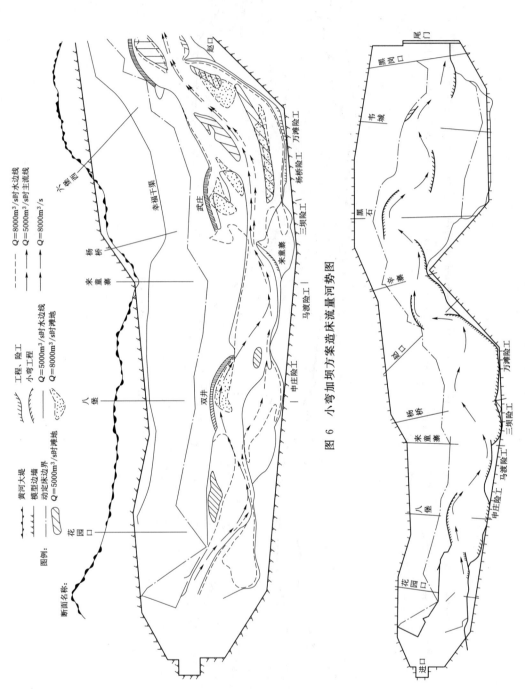

图例：
断面名称：

图6　小弯加坝方案造床流量河势图

图7　小弯方案放水后期主流线图

表 4   **各整治方案洪水位比较**

Q/(m³/s)	方案 测站	花园口	马渡	杨桥	赵口	辛寨	黑岗口
13100	1987 年条件	93.25	90.49	89.33	87.38	85.91	81.87
	大弯方案	93.64	90.69	89.24	87.31	85.96	81.82
	小弯方案	93.59	91.00	89.84	87.88	86.36	81.77
		93.00	90.33	89.04	87.34	86.13	81.94
	小弯加坝方案	94.19	90.90	89.74	87.88	86.51	82.07
		93.53	90.62	89.03	87.57	86.24	81.88
	小弯加坝上南	93.75	90.72	89.27	87.21	86.20	81.88
20000	1987 年条件	93.94	90.99	89.59	87.88	86.27	82.62
	大弯方案	93.99	91.09	89.64	87.68	86.34	82.52
	小弯方案	94.19	91.40	90.14	88.08	86.46	82.57
		93.56	90.84	89.69	88.11	86.44	82.50
	小弯加坝方案	94.49	91.35	89.89	87.98	86.51	82.47
		93.81	90.87	89.44	87.84	86.56	82.52
	小弯加坝上南	94.29	91.16	89.47	87.33	86.48	82.62
14000	1987 年条件	93.64	90.69	89.34	87.28	86.21	82.12
	大弯方案	93.59	90.79	89.34	87.13	86.21	82.17
	小弯方案	93.74	90.90	89.89	87.53	86.16	82.02
		93.14	90.63	89.41	87.36	86.18	82.20
	小弯加坝方案	94.24	91.10	89.74	87.48	86.31	82.02
		93.33	90.54	88.97	87.42	86.37	82.10
	小弯加坝上南	93.99	90.88	89.39	87.23	86.48	82.10
11000	1987 年条件	93.14	90.29	88.99	87.08	86.21	81.67
	大弯方案	93.14	90.44	89.14	87.03	86.11	81.72
	小弯方案	93.29	90.55	89.49	87.18	85.91	81.62
		92.74	90.33	89.14	86.99	85.96	81.73
	小弯加坝方案	93.94	91.00	89.54	87.18	86.16	81.52
		92.70	90.05	88.41	86.91	85.93	81.54
	小弯加坝上南	93.53	90.59	89.27	87.11	86.37	81.52

各整治方案洪水位较 1987 年条件洪水位的差值见表 5。

表 5　　　　　　　　　　　　河道整治前后洪水位差值

Q/(m³/s)	方案　　測站	花园口	马渡	杨桥	赵口	辛寨	黑岗口	平均
13100	大弯方案	0.39	0.20	−0.09	−0.07	0.05	−0.05	0.10
	小弯方案	0.34	0.51	0.51	0.50	0.55	−0.10	0.16
		−0.25	−0.16	−0.29	−0.33	0.22	0.07	
	小弯加坝方案	0.94	0.41	0.41	0.50	0.60	0.20	0.35
		0.28	0.13	−0.3	0.19	0.33	0.01	
	小弯加坝上南	0.50	0.23	−0.05	−0.17	0.29	0.01	0.16
20000	大弯方案	0.05	0.10	0.05	−0.20	0.07	−0.10	0.01
	小弯方案	0.25	0.41	0.55	0.20	0.19	−0.05	0.16
		−0.38	−0.15	0.10	0.23	0.17	−0.12	
	小弯加坝方案	0.55	0.36	0.30	0.10	0.24	−0.15	0.14
		−0.13	−0.12	−0.15	−0.04	0.29		
	小弯加坝上南	0.35	0.17	−0.12	−0.55	0.21	0.00	0.01
14000	大弯方案	−0.05	0.10		−0.15	0.00	0.05	−0.02
	小弯方案	0.10	0.21	0.55	0.25	−0.05	−0.10	0.06
		−0.50	−0.06	0.07	0.08	−0.03	0.08	
	小弯加坝方案	0.60	0.41	0.40	0.20	0.10	−0.10	0.12
		−0.31	−0.15	−0.37	0.14	0.16	−0.02	
	小弯加坝上南	0.35	0.19	0.05	−0.05	0.27	−0.02	0.16
11000	大弯方案	0.00	0.15	0.15	−0.05	−0.10	0.05	0.03
	小弯方案	0.15	0.26	0.50	0.10	−0.30	−0.05	0.02
		−0.40	0.04	0.15	−0.09	−0.25	0.06	
	小弯加坝方案	0.80	0.71	0.40	0.15	−0.05	−0.15	0.03
		−0.44	−0.24	−0.58	−0.17	−0.28	−0.13	
	小弯加坝上南	0.39	0.30	0.28	0.03	0.16	−0.15	0.23

　　小弯方案和小弯加坝方案进行了两种情况的试验,第一种情况是:所有滩区控导工程的上游端均有生产堤挡水,部分控导工程截断了主河槽(1987 年汛前地形),模型沙在多次放水后细颗粒冲失,床沙发生粗化,因而表现为壅高水位较多;第二种情况是:在模型沙中加入 5%～10%的细颗粒($D_{50}\approx0.02$mm 的粉煤灰),凡被工程截断的主河槽均沿工程前头挖槽连通,控导工程的上首不修生产堤挡水。由表 4 可以看出,两种情况水位相差甚多,考虑到动床地形制作等方面都会有一些偏差,故算出两种情况各测点的平均水位差列于表后,从平均情况的趋势看,大弯方案基本不壅高水位,小弯方案壅高水位约 10cm,小弯加坝方案壅高水位约 16cm,小弯加坝上南方案的壅水值略小于小弯加坝方案。

　　洪水通过花园口公路桥,水面在桥下产生跌落和波动,从桥下 500m 和 1000m 的岸边观测水位与桥上 500m 的水位比较见表 6。

表 6　　　　　　　　　　　　公路桥上下游水位跌差

Q/(m³/s)	桥上游 500m 水位/m	桥下游 500m 水位/m	桥下游 1000m 水位/m	水位跌差/m
13100	93.89	93.70	93.37	0.19~0.52
20000	94.44	94.20	93.87	0.22~0.57

5.3　河道冲淤与断面形态

按输沙率法和断面法计算的冲淤量见表 7。

表 7　　　　　　　　　　　　河道冲淤量计算表

项目 条件	输 沙 率 法			断 面 法	
	进口输沙量 /10⁶t	出口输沙量 /10⁶t	冲淤量 /10⁶t	冲淤体积 /10⁶m³	冲淤量 /10⁶t
1987 年条件	190.72	416.03	−225.31	−18.29	−25.16
大弯方案	147.22	411.91	−265.23	−120.89	−169.25
小弯方案	227.57	605.67	−378.1	−0.78	−1.09
小弯加坝方案	200.3	414.9	−214.6	−57.2	−80.08

大断面河相关系变化见表 8。

表 8　　　　　　　　　　　　河相关系变化表

$\sqrt{B}/H$　　断面 条件	八堡	来童寨	杨桥	赵口	辛寨	黑石	韦城	平均
1987 年条件放水前	34.1	36.5	30.7	30.4	28.5	78.6	62.9	43.1
1987 年条件放水后	41.3	29.4	23.0	28.9	27.3	53.5	56.0	37.1
大弯方案	52.5	32.0	20.8	25.6	27.1	74.1	47.8	40.2
小弯方案	53.9	29.5	33.5	16.5	21.9	45.2	42.8	34.8
小弯加坝	44.4	36.8	28.9	17.0	27.8	55.5	43.0	36.5

由于大断面间距太大，且代表性不够好，因而计算的冲淤量偏差很大。虽然含沙量取样也存在一些问题，从输沙率法计算成果总的趋势看，河道整治后，洪水的输沙率略有增大，但变化不多，河相系数 $\sqrt{B}/H$ 比大水前有所减少，与 1981 年条件差别不大，分析其原因是由于大水流路趋直，从河中滩地冲出新河槽，部分原河槽淤浅，部分滩地淤高，只有主流仍走原河槽的断面冲得窄深，例如赵口断面。

5.4　几点认识

黄河下游河床演变和河道整治的模型试验工作，从 20 世纪 50 年代即开始进行，至今已有 30 余年。在试验场地方面经历了由室内到室外，又由室外转回到室内；在试验方法和模型设计方面，做过比尺模型，自然模型和半自然模型；平面比尺的变化范围为 100～1000；模型沙采用过煤屑、粉煤灰和天然沙等，通过这些试验，加深了对黄河演变规律和整治工作的认识，解决了一些生产实践中的问题，由于黄河宽浅易变等复杂情况，其模型设计和试验方法仍不成熟，本次试验是在过去已有试验的基础上进行了一些新的探索，受诸多因素和各方面条件的限制，试验成果还偏重于定性。通过这次试验，取得了以下几点认识：

（1）在采用一种模型沙铺制地形时，对滩地与河槽的糙率和抗冲力应采取措施加以区分。河床中有些存在时间较长的滩地，滩面长有杂草、庄稼等植被，沉积物中含有黏土夹层，高滩上还有村庄，而河槽和部分不稳定的滩地则经常处于冲淤变化之中，因而滩地与河槽在糙率和抗冲力等方面存在很大的差别，在模型中应采取措施，反映出这些差别，才有利于实现河床演变的相似，本模型采用水泥块排列，模拟高滩上的村庄，摆放铅丝框架，模拟滩面上的植被，用以增大滩面的糙率和抗冲能力，试验表明是合理的。

（2）对于宽浅顺直河段的河道模型，一般变率较大，采用模型比降二次变态来取得模型糙率与比降的平衡，使模型自动满足阻力相似和重力相似，不但避免了在模型河槽中加糙，而且防止了因模型比降过陡所带来的其他问题。本模型比降由 4.2‰ 放平为 2.5‰，试验过程中，当流量较大对仍发现明显的水流趋直现象，提示模型比降还可能偏陡。研究宽浅河段的河道整治模型，首先要满足水力相似的要求，因而可考虑先做定床变态模型，模型不加糙，采用比降二次变态来满足阻力相似，并采用人工变形的方法（按流速大的部位发生冲刷，流速小的部位发生淤积来人工调整地形，达到各部位流速相对均匀为止），优选工程布置方案，再进行动床模型试验。

（3）在大变率的悬沙模型中，采用含沙量垂线分布重心高度的比尺来代替水深比尺，进行沉降相似计算，可以近似的统一悬浮相似与沉降相似的矛盾要求，有利于趋近淤积相似。

（4）对于床沙细、比降陡、河床可动性很大的河道（例如黄河下游），在模型设计中要满足起动相似是非常困难的。为了实现冲刷相似，要尽量保证模型流速和原型一样，远大于床沙的起动（扬动）流速。本次试验受各种条件的限制，只是在流量较大时，才能接近满足上述要求，所以，模型在冲刷方面的成果，只能反映大中水造床作用的趋势．不能反映河床演变的细微情况。

（5）根据一般河道模型试验的经验，可以容许弗劳德数有 50％ 以内的偏差，许多模型曾采用加大模型流量的方法，取得较好的试验成果，但对于原型弗劳德数已经很大（大于 0.5）的河道（例如黄河下游）。若再加大模型流量，增大模型弗劳德数，致使模型水流接近急流，将破坏模型水流的相似性。

（6）用大断面、河势图和水位资料制作模型地形。黄河下游河道，缺乏水下地形资料，大断面的间距也很大，但沿程测有汛期水位。模型地形的制作主要根据大断面与河势图，由于河势图无高程，至使模型地形的制作存在很大偏差，甚至错误。为了提高模型地形与原型地形的符合程度，本次试验是在根据大断面与河势图做出模型地形的基础上，放大中小几级流量，观测水位与原型水位进行比较，按水位差值修改断面板之间的地形，再放水校测检验修改地形，直至模型水位与原型水位符合为止，最后按要求的断面间距，布设测量模型断面，绘制断面板，以控制各方案试验的起始地形一致，并与原型符合。

黄河下游河床演变和整治问题异常复杂，河道水流的挟沙能力公式（理论的或半理论半经验的）至今未研究出来，给悬沙模型试验增加困难，黄河下游的悬沙动床模型有许多问题需要进一步探索研究，希望有关方面能大力支持，相互配合，推进这一工作。

6　结论

（1）黄河下游游荡型河道可以通过修建控导工程，逐步缩小摆动范围，控制河势，在流量变幅还很大的情况下（试验流量为 3000～20000m³/s），由于水流动力轴线的曲度随流量而变，大流量时主流冲刷趋直，引起部分控导工程脱溜，但主流的变化基本上都在工程控制的范围之内；当流量在 8000m³/s 以下变化时，主流基本上可以稳定在已经形成的治导线河槽内，但河势有下延发展趋势，为适应大、中水河势，各对应河湾的工程布置宜适当下移并接长，各河湾的具体工程布置有待今后进一步细致研究。从模型试验中观察到，花园口至赵口河段，主流趋向南岸，因此，来童寨工程可暂不接长，任水流靠近南岸流动，以利于杨桥闸引水，北岸当遭受主流冲刷时，再相机修作护滩工程。

（2）整治后河宽虽有缩窄，但河槽发生冲刷，故河道的输水能力变化不大或稍有降低，大弯方案基本不壅高水位，小弯各方案约壅高水值 10～20cm。整治后，河道的洪水输沙能力略有提高。

（3）在治导线河槽内，小浪底下泄 3000～8000m³/s 清水流量时，河槽保持冲刷稳定。

（4）大洪水时流路趋直，落水后在较长控导工程管溜的情况下，河道发生淤积造床，有可能重新恢复治导线流路。

（5）由于各种条件的限制，试验中还存在一些问题，例如模型沙冲刷相似方面偏差较大，动床地形铺制等操作还相当困难，这些对试验成果都有一定影响，有待今后摸索研究。

■　参　考　文　献　■

［1］　黄河水利委员会. 黄河下游第四期堤防加固河道整治可行性研究报告［R］. 郑州：黄河水利委员会，1984.
［2］　屈孟浩. 黄河下游东坝头至高村河道整治动床模型试验报告［R］. 郑州：黄委水科所，1984.
［3］　张瑞瑾，等. 论河道水流比尺模型变态问题［C］//第二次河流泥沙国际学术讨论会论文集. 北京：水利电力出版社，1983.
［4］　窦国仁，等. 丁坝回流及其相似律的研究［J］. 水利水运科技情报，1978.
［5］　武汉水利电力学院. 河流泥沙工程学［M］. 北京：水利出版社，1982.
［6］　河南黄河河务局，中牟九堡险工下延工程扩大初步设计说明书，1986.
［7］　窦国仁. 全沙模型相似律及设计实例，泥沙模型报告汇编Ⅰ，1978.
［8］　张威，等. 精煤模型沙特性试验研究［J］. 泥沙研究，1981（1）.
［9］　宾光楣，等. 黄河下游河道整治［R］. 郑州：黄河水利委员会，1985.

［10］　赵业安，等. 黄河下游主流线变迁图 ［R］. 郑州：黄河水利委员会，1986.

［11］　赵业安，等. 黄河下游现代河道演变图 ［R］. 郑州：黄河水利委员会，1986.

［12］　Einstein H A，Chien Ning. Similarity of Distorted River Models with Movable Beds，Tran，ASCE，Vol. 121，1956.

［13］　杨志达. 输沙与河工 ［C］//第一次河流泥沙国际学术讨论会论文集. 北京：光华出版社，1980.

［14］　H. W. Shen，Modeling of Rivers. 1977.

［15］　赵业安，等，三门峡水库修建后黄河下游河床演变 ［R］. 郑州：黄河水利委员会，1985.

［16］　河南黄河防汛办公室. 河南黄河防汛资料手册 ［R］. 郑州：河南黄河河务局，1985.

［17］　李保如. 自然河工模型试验 ［C］//水利水电科学研究院科学研究论文集. 1963.

［18］　徐福龄，等. 黄河下游河道整治的措施和效用 ［C］//第二次河流泥沙国际学术讨论会论文集. 北京：光华出版社，1983.

松花江哈尔滨段防洪模型试验*

[摘要]　通过模型试验研究了松花江哈尔滨江段防洪的有关问题：河道水面线特征；三座桥的总壅水值及各桥的壅水值；南、北线分洪方案降低洪水位的作用；提高河道排洪能力的措施和效果；建公路桥后堤防及桥墩的重点防冲部位，这些成果为城市规划建设如防洪工作提供了技术依据。对试验参数的选择考虑了可能变化的极限范围，使试验成果能适应因时变化的情况，分析得出符合当时实际的数据。在模型布置方面，采取了一些技术措施，节省了试验场地。

1　概述

松花江为黑龙江右岸的一大支流，流域面积 54.6 万 km^2。松花江干流上起嫩江与第二松花江汇合处三岔河，下至同江注入黑龙江，全长 939km。哈尔滨市区位于松花江上段的右岸，哈尔滨江段的防洪堤距为 2~10km，河道分汊，江心有沙洲，主槽多靠南岸，北部有广阔的滩地，3000~4000m^3/s 开始漫滩。河床组成为细沙，中值粒径约 0.21mm，悬移质含沙量很小，且粒径很细，一般不参加造床，河床演变主要取决于底沙的输移运动，演变的速度比较缓慢，平面上长时期的累积变化还是较大的，纵向冲淤处于准平衡状态。推移质无实测资料。

哈尔滨水文站的大洪水多以嫩江来水为主，并与第二松花江、拉林河的洪水遭遇形成，自 1898 年有实测资料记录以来，发生过 7 次大洪水，见表 1。

表 1　　　　　　　　　　　　哈尔滨水文站大洪水统计表

顺序	年份	重现期	实测水位（假设基面/m）	实测流量/（m^3/s）	还原流量/（m^3/s）
1	1932	83	219.75	11500	16200
2	1957	42	220.30	12200	14600
3	1953	28	219.33	9530	12900
4	1956	21	220.09	11700	12100
5	1960	17	219.53	9100	11300
6	1934	14	219.09	8630	10400
7	1969	12	219.31	8500	8600

*　彭瑞善，韦安多. 松花江哈尔滨江段防洪问题的试验研究 [C]. 科学研究论文集（33集）. 北京：中国水利水电科学研究院，1990.

1932 年松花江大水，哈尔滨江堤决口，市区被淹，街上行船，哈尔滨站实测最大流量为 11500m³/s。1957 年洪水，最大流量为 12200m³/s，虽然保障了哈尔滨市的防洪安全，但经济损失达数千万元。根据现在和未来城市的发展规模，如再发生洪水泛滥所造成的损失将更加严重。因此，研究这段江道的洪水特性及防洪措施具有重要的现实意义。

哈尔滨江段原有滨洲、滨北两座铁路桥，1983—1986 年又建成一座公路桥。滨洲、滨北桥之间的松浦堤，构成 6.2km 长的窄河段，滨洲桥至公路桥之间，还有太阳岛风景区围堤，这些建筑物都会影响河道的排洪能力，并形成特殊的水面线形式。如此复杂的边界条件，用数学模型求解是非常困难的，故决定做实体模型试验。

2 模型试验方法

试验河段由双口面至新仁灌溉站，全长约 30km，模型先做定床，研究各种情况的水位、流速等水力特性，然后对重点河段（二水源以下的河槽部分，有实测地形资料）做局部动床，重点研究冲刷和淤积部位。

模型设计主要满足重力相似和阻力相似，并保证模型水流与原型一样，属于充分紊动的紊流，由水流运动方程和连续方程导得下列相似条件，其比尺关系式为

$$\lambda_v = \lambda_{vx} = \lambda_{vy} = \lambda_H^{1/2}$$
$$\lambda_n = \lambda_H^{1/3}/\lambda_H^{1/2}$$
$$\lambda_Q = \lambda_L \lambda_H \lambda_v$$
$$Re_m > 2000$$

动床模型沙的选择，主要考虑起动相似和底沙输移所引起的河床变形相似，其比尺关系式为

$$\lambda_v = \lambda_{n0}$$
$$\lambda_{t2} = \frac{\lambda_L^2 \lambda_H \lambda_{r0}}{\lambda_{Q_0}}$$

式中：Re 为雷诺数；Q_s 为底沙输沙率；γ_s 为床沙的干容重；λ_{t2} 为河床冲淤变形对间比尺；λ_n 为糙率比尺。

根据试验场地的面积及以上相似要求，选定模型平面比尺 $\lambda_L = 600$，垂直比尺 $\lambda_H = 100$，模型布置见图 1。

因江北农堤以北的分洪区不定因素较多，且面积很大，并缺乏地形资料，故在模型中未做出，但沿模型江北农堤布置一条集水渠，该渠直通水库，并在渠尾单独设尾门及量水堰，以调节分洪区的水位和流量，用以模拟分洪区的不同阻力情况。由于分洪区内的地物今后是变化的，一时难以确定。对模型边界的处理是，从确保哈尔滨市的防洪安全出发，右岸城堤做到最高洪水位以上；左岸农堤考虑了三种情况：

（1）堤顶高程按现在的防洪标准做，水位超过即自由漫溢，接近于考虑风浪作用的不利情况。

（2）堤顶按现在的实际堤顶高程做，接近于无风浪作用，堤防质量很好的情况。

（3）堤顶做到最高洪水位以上，各级洪水均不漫溢，可作为今后提高左岸防洪标准，制订防洪规划的参考。

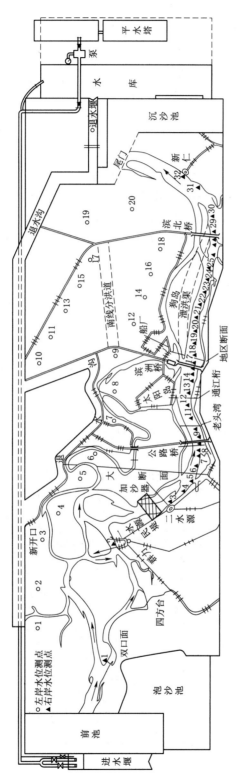

图 1 模型布置图

进行北线分洪方案试验时，考虑到分出的流量还将在呼兰河附近返回河道，对模型河段产生回水顶托，试验中做了两种极限情况，以便确定洪水位的变化范围。

（1）模型尾水位仍按与分洪前流量相应的水位控制，相当于分出的流量全部返回河道，并产生最严重回水顶托的极限最高情况。

（2）模型尾水位按与分洪后流量相应的水位控制，这相当于分出的流量退回河道时不产生回水顶托的极限最低情况。

今后的实际情况总在上述各种考虑的极限范围以内，可根据当时的具体情况分析插补，得出具体数值。

定床模型制成后，首先验证了平槽流量的水面线及流速分布，以决定河槽部分的加糙，再验证大洪水的水面线和流速分布，以决定滩地的加糙。验证试验完成后进行正式试验，试验流量包括 1957 年洪峰及 1/50～1/300 频率的洪峰，试验内容包括：二桥（原有滨洲桥、滨北桥）试验，三桥（二桥加新建的公路桥）试验、北线分洪方案试验、南线分洪方案试验、狗岛开挖泄洪槽试验、各桥壅水试验、局部动床试验。

3   水面线特征

在一定条件下，水面比降的大小反映河床阻力的大小。双口面至新仁河段，由于河床形式与人工建筑物的影响，中小水与洪水具有不同的水面线特征。二水源至新仁，河槽比较规顺稳定，平滩水位以下水面比降较小，约 0.5/10000；双口面至二水源，河道分汊多，变化大，故阻力亦大，因而平滩水位以下水面比降也较大，约（0.8～0.9）/10000。洪水的情况则不同，漫滩水流受堤防和桥渡等建筑物的约束，一水源至新仁大致可分为三个河段，各河段水面比降变化情况见表 2。

表 2   各河段水面比降的变化   ‰

河段 流量/(m³/s)	一水源至太阳岛上首 （右 2～右 11 号）		太阳岛上首至滨北桥下 （右 11～右 29 号）		滨北桥下至新仁 （右 29～右 32 号）	
	建公路桥前	建公路桥后	建公路桥前	建公路桥后	建公路桥前	建公路桥后
3130	0.73		0.52		0.31	
6020	0.60		1.03		0.74	
8000	0.52		1.20		0.89	
10080	0.34		1.27		0.71	
12200	0.25	0.54	1.47	1.39	0.74	0.71
13260	0.24	0.49	1.50	1.42	0.74	0.74
15650	0.18	0.32	1.50	1.50	0.60	0.63
17700	0.15	0.27	1.47	1.47	0.37	0.29
19500	0.14	0.21	0.95	0.95	0.20	0.23

分析表 2 数据，可以看出：

（1）一水源至太阳岛上首，堤距大，滩地宽，阻水建筑物少，加之受下游桥渡和窄河段的壅水,故洪水比降随流量的增大而减小。

(2) 太阳岛上首至滨北桥下,阻水建筑物较多,滨洲桥上游有太阳岛围堤,滨洲桥至滨北桥,相距 6.2km,南岸为市区城堤,北岸有松浦堤,堤距由上游 10～6km 缩窄到 2km 左右,河中有一大江心洲(狗岛),把河槽分成左右两支,两支总宽约 1km,与邻近段河槽宽接近。洪水漫滩后,因建筑物阻水,其过水面积远小于上下游河段,故水势湍急,流速大,水面比降陡。当流量超过 15650m³/s 以后,滨洲桥路堤漫水分流,水面比降随分流量的增加而减小。

(3) 滨北桥下至新仁,在流量为 8000m³/s 以下时,比降随流量的增大而增大,8000m³/s 以上,水流大量漫滩,过桥水流向左侧滩区扩散,故比降随流量的增大而减小。

公路桥和滨洲桥在江北滩地上的路堤,洪水时产生水面跌落,跌差随流量的增大而减小(表3)。

表 3　　　　　　　　　　　　路堤跌差随流量的变化

频　率	1957 年洪峰	1/50	1/100	1/200	1/300
流量/(m³/s)	12200	13260	15650	17700	19500
公路桥路堤跌差/m	0.58	0.51	0.27	0.20	0.15
滨洲桥路堤跌差/m			1.61	1.41	0.90

建公路桥后对沿程水位的影响如图 2 所示。

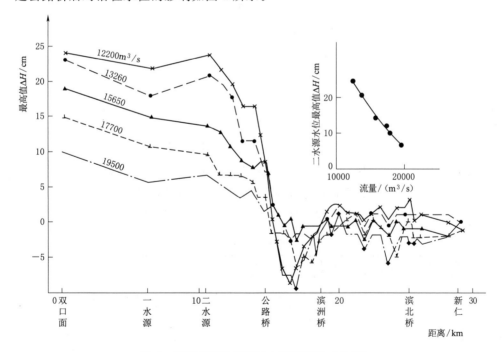

图 2　修建公路桥后沿程水位壅高值(右岸)

由图 2 看出,公路桥以上均发生壅水,公路桥以下老头湾、通江街一带水位稍有降低,可能系公路桥使水流更为集中下泄所引起。公路桥的壅水高度随流量的增大而减小,这是因为公路桥路堤顶高为220.47m（假设基面，以下同），12200m³/s流量开始漫水，此时，大河来水绝大部分均压缩到桥孔通过，故形成的壅水高度最大。随着大河流量的增加，路堤顶漫溢量迅速增长，其增长率大于大河流量的增长率，故壅水高度相应减小。

三种江北农堤高程在百年一遇洪水15650m³/s时，公路桥的壅水高度最大相差12cm，农堤高程221.8m与农堤高程220.3m比较，其壅水值增加5~7cm，农堤不漫水与农堤220.3m比较，其壅水值增加10cm左右。

图3为正阳河与新仁的水位-流量关系，从图3可以看出一个明显的特点，流量为15000m³/s以下时，两处水位随流量增大而增大；当流量超过15000m³/s以后，两处水位差随流量增大而减小。两头小，中间大，形如枣核，这反映了以滨洲桥、松浦堤为主构成的三桥窄河段的壅水特性。15000m³/s是滨洲桥路堤漫水的临界流量，路堤漫水前，流量越大，壅水越大；路堤漫水后，流量越大，壅水越小，壅水值与两处水位差密切相关。

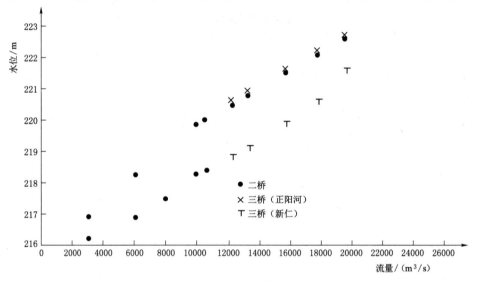

图3　正阳河、新仁水位-流量关系

这段河道的壅水与三座桥及太阳岛、造船厂围堤有关，因而试验了三桥、二桥（滨洲、滨北）、一桥（滨洲）、无桥及拆除造船厂和太阳岛围堤五种情况的水面线（见图4）。

相对于无桥或拆除厂、岛围堤情况，一桥，三桥的最大壅水值见表4。

表4　　　　　　　　　　一桥、三拆最大壅水高度的比较

壅水高度/cm / 桥岸		13260m³/s		15650m³/s	
		相对于无桥	相对于无桥无围堤	相对于无桥	相对于无桥无围堤
一桥	右岸	68	89	76	93
	左岸	136	138	130	136
三桥	右岸	82	101	83	102
	左岸	120	122	130	136

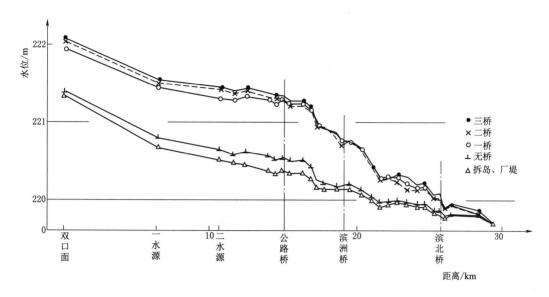

图 4　有无桥梁、围堤水面线比较（右岸）（$Q = 15650 \text{m}^3/\text{s}$）

从表 4 可看出，在有松浦堤的情况下，滨洲桥的壅水最为严重，最大壅水值在右岸为 68～93cm，占三桥壅水值的 80%～90%；左岸为 130～138cm，大于三桥的壅水值，这是因为三桥时，公路桥的路堤拦阻了部分滩地过水量，从而减少了左岸的壅水高度。

4　防洪方案

前述分析表明，三桥河段，特别是滨洲桥至滨北桥窄河段是造成壅水的主要原因。要想降低洪水位，最好是扩大这个河段的排洪能力或减少通过的洪流量。另一方面是加强重点冲刷部位的防护。

4.1　北线分洪降低洪水位的作用

设想在公路桥上游江北农堤上破堤 500m，当分洪区对分洪口门不产生壅水时，分出流量退回河槽对河道产生最严重壅水和不产生壅水两种情况的最大分洪流量列于表 5。分洪后沿程水位的降低值如图 5 所示。

表 5　　　　　　　　　　　　　　北线口门最大分洪流量

尾水条件 ＼ 大河流量/(m³/s)	12200	13260	15650	17700	19500
退水对河道产生最严重壅水	2000	2150	3200	4000	5400
退水对河道不产生壅水	1600	2000	2720	3250	4000

分流退水回河道产生最严重壅水时，大部分河段水位可降低 20～50cm，公路桥附近水位降低值最大；分流退水回河道不产生壅水时，水位一般可降低 40～100cm。两种情况都是大河流量越大，分出流量越多，水位降低也越多。今后实际分洪降低水位的数值总是

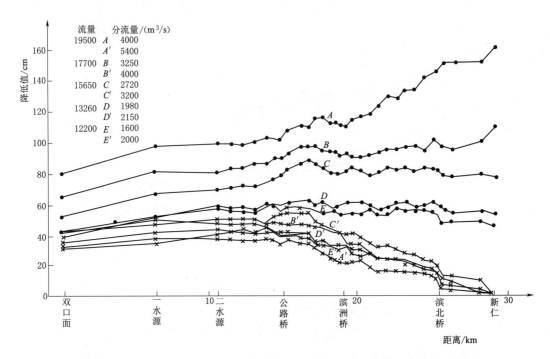

图 5   北线分洪后沿程水位降低值（右岸）（A、B、C、D、E，退水对河道不产生壅水；
A'、B'、C'、D'、E'，退水对河道产生最严重壅水）

在上述两种情况之间，届时可根据当时的具体情况分析确定。

在退水回河道产生最严重壅水的情况下，各级流量均分流 2000m³/s 时，通江街一带水位可降低 12~30cm。同是分流量 2000m³/s，大河流量越大，水位降低越少，大河流量为 19500m³/s 时，通江街水位仅降低 12cm；大河流量越小，则水位降低越多，大河流量为 12200m³/s 时，通江街水位可降低 30cm。

4.2   南线分洪降低洪水位的作用

若在江北滩地沿胡家街至吕岗屯建一座 500m 宽的分洪道，试验中研究了分洪道两侧有堤与无堤两种情况，分洪后水面线的一个很大特点就是通江街以下比降明显变平，通江街至新仁河段的水面比降变化见表 6。

表 6   通江街至新仁河段水面比降的变化

流量/(m³/s)		12200	15650	19500
比降/‰	不分洪	1.20	1.26	0.75
	分洪道有堤	0.87	0.82	0.54
	分洪道无堤	0.83	0.78	0.51

分洪道过水，相当于扩大这个河段的过水断面，因而流速减小，比降变平。分洪道两侧有堤与无堤水面线相差很小。分洪后沿程水位降低值如图 6 所示。

滨北桥以上，右岸城区水位可降低 10~50cm，水位下降最多的是公路桥至滨洲桥一

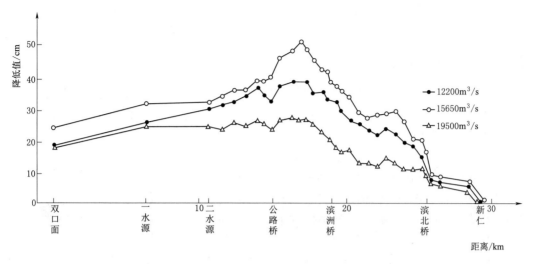

图 6　南线分洪后沿程水位降低值（右岸）

带；左岸滨洲桥以上滩区，水位可下降 20～70cm，距滨洲桥路堤越近，水位下降越多，公路桥似上水位下降 20～30cm，水位下降值随流量的变化是 15650m³/s 水位时下降最多，此时分洪道的分流量达总流量的 40%；12200m³/s 次之，水位下降最少的是 19500m³/s，因为此时即使没有南线分洪道，滨洲、滨北桥路堤亦已大量漫溢过水。

4.3　狗岛开挖泄洪槽

狗岛是松浦窄河段中的江心岛，其南北两汊主槽之和与相邻河段的主槽宽度接近，这个宽度代表河槽的稳定宽度，是长期造床作用的结果。遇大洪水，其他河段有很宽的滩地行洪，狗岛窄河段则形成严重的壅水，因此提出在狗岛上挖槽泄洪，以增大窄河段的泄洪能力。泄洪槽平时两端封堵，中枯水不过流，以免回淤。在模型中挖泄洪槽长 6000m，宽 300m，槽底高程接近主槽河底平均高程，15650m³/s 时沿程水位降低值如图 7 所示。

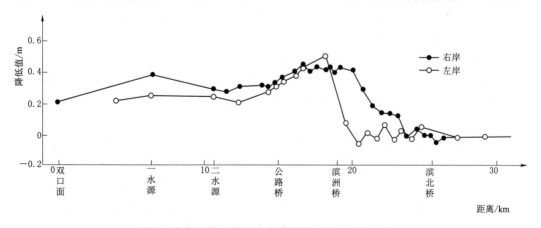

图 7　狗岛挖槽后沿程水位降低值（$Q=15650$m³/s）

右岸滨洲桥附近水位降低 40～44cm，公路桥至二水源降低约 30cm，双口面降低约

20cm，滨洲桥以下水位降低值由40cm沿程递减至滨北桥为零；左岸滨洲桥路堤上游水位降低52cm，公路桥以上降低约20cm，滨北桥以下水位没有降低。

4.4 局部动床冲刷试验

根据城市防洪要求及现有地形资料，动床的范围定为二水源至新仁的河槽部分，模型沙采用沥青木屑，试验的主要目的是研究修建公路桥及桥上游调整航道后，在大洪水时河道的冲淤部位，以便确定城市堤防及桥渡的防护重点。

二水源附近虽属壅水区，但由于公路桥路堤拦阻了滩地的过水量，相应使通向公路桥孔的主河槽的流量、流速增加，二水源主河槽发生冲刷，往下靠近公路桥孔河段，河槽明显刷深。公路桥以下，水流缩窄，流速加大，河槽普遍发生冲刷。由二水源向下，因北汊洪水流路较顺，虽已修锁坝，主流仍偏北至公路桥，直冲老头湾堤岸，致使岸脚发生强烈冲刷（见图8）。再由老头湾导向滨洲桥6～9孔，滨洲桥上游南岸的边滩向桥下游推移。过滨洲桥后，主流从南支偏北下泄，走七道街江堤，流向港务局货场码头对岸的丁坝群，过滨北桥沿南岸而下。滨北桥处，因狗岛阻水，河槽狭窄，北支因有两道锁坝，冲刷受到限制，南支则冲刷很深。

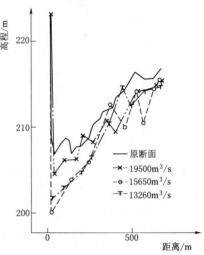

图 8 断面套绘图（老头湾）

5 结语

松花江哈尔滨段的泄洪能力主要受松浦窄河段控制。由于滨洲桥路堤高，在15000m³/s流量时才能漫水，狗岛上草木丛生，阻力很大，在大水时的过水断面远小于相邻河段。公路桥修建后，增加了公路桥上游河段的壅水，公路桥下游城区水位一般没有壅高，偶尔稍有降低。

三桥和厂岛围堤共同形成的壅水，当流量为13260～15650m³/s时，右岸的最大壅水高度为1m左右，左岸为1.22～1.36m。拆除滨北桥和公路桥以后，右岸的最大壅水高度为0.9m左右，左岸反而增加到1.36～1.38m。由此可见，在有松浦堤的情况下，三桥中滨洲桥的壅水最为严重。

公路桥至滨北桥河段，大水时水流集中，流速大，水面比降陡，河槽发生冲刷，冲刷最深的是老头湾堤跟和滨北桥南槽，须注意加强防护。

降低城区洪水位的三种方案都有一定效果，但北线分洪要淹没大片农田，为保证滨洲、滨北线畅通，还须在分洪区建桥；南线分洪道也须再建滨洲、滨北桥，投资均在亿元以上；开挖狗岛泄洪渠，平时两端封堵，可用于发展养殖业和旅游业等，大洪水时开启泄洪，可降低城区水位约40cm，其优点是投资少，并且把防洪与兴利结合在一起。

Experimental Study on Flood Control Problem in the Harbin Reach of the Songhua River

Abstract：The author discussed some problems related to flood control in the Harbin reach of the Songhua river，and provided technical basis for the city planning and flood protection：

(1) The characteristics of water level curves in the river channel.

(2) Backwater data for the three bridges.

(3) A comparison made between the schemes of dividing flood discharge for south and north route for the purpose of reducing water level during the floods.

(4) Measures to increase the capacity of flood discharge through the river channel.

(5) The scouring locations that should be protected at the embankment and the piers after the construction of highway bridge.

In the range of ultimate limitpossible occurred in the model the experimental parameters have been taken to suit the conditions of variation with time in situ.

泥沙的动水沉速及对准静水沉降法的改进*

[摘要]　　长期以来，许多专家一直认为泥沙在动水中的沉速小于在静水中的沉速是由于动水中向上紊速阻碍泥沙沉降的结果。本文认为，时均向上紊速和向下紊速是相等的，紊速对泥沙沉速的影响，只有在悬沙浓度沿垂线分布存在梯度时才能反映出来，梯度越大，动水沉速减少越多。进而应用扩散理论导得泥沙动水沉速表达式，并对沉沙池计算中的准静水沉降法进行了修正，修正式的计算结果与实测资料十分吻合。本文提出的概念，为今后进一步研究泥沙的动水沉速开辟了一条新的途径。

[关键词]　　动水沉速；紊速；浓度梯度

1　沉沙池的布置及计算方法

　　黄河下游为地上悬河，沿河可自流引水，黄淮海平原属缺水干旱区，工农业和城市用水都需引用黄河水，由于黄河水流的挟沙能力与流量的平方成正比，两岸引水分流后，河道的流量减少，必将加重河床的淤积。因黄河含沙量大，引出水流若不就地沉沙处理，输水渠系亦会发生泥沙淤积。从供水、固堤、减淤三方面的综合要求考虑，最好是在闸后沿黄河大堤布置沉沙条渠[1]，从黄河引出的浑水，经沉沙条渠沉沙后再进入输水渠系，若灌区不需供水，可将初步沉沙淤堤后的水流经下游段的闸门返回黄河。沉下的泥沙可以固堤，返回黄河的较清水流，有利于减轻河道的淤积。为了实现沿程淤积均匀，临堤沉沙条渠的布置必须沿程放宽，使沿程挟沙能力的减少与水流含沙量的减少相对应，以保持沿程超饱和程度相近，因而，应将沉沙条渠布置成单侧沿程扩宽的半喇叭形（见图 1）。

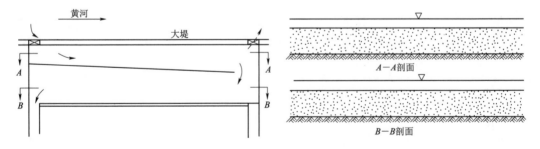

图 1　半喇叭形沉沙条渠布置示意图

---

　　*　彭瑞善，李慧梅，刘玉中，等. 泥沙的动水沉速及对准静水沉降法的改进 [J]. 泥沙研究，1997 (2).

沉沙池的计算方法有一维非均匀流不平衡输沙法、二维均匀流不平衡输沙法、摆淤积体法及准静水沉降法等。

准静水沉降法是最早用于沉沙池计算的一种简便方法[2]，从沉沙池中悬沙运动最基本的图形分析，认为泥沙一方面随水流前进，另一方面按静水沉速下沉，位于进口水面的泥沙沉降到河底所需的水平距离 L 的计算式为

$$L = \frac{HU}{\omega} \tag{1}$$

式中：H 为沉沙池的平均水深；U 为平均流速；ω 为泥沙的静水沉速。

考虑到泥沙在动水中运动，除受重力作用而下沉以外，还受向上紊速的作用，实际沉速将小于静水沉速，因此，在式（1）中引入一个大于1的系数 K，得

$$L = K\frac{HU}{\omega} \tag{2}$$

对于非均匀沙，为了计算沉沙池的淤积过程及粒径变化，假定进口断面含沙量沿垂线均匀分布，并将泥沙分成若干个粒径组，推导出各粒径组沿程含沙量的计算公式：

$$S_i = S_{oi}\left(1 - \frac{\omega_i l}{KUH}\right) \tag{3}$$

全沙含沙量的沿程变化公式为

$$S = \sum_{i=1}^{n} S_{oi}\left(1 - \frac{\omega_i l}{KUH}\right) \tag{4}$$

式中：S_{oi} 为 i 粒径组起始断面的含沙量；S_i、ω_i 分别为 i 粒径组泥沙的含沙量和沉速（下限值）；l 为计算断面至进口断面的距离。

2　以对动水沉速的新认识确定 K 值

系数 K 的确定是准静水沉降法的关键，建议 K 取固定值的有：旭克列许（A. Schoklitsch）建议 $K=1.5\sim2.0$；苏联水工手册建议 $K=1.2\sim1.5$。有些人认为 K 值应与沉沙池的水力要素有关，为了反映向上紊速对泥沙沉降的影响，通过试验和分析实测资料提出如下公式：

$$L = \frac{HU}{\omega - v} \tag{5}$$

式中：v 为表征向上紊速影响的某种特征速度，系沉沙池平均流速的函数。

$$v = \beta U \tag{6}$$

格罗稀考夫建议 $\beta=0.1\sim0.2$。维力坎诺夫曾提出利用渠道不淤流速的概念来确定 v 值，在平衡输沙时，$\omega-v=\omega-\beta U=0$，即 $\beta=\omega/U$，若用肯尼迪不淤流速公式：

$$U = 0.546H^{0.64} \tag{7}$$

代入后导得

$$K = \frac{1}{1 - \dfrac{U}{0.546H^{0.64}}} \tag{8}$$

式中：H、U 的单位分别为 m 和 m/s。

肯尼迪不淤流速公式与泥沙沉速无关，只能适用于某种特定的泥沙粒径范围。采用不同形式的不淤流速公式，K 的函数关系也会发生相应的变化。

美国垦务局在鲍德尔峡谷工程最终设计报告中提出的 K 值计算式为[3]：

$$K = 0.305\ln(\overline{W_0}/\overline{W}) \tag{9}$$

式中：$\overline{W_0}$ 为进入沉沙池的泥沙量；$\overline{W}$ 为从沉沙池排出的泥沙量。当 $\overline{W_0}/\overline{W} < 26.5$ 时，则 $K < 1$，这种情况是不合理的。

山东省水科所通过整理沉沙池试验资料，发现 K 值变幅很大，且与沉速密切相关，分析得出如下关系式：

沉沙条渠使用前期

$$K = 7500\omega^{0.85} \tag{10}$$

沉沙条渠使用后期

$$K = 11000\omega^{0.85} \tag{11}$$

式中：ω 的单位为 m/s。文献 [2] 在评价山东省水科所的关系式后指出："这里值得进一步研究的问题是，怎样从理论上来解释 K 值随 ω 的增大而增大，这一事实用向上紊速的作用是不大可能解释的"。继而采用维力坎诺夫的挟沙能力公式

$$S = K_0 \frac{U^3}{gR\omega} \tag{12}$$

与 $\beta = \omega/U$ 联解后得

$$K = \frac{1}{1 - K_0 \dfrac{U^3}{gR\omega s}} \tag{13}$$

K 值主要反映水流紊动对泥沙沉降的影响，因而应该与水力特性和泥沙粒径等因素有关。取固定值只能是一种极粗略的方法，对某些情况可能会引起很大的偏差甚至错误。式（8）中只包含水力因素，不包含泥沙因素，其局限性是显而易见的。只有式（13）包含的因素是比较全面的，但式中 ω 对 K 值的影响在定性上与实测资料相反。文献 [2] 认为，K 值因 ω 的增大而减小是合理的，因为 ω 愈大，向上紊速延缓泥沙沉降的作用就愈小，一直到趋近于零，K 值也随着趋近于 1，而不是愈来愈大。

本文认为，以上这些公式中共同存在的一个根本问题是只考虑了动水中向上紊速减少泥沙沉速的作用，而未考虑向下紊速增大泥沙沉速的作用，因而引出一系列在理论上无法解释的问题。事实上，由于水流紊动所产生的脉动流速，时段平均，向上的脉动流速与向下的脉动流速是相等的，若含沙量沿垂线均匀分布，则水流的紊动不会减少泥沙的沉速。虽然向上的紊动涡体会减缓泥沙的沉降速度，但向下的紊动涡体却会增加泥沙的沉降速度，由于向上与向下的时均紊速相等，受紊速作用的上、下层泥沙浓度也相等，总的平均是紊速对泥沙的减速和加速正好抵消，因而紊速对泥沙沉速没有影响。只有当含沙量沿垂线分布存在梯度的情况下，尽管向上与向下的脉动流速相等，但因下部的泥沙浓度比上部

大，故而受向上紊动涡体作用的泥沙比受向下紊动涡体作用的泥沙数量多，总的平均，表现为泥沙沉速减小，浓度梯度越大，沉速减小越多。这一分析结果与扩散理论的基本观点是一致的，含沙浓度的扩散是从浓度高的一方向浓度低的一方扩散，没有浓度梯度就不存在扩散现象。沿垂线泥沙浓度剖面的形成，取决于重力作用与扩散作用之间的平衡。从上述概念出发，K 值的变化与含沙量沿垂线分布的梯度和紊动强度有密切关系，含沙量沿垂线均匀分布时，$K=1$，含沙量沿垂线分布的梯度越大，则 K 值越大，前面已经提到，准静水沉降法的计算公式是假定进口断面含沙量沿垂线均匀分布的情况下推导得出的，若进口断面含沙量沿垂线分布不均匀，其影响也将包括在 K 值之中。综合以上分析，K 值与含沙量垂线分布的不均匀程度关系极其密切。扩散理论的含沙量垂线分布公式为

$$\frac{S_y}{S_a} = \left(\frac{h/y-1}{h/a-1}\right)^{\omega/\kappa U_*} \tag{14}$$

式中：S_y、S_a 为垂线上距河底为 y 和 a 点的含沙量；κ 为卡门常数；$U_* = \sqrt{gHJ}$ 为摩阻流速。

由式（14）可知，含沙量沿垂线分布的不均匀程度，取决于指数 ω/U_* 的大小，ω/U_* 越大，浓度分布越不均匀；ω/U_* 越小，浓度分布越均匀；当 ω/U_* 趋近于零时，垂线上任何两点的含沙量均相等。因此，K 值应为 ω/U_* 的函数，参考山东水科所的表示方法，写成如下形式：

$$K = \beta\left(\frac{\omega_e}{\sqrt{gHJ}}\right)^\alpha \tag{15}$$

$$\omega_m = \frac{\omega}{K} = \frac{\omega}{\beta\left(\dfrac{\omega_e}{\sqrt{gHJ}}\right)^\alpha} \tag{16}$$

式中：ω_m 为动水沉速；ω_e 为沉沙池出口最大粒径的沉速。为避免偶然因素及粒径分级的影响，在分析实测资料时采用 D_{95} 的沉速；系数 β 和指数 α 可应用实测资料在双对数纸上点绘关系确定，由于各地沉沙池的形状存在差异，淤积也不均匀，观测分析的方法亦不尽相同，计算时最好采用相近况沙池的实测资料确定式中的 β 和 α 值。根据山东打渔张（窝头寺）灌区 6 处沉沙池及人民胜利渠第 4 条渠的实测资料点绘成图 2，分析得出 $\alpha=0.85$，山东打渔张 $\beta=355$，河南人民胜利渠 $\beta=213$。将式（15）代入式（4）得

$$S = \sum_{i=1}^{n} S_{oi}\left[1 - \frac{\omega_i l_x}{\beta\left(\dfrac{\omega_e}{\sqrt{gHJ}}\right)^\alpha UH}\right] \tag{17}$$

按照上列公式对山东打渔张和河南人民胜利渠沉沙池的实测资料进行验证计算，验证结果见图 3。由图 3 可见，计算值与实测值相当符合。以上分析得出的 β 和 α 值，可用于黄河下游沉沙池的计算，黄河下游各河段沉沙池的 β 值，可按其距人民胜利渠和打渔张的距离插补算出。考虑到扩散理论主要适用于细沙，且本次分析的资料 $\omega/\sqrt{gHJ}$ 均小于 0.05，因此，当计算 K 值时，若遇 $\omega/\sqrt{gHJ}>0.05$，应按 $\omega/\sqrt{gHJ}=0.05$ 进行计算。

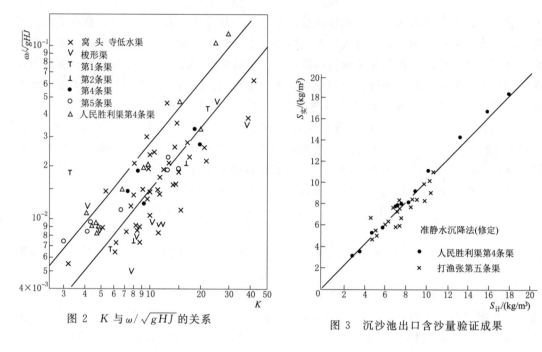

图 2　K 与 $\omega/\sqrt{gHJ}$ 的关系　　　　　图 3　沉沙池出口含沙量验证成果

3　结语

（1）泥沙的动水沉速是泥沙运动最基本的物理量。长期以来，许多专家一直认为动水沉速小于静水沉速是由于向上紊速阻碍泥沙沉降的结果，因而从这方面进行研究，提出过许多计算公式，有些公式的计算结果常与实测资料不协调。本文从分析泥沙在动水中沉降最基本的物理图形出发，揭示出影响泥沙动水沉速的主要因素是含沙量沿垂线分布的梯度和水流的紊动强度，并利用扩散理论的悬沙垂线分布公式，导得动水沉速的表达式。本文提出的概念，为今后进一步研究泥沙的动水沉速开辟了一条新的途径。作者计划申请进行水槽试验，专门研究泥沙（包括其他固体颗粒）的动水沉速，以建立具有普遍意义的函数关系，例如 $K=f\ (\omega/\kappa U_a、UR/\nu)$ 等。

（2）经本文修正后的准静水沉降法，物理概念清楚，理论上有所创新，从而使计算式更合理，计算结果更接近实际。

（3）在引黄闸后沿黄河大堤布置沉沙池，可以综合满足供水、固堤、减淤三方面的要求，是治理黄河下游的一条有效措施。

■　参　考　文　献　■

［1］　彭瑞善. 粗谈黄河的治理规划［C］//治黄规划座谈会文件及代表发言汇编. 郑州：黄河水利委员会，1988.

［2］　武汉水利电力学院河流泥沙工程学教研室. 河流泥沙工程学［M］. 北京：水利出版社，1981：134 - 137.

［3］　中国水利学会泥沙专业委员会. 泥沙手册［M］. 北京：中国环境科学出版社，1992：652 - 653.

第 3 章
河道整治经验总结
及水资源优化利用

■ 黄河东坝头以下河道整治经验初步总结

■ 提高黄河水资源利用效益的途径

影响河流演变的因素众多，特别是黄河，边界条件十分复杂，河道整治规划和布置工程措施，单纯从理论上分析计算很难达到要求。总结已实施过并经实践检验过的河道整治经验十分重要，在此基础上提高认识，对黄河下游三个河段的河型划分，区分不同性质的工程抢险等观点，都有一定的实用价值。对于有水能资源可开发的河流，在地势高的上中游实施节水灌溉，既可增加梯级电站的发电量和保证出力，又可增大下游长河段的基流，对通航、引水、生态等都有利。

黄河东坝头以下河道整治经验初步总结[*]

[摘要]　本文总结了1855年黄河下游铜瓦厢决口后东坝头以下河道的演变过程和整治经验，包括决口改道后清代有代表性的各种治河建议。在整治经验部分，总结了河道平面变化的某些现象关系，河湾形态、工程布置、结构形式、工程抢护的一般原则，以及典型河段的整治经验等。并提出以下一些新看法：铜瓦厢决口不是漫决而是冲决的可能性较大；黄河下游各河段河型的划分，应该考虑修建工程对河床演变的影响；根据黄河现有工程的施工方法，可区分为两种性质完全不同的险情。

黄河下游的规划治理必须吸取过去的经验教训，在现存河道的基础上进行。因此，系统地研究下游河道的历史演变过程和整治经验，特别是人民治黄以来的经验，具有重要的现实意义。像黄河这样一条举世闻名的多沙河流，其整治经验对类似河流的治理及治河理论的发展也有一定的价值。

河床演变是来水来沙与河床边界相互作用的结果。本文主要从防洪安全（与引水要求基本一致，因引水口多布置在险工堤段）出发，讨论边界条件，特别是工程措施对河道平面变化的影响，探讨整治工程适宜的平面布置和结构形式，施工方法与险情的关系等。由于资料的精度和我们的水平所限，得出的成果大多是概念性的。

1　1855年铜瓦厢决口后东坝头以下河道的历史演变过程和治理沿革

1.1　东坝头至位山河道的历史演变过程

1855年6月19日（农历，历史部分同）黄河下游在铜瓦厢决口改道。决口前夕6月18日河东河道总督蒋启扬奏称：“……讵知六月十五至十七日……水长下卸，下北厅兰阳汛铜瓦厢三堡以下无工之处，登时塌宽三四丈，仅存堤顶丈余，签桩厢埽抛护砖石、均难措手，而河水仍有涨无消，臣在河北道任数年，该工岁岁抢险，从未见水势如此异涨，亦未见下卸如此之速……”这段奏章是在决口前向上报险，可以想见溜势顶冲无工堤段、坍塌十分严重的景象。而决口以后，6月20日蒋启扬奏：“……下北厅兰阳汛铜瓦厢三堡迤下无工处所塌堤迅速万分，危险情况于十八日驰陈后，臣仍督饬竭力抢办，道厅文武员异于黑夜泥淖之中或加帮后戗；或扎枕挡护……以致于十九日漫溢过水……”分析奏文，决

＊　丁联臻，彭瑞善. 黄河东坝头以下河道整治经验初步总结［C］//科学研究论文集（第11集）. 北京：水利电力部水利水电科学研究院，1983.

口正发生在两次都报险的严重坍塌堤段，冲决的可能性较大，河官谎报漫决是为了开脱罪责。

决口之初[❶]，临背河差超过二三丈。口门以下原系明正统十三年（1448 年）及弘治五年（1492 年）的黄河故道。水流通过这样大的跌差进入一片平陆洼地，上游必然发生溯源冲刷，下游形成扇形堆积，冲积扇的范围如图 1 所示。决口之初，河水漫流，四年后渐有枯水河槽。大水时一片汪洋，近似湖泊沉积，张秋以下均系清水，如丁宝桢 1871 年（同治十年）奏章所说：“漫水下注，郓汶两境均属严重，嘉祥、济宁以次较轻，近口门之数十里皆系黄水，渐远则已澄清，其灌入湖河者尚系清水。”

1.2　位山以下河道的历史演变过程及治理沿革

位山以下河道原为大清河。大清河上起山东东平济汶合流处，集汶河及泰山之阴涧谷泉水、坡水至利津铁门北关入海。河宽由十余丈向下扩宽达数十丈不等，成两岸壁陡、槽深约 20m 的地下河。河道曲折系数平均约 1.36。伏秋洪水盛涨，水流湍急，可平滩岸，但漫滩机遇极少，几无溃溢之患，因而两岸亦无完整堤防。枯水季节，水深约 10m。据县志记载：“水清如镜，故名清河。”又以为由海口至济南运盐之要道，亦名盐河。下面分三个时期叙述。

（1）改道初期：1855（咸丰五年）—1882 年（光绪八年）。1855 年铜瓦厢决口以后，黄河经鱼山（位山以下 10km 左右）流入大清河，由于泥沙已在张秋以上沉积，清水下泄，原大清河河槽容纳不了黄河水量，故河槽逐渐冲刷展宽。至 1873 年（同治十二年）以后，上游侯家林、贾庄等口门堵塞，堤防亦渐趋完善，下泄泥沙相应增加，河槽淤积始日益严重，淤积情况见表 1。

表 1　　　　　　　　　1855—1883 年河宽变化及淤积情况表

时　间	河面宽度/m	枯水期水面至滩面高差/m	枯水期水深/m	河槽淤厚/m	备　注
1855 年	35～170（十余丈至数十丈）	10	10	不明显7.58	
1872 年	400（半里余）	8.4（2～3 丈）	8.4（2～3 丈）		见李鸿章奏议
1883 年		1～1.3（3～4 尺）			见陈士杰奏议

注　表中数字系由营造尺折算得出。

（2）地下河变为地上河时期：1883（光绪九年）—1938 年。这段时期，河床继续淤积抬高，根据文献记载及各处段调查资料，至 1896 年已变为地上河。1855—1957 年滩地平均每年淤积厚度约 0.04m（详见表 2）。

---

❶　水利水电科学研究院河渠所，1855 年铜瓦厢决口以后黄河下流历史演变过程中的若干问题，1960 年。

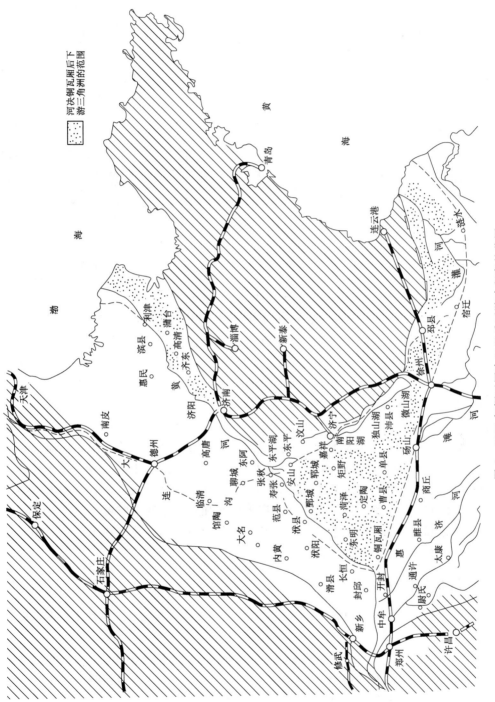

图 1　1855 年铜瓦厢决口以后下游冲积扇的范围

表2　　　　　　　　　　　　1855—1960 年河床淤积情况表

时　　期	河槽淤积情况	滩地淤积厚度/m		滩地比降	资料来源
		总厚度	年平均		
1833 年	河岸距水面 1～1.3m				鲁抚陈士杰
1888 年	光绪十三年（郑州决口后）曹州至利津海口新淤 1.4～3.0m，连旧淤一起，大清河身淤高超过 10m				该年鲁抚张曜将山东河道清挖一次，面宽 15.6m，底宽 9.35m，高 1.87～2.5m
1896 年	河底高于平地				鲁抚李秉衡
1883—1898 年		0.31～2.5	0.02～0.16	2.8‰	比利时工程师卢法尔滨县修防段
1855—1901 年		1.0	0.026		
1855—1937 年		3.17	0.038		博兴修防段七个滩区平均数值 滨县修防段
1855—1957 年		4.98	0.054		博兴修防段
1855—1957 年		3.63	0.039		根据 1960 年乾河时利津古坟资料推算
1855—1960 年		6～7	0.062～0.07		

　　1883 年开始逐步将两岸民埝培修加固为正式堤防，在水流顶冲处，相继抢修临堤险工，结构大部分为埽工，少数采用砖石。截至 1934 年，位山以下共修筑临堤险工 97 处，总长 83.12km。这些堤防和险工对于控制河湾发展有相当大的作用。但过去堤线规划直接与封建势力的利益有关，险工坝垛亦是在各据一方的局面下修建，故布设上有很多不合理的地方。

　　(3) 人民治黄时期。1938 年国民党反动派灭绝人性破花园口大堤，人为地造成黄河决口改道的惨剧。1947 年花园口堵复，黄河归故。人民治黄以来，大堤不断加固培高、锥探隐患、石化险工，堤防抗洪能力有极大的提高，历经 1949 年、1954 年，特别是 1958 年花园口 22300m³/s 的特大洪水考验。不但确保了 34 年伏秋大汛未发生决口，而且新修了大量护滩工程，整治中水河槽，使河势日趋稳定。中华人民共和国成立前，山东河段的流量很少超过 6000m³/s，否则，上游即已决口。中华人民共和国成立后，全部水沙都通过河床下泄，使河床的淤积和河口的延伸速度大幅增加。根据调查资料，1947—1958 年滩地每年平均淤高约 0.1m，为过去 0.04m 的 2.5 倍。河口延伸速率约 1.2～2.0km/a，为过去 0.185km/a 的 6～11 倍。

1.3　河床沉积物特性[❶]

　　根据地质钻孔资料及历史记载的分析，沉积物愈往下游颗粒愈细，黏性土愈多，概略可分成三个河段：

　　(1) 东坝头至高村河段，改道初期泥沙大量在此沉积，坡降逐渐变陡，沉积物以沙土为主。东坝头附近表层以下 7～8m 内均为沙土，再下才是亚黏土，沿河滩岸土质均以沙土、亚沙土为主。图 2 为东坝头稍下的河道地质剖面图。

---

❶　黄河水利科学研究所，黄河下游河道地质资料初步整理分析，1960 年 2 月。

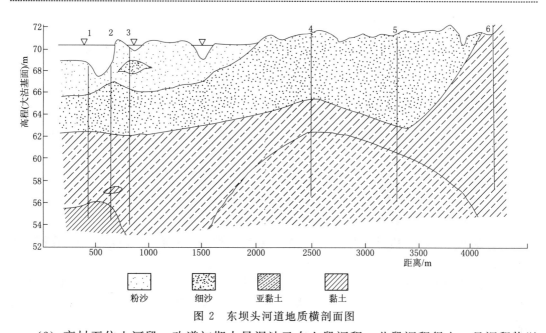

图 2　东坝头河道地质横剖面图

（2）高村至位山河段，改道初期大量泥沙已在上段沉积，此段沉积很少，且沉积物以细颗粒为主。随着冲积扇淤积的发展，下泄泥沙增多，沉积速度亦加快，粗细颗粒均有沉积。沉积物层次复杂，排列交错，一般以亚黏土、亚沙土、沙土为主，并有黏土透镜体。图 3 为杨集上游 2km 的河道地质剖面图。大多数河湾的凹岸均分布有不同程度的黏土块或黏土夹层，例如于林湾、密城湾、旧城（范县）湾等。这些黏土夹层的不均匀分布，对河湾的形成和发展起了重要的作用。

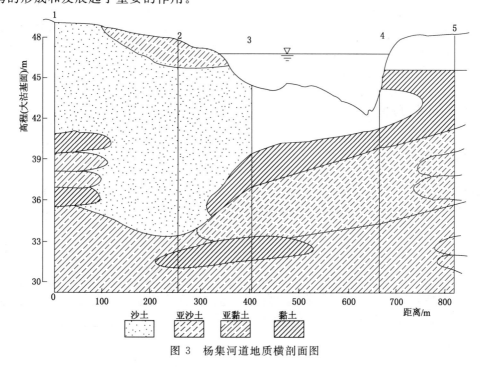

图 3　杨集河道地质横剖面图

（3）位山以下河道处于冲积扇以下，比降小，沉积物颗粒较上段细。由于堤防常有决口，加之主槽仍有一些摆动，故沉积物亦很不均匀，一般以亚黏土、黏土和亚沙土居多，沙土较少。

1.4 清朝 1855 年以后的治河建议概述

1855 年铜瓦厢决口以后，随着淤积的发展，下游河患渐生，当时提出的治河建议颇多，现将有代表性的简述如下：

（1）筑堤束水。这是当时最现实的策略，主张者亦多，其目的有四：保障畿辅（京城）；维护运道；保全城郭；防止河水漫溢，使水流顺轨。至光绪初年，黄水全部下注，下游河槽淤积，又开始宽窄堤距之争。

（2）复故道。改道初期的十余年，以束黄济运无把握，山东境内黄水泛滥，运河日益淤塞，故有复故道之议。因工程艰巨、无力实施。

（3）开河减水，分水入海。由于大清河河槽窄小，难容黄河洪水，故有主张由泗水、卫河及徒骇、马颊诸道分流入海。但因水分势缓，淤塞溃溢恐更严重，且工程艰巨，亦未被采纳。

（4）裁直河湾。主要想减少险工，使流路平顺，唯以滩地居民及坟地甚多，不便迁移等原因，故除畸形陡湾和有条件裁直者外，一般未多进行。

（5）堵塞支串。改道初期，铜瓦厢至张秋支流纵横，张亮基主张塞支强干，但李鸿章认为应在上游保持宽缓水势以利于下游。

（6）筹济运道。改道之初的治河建议均兼言运道，尚有引卫济运、束黄蓄清、借黄济运等项办法，以及为槽运筹议出路的，直到河患扩大，运道业已破坏不可收拾，才算停止。

（7）疏浚海口。自上游修堤堵口以后，下泄泥沙增多，引起海口连年淤塞延伸，故于光绪元年，即有疏浚海口之议。经试用混江龙、铁蓖子效果不大，又建议筑长堤导水入海，或筑堤疏浚相辅而行，但工费太大，人力难施。

2 河道的平面变化

2.1 河道分段

东坝头以下河道长 580km，按修建工程情况及河床演变特性可分为四个河段。各河段的外形特性及水文站断面特性见表 3 和表 4。

表 3　　　　　　　　　　黄河下游各河段的外形特性

河　段	长度/km	宽度/km		比降/‰	曲折系数	主要河湾数	河湾总长/km	河湾总长占河道长/%	河湾半径/km	过流段长度/km
		堤距	河槽							
东坝头—高村	64	5~20	1.6~3.5	1.72	1.07					
高村—陶城埠	146	1~8.5	0.5~1.6	1.48	1.33	22	75	51	0.6~4.7	0.5~13
陶城埠—前左	318	0.5~4.0	0.4	1.01	1.21	88	148	47	0.8~3.7	0.3~7.5

表4　　　　　　　　　　　　　黄河下游各河段水文站断面特性

河　型	站址	水流条件		河　床　形　态				摆动强度/ (m/d)
		平滩流量/ (m³/s)	平滩流速/ (m/s)	平滩河宽 B/m	平滩水深 H/m	比降/ ‰	$\frac{\sqrt{B}}{H}$	
游荡性	夹河滩	9000	2.90	1510	2.05	1.79	19	83
半控制的不稳定的弯曲性	高村	5100	2.45	870	2.38	1.44	12.4	54
	孙口	6950	2.90	740	3.17	1.11	8.6	58
有工程控制的较稳定弯曲性	艾山	5740	3.18	410	4.40	1.07	4.6	51
	洛口	6690	2.80	282	8.30	1.06	2.0	26
	杨房	6430	2.69	307	7.80	1.00	2.3	10
	利津	7040	2.87	600	4.07	0.90	6.0	26
河口	前左	5850	3.10	730	2.59	1.00	10.5	37

(1) 游荡性河段。东坝头至高村河道长64km，系1855年铜瓦厢决口后形成的河道。堤防单薄、工程少，滩地宽而低，北岸堤河有天然文岩渠常年行水，滩面横比降大，一般为1/3000～1/5000，串沟十分发育，1933年大水，仅大车集至石头庄即决口30余处，滩面冲出很多串沟，1958年大水后串沟才大部淤塞。这段河道从静止的平面形态上看，河床宽浅，沙滩星罗棋布，水流散乱，河身总的趋向比较顺直，几乎没有成形的湾道。从动的演变特性来看，沙滩移动消长迅速，河道外形经常改变，主槽位置迁徙无常，变化快，变幅大。黄河下游曾有"铜头铁尾豆腐腰"之称，这段河道就是典型的豆腐腰。

造成这段河道游荡的根本原因是，堤距宽，工程少，细沙和粉沙大量沉积，组成松散易冲的河床，其对水流的约束作用很小，而水流改变河床的作用却很强，洪水暴涨暴落，促使流路不断发生变化。

(2) 半控制的、不稳定的弯曲性河道。高村至陶城埠河道长146km，堤距逐渐缩窄，工程数量较上段多，滩岸黏性土含量增加，胶泥咀分布也较多。这些对水流均有一定的控制作用，但不能完全固定溜势。河道向弯曲发展，由于修建工程的影响，所以发育很不均衡，充分发展的陡湾，曲率半径最小时仅500m，平顺的河湾曲率半径可达8000m，一般为1000～3000m。因滩岸土质还是细沙较多，所以河湾发展迅速，形态也不规则，溜势常有上提下挫，有的湾道处河床散乱，有的大水时发生自然裁弯，引起主流摆动。

(3) 有工程控制的较稳定的弯曲性河道。陶城埠至前左河道长318km，堤距进一步缩窄，两岸工程密布，滩岸黏性土含量较以上河段都多，水流集中，河槽窄深稳定，险工护滩总长占河道长的67.2%。平面变化在很大程度上受制于工程的控导，主流不能自由摆动，河湾不能自由发展，其变化主要表现为溜势下延。河槽的平面外形多为较平顺的弯道相连，曲折系数仅1.21。这不但比国内外典型的弯曲性河道小得多（下荆江的曲折系数为2.84，苏联库拉河下游为2.20，美国的密西西比河为1.67），而且比高村至陶城埠河段还小。河湾总长占河道总长的百分数，也较高村至陶城埠河段小。由此可见人工建筑物对这段河道的演变起了相当重要的作用。

（4）河口段。前左（现已发展到渔洼）以下河道急剧展宽，河床演变不但与上游来水来沙条件有关，而且受潮汐等海域条件的影响，淤积延伸摆动交替变化。

2.2   河道平面变化的某些现象关系及河湾的演变趋势

河床演变是来水来沙与河床边界相互作用的过程。但对一个具体河段的平面变化，进口的水流条件（主要指来流的方向和断面流速分布）起着十分重要的作用。黄河泥沙细、来沙多，水流条件相对比较强，因而河床变化迅速而且幅度大。下面仅就黄河的实际资料及河工谚语初步分析平面变化的某些现象关系。应该指出，在特殊条件下也会出现与这些关系相反的现象。

（1）河势传播关系。河工谚语称为"一弯变，弯弯变"。也就是说一个控制性河弯的河势变化，往往会影响到以下一系列河湾的变化。例如，由于东坝头出溜方向的不同，其下的河势变化可以传播到李连庄附近，由于高村出溜方面的不同，其下流路似麻花的两股。河势传播的影响沿河逐渐消减，一般在工程控制比较紧密的"节点"处终止。

（2）溜势变化关系。河工谚语用"小水上提，大小下挫"或"小水坐湾，大小刷尖"来描述溜势随流量变化的一般趋势。河床水流是一种重力惯性流动，单位时间水流的动量可用 ρQV 表示（ρ 为水流的密度，Q 为流量，V 为流速）。黄河下游河槽，流速随流量的增加而增加，惯性动量将随流量的加大而明显地加大，因而流路趋于顺直。洪水漫滩后，进一步摆脱了河槽的束范，流路更趋顺直。相反，流量小，水流的惯性动量也小，河床边界的约束、泥沙运动的影响、横向环流的作用相对增加，促使流路向弯曲发展。

（3）滩险冲淤关系。根据抢险过程中的观察，总结出"南湾北滩，南滩北险"的谚语。险工的形成都是由于河势坐湾塌滩临堤所致。在河湾发展的过程中，凹岸冲刷坍塌，凸岸沙滩淤涨，对应发展。无论险工本身具有什么样的平面形式，在着溜生险时，险工与滩岸总是构成弯曲的外形，当对岸沙滩伸涨最多的时候，险工顶冲处（俗称河脖）的河宽非常狭窄，单宽流量很大，坝垛掏刷将十分严重。1961 年杨坝、高村等工程抢险时，对岸沙滩逼溜河脖宽仅 100 多 m，水流集中，抢险十分紧张。这种河床两岸塌湾、涨滩、生险之间的对应关系在黄河上是经常出现的。

（4）主槽摆动关系。根据大断面、水文站测流断面及河势资料的分析，一般主槽摆动在汛期较大，非汛期较小；落水期较多，涨水期较少。河床在摆动前淤积；摆动后冲刷；摆动前断面宽浅，摆动后断面窄深；河床愈宽，摆幅愈大。泥沙淤积和水流条件的急剧变化容易引起摆动。

（5）河湾的演变趋势。下延是高村以下河势演变的一般趋势。自然河湾的下延主要表现为湾顶位置的下移。有工程控制的河湾的下延则表现为着溜坝号的下移。统计高村至梁山 11 处险工，1949—1963 年的溜势全部都是下延的。位山以下河道，根据收集到的 45 处工程资料，1947—1962 年着溜坝号下延的占 78%，上提的只占 9%，造成下延的原因主要是中等洪水的溜势趋中，冲蚀和切除滩咀所致。

3　河道整治工程的平面布置和结构形式

3.1　典型整治河段的工程布置[*]

洛口铁桥至骚沟河段，堤线凹凸曲折，凸出部分多已成为险工，历史上河势变化甚大，脱险的老险工有河套圈、史家坞、范铺、杨史道口、秦家道口及骚沟6处，占全部险工的43%。1948年大水时，八里庄、邢家渡及范铺等处塌滩严重，如继续发展下去，将引起以下河势一系列变化。因此，从1950年开始修筑八里庄及邢家渡两处护滩工程。根据河势变化情况，又相继修筑了周家、史家坞等独立的护滩工程及埝头、云庄、秦家道口等附属于险工上下游的护滩工程。到1954年，这段河道基本上受工程控制，工程长度占河道长的66.5%。自然形成的平顺河湾得到了保护，凸出的险工和接修的护滩工程共同组成控制溜势的弯道。1962年靠溜的有9处护滩、8处险工，经过历年洪水的考验，河势基本保持稳定（详图4）。

麻湾至佛头寺河段，1937年麻湾决口以前，河势左右摆动较大。决口后，堤防后退形成一导溜弯道，引起官家险工河势下延。1950—1951年在官家下首接修护滩工程，与麻湾溜势衔接，往下冲刷利津东关一带。为避免冲刷过多，造成篡家咀河势上提挑溜，根据规划，相继修建张家滩和利津东关护滩工程，使打渔张、篡家咀等原来比较突出的险工都起顺导溜势的作用，大大改善了河势。

黄河下游河道的整治是在已有堤防和险工的基础上进行的。因此，不可能按照理想的平面形式去规划，而应充分利用原有的工程，并作适当的增补调整，以达到预期的效果。以上典型河段的整治效果表明，用独立的和接修在险工上下游的护滩工程改善险工的平面形式，归顺和稳定溜势是可行的。

3.2　工程布置的平面形式及其对河势的控制作用

黄河下游险工和护滩工程的平面形式，大体可分为以下7种：

（1）凹曲形。弯道形式比较规顺，曲率半径一般在3000m左右。当来溜稳定时，控制水流的作用较好，工程附近水流也比较平稳，如梁山险工、张桥、大郭家护滩等。有些老险工曲率半径过小或长坝过于突出，致使水流紊乱，掏刷剧烈，对防洪及通航都不利。

（2）微凹形。曲率半径较大，一般在5000m以上，中心角小于60°，下首多具有平顺的导溜段。当上游来溜与工程夹角较大时，出溜集中规顺，如沟阳家险工，但夹角较小时，其控制溜势的作用较差。

（3）平直形。按其位置可分为两种情况：一种是位于顺直河段，可以防止塌滩坐湾，起顺导水流的作用，如张辛庄、利津东关；另一种是位于凸出的岸线上，与来溜夹角较大，能起挑导水流的作用，如苏阁、张辛庄。当上游来溜夹角较小时，来溜变化将引起工程溜势很不稳定，容易形成两股深槽。

---

　* 黄河下游研究组，黄河下游山东河道的特性及整治问题，1960年6月。

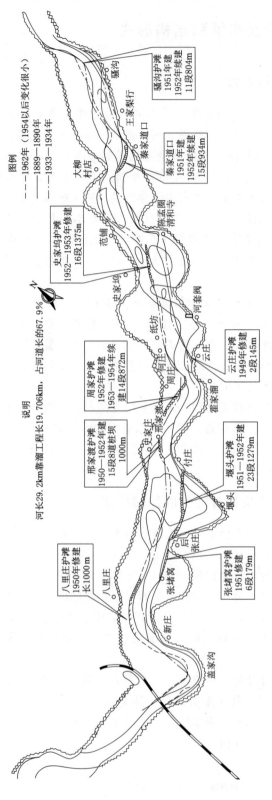

图4 洛口铁桥至骚沟典型整治河段示意图

（4）节点形。工程长度很短，不能很好地控导水流，工程附近水流紊乱，出流分散易变，如梯子坝险工；另有起辅助作用的，如宅里孙护滩。

（5）不平整形（曲波形）。有的修建在顺直堤段，由于主次坝长度相差悬殊而形成，如齐河王庄险工；有的堤线本身即凹凸不平，坝头连线也相应凹凸不平，如杨集险工。此类工程水流较紊乱，出溜方向随来溜不同而发生变化，但在一定来溜情况下，也能起到控导溜势的作用。

（6）微凸形及凸形。一般是受堤线形式限制修成，例如堵口圈堤上的工程。当在凸出顶点附近着溜时，导溜能力很差，且上游来溜稍有变化，即能引起出溜方向发生较大变化，形成宽浅河槽，工程上首的回流也较大，如陈孟圈、大柳树店。若在凸出点以上着溜，则工程尚有一定导溜能力，如高村、南小堤险工解放初期的着溜情况。

凸形及微凸形都是在被动抢险的情况下修建的，对河势不利。新中国成立后修建的护滩工程，起到配合并改善原有险工布置的作用（见图5）。具体有以下几种方法：接修险工上首或下首、连接上下两处险工、险工丁坝与护滩工程交错布置（蒋家至刘家园）、布置于险工对岸上首。修建护滩工程后，改善原有险工布置情况见表5。

表5　　护滩工程改善险工布置情况统计表

工程形式	凸形	微凸形	平直形	微凹形	凹形	节点形	不平整形	合计
险工/处	4	10	14	6	5	7	6	52
占险工总数的百分数	7.7	19.2	27.0	11.5	9.6	13.5	11.5	100
护滩工程/处			8	13	11	10		42
护滩工程修建后改善的险工/处	1	3	9	8	16	5	10	52
合计/处	1	3	17	21	27	15	10	94
占总数百分数	1.07 ←	3.2 ←	18.1	22.3 →	28.8 →	15.83	10.7	100
工程特征示意	$\frac{L}{D}<10$	$\frac{L}{D}>10$		$\frac{L}{D}>10$	$\frac{L}{D}<10$	工程长度小于400m		

注　表中箭头表示水流方向。

表5说明修建护滩工程后，原来不利于控制河势的险工形式大大减少，有利于控制河势的凹形微凹形占50%以上。

3.3　河湾形态及保护长度（工程长度）

洛口以下河湾的曲率半径一般为700～4500m，其中险工为700～2500m，护滩工程为1700～4500m。根据弯道水流情况及沿河修防航运部门的意见，选用八里庄、蒋刘、张桥，大郭家等10处较好的河湾资料整理分析，得出如下形态关系式：

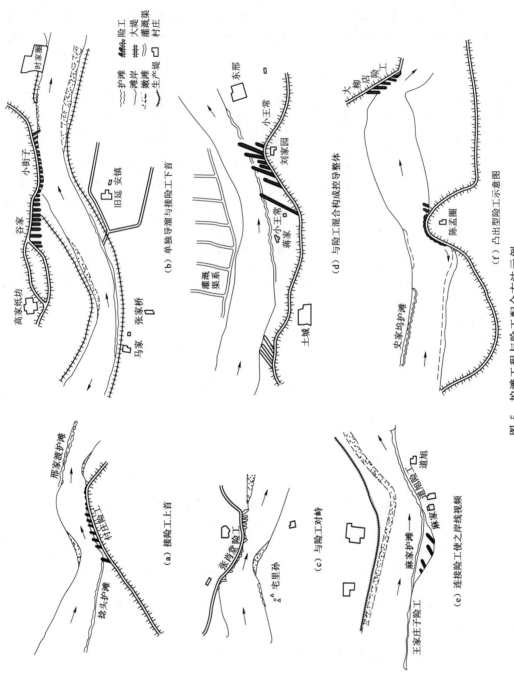

图 5 护滩工程与险工配合方法示例

$$R=\frac{2900}{\phi2.2}，相应 L=\frac{2900}{\phi2.2}，L=37.4R^{1/1.83}$$

式中：R 为弯曲半径，m；L 为弧长，m；ϕ 为中心角，rad。

根据高村至位山 18 个河湾 1963 年汛后航测照片分析，得出如下关系式：

$$R=\frac{3000}{\phi2.66}，相应 L=\frac{3000}{\phi1.66}，L=20R^{1/1.6}$$

高村至位山和洛口以下的河湾关系式当 $R=2800\sim3000$m 或 $\phi\approx1$rad 时是接近的，相应 $L=2800\sim3000$m。

以上分析的河湾基本上是受工程控制所形成的。下面再看一看天然河湾的形态关系。1960 年位山总站分析黄河下游典型河湾得出如下关系式[1]：

$$R=\frac{160Q^{1/3}}{\phi} \tag{1}$$

并认为 $R=2000\sim4000$m 较为适宜。

苏联马卡维也夫提出如下经验关系式：

$$R=\frac{0.004\sqrt{Q}}{I} \tag{2}$$

式中：Q 为造床流量，m^3/s；I 为水面比降。

高村以下河道平滩流量约 7000m^3/s，水面比降约 1.2‰，并用 $\phi=1$rad 代入式（1）和式（2），得 $R\approx3000$m。也就是说，当 $R=3000$m 左右时，工程控制的河湾与水流自然形成的河湾基本上是相适应的。黄河下游系以防洪为主，河湾平缓对泄洪有利，因此，在选择河湾尺寸时弯曲半径可略大于 3000m。

分析洛口以下完整河湾保护长度 T 与弯曲半径 R、弧长 L 的关系，得 $T=35.6R^{1/1.83}$

$$T=0.95L$$

弯顶以下的保护长度约为弯顶以上的 3 倍。

3.4　工程结构形式

黄河下游是一条地上河，全靠两岸的堤防与工程束范洪水，控制溜势。整治工程按修筑部位及所起作用的不同，一般可分为临堤险工和护滩工程两大类。现分述如下。

（1）临堤险工。黄河下游的险工坝垛，都是非淹没的下挑形式。因为其主要任务是挑托送溜，离开本岸，其修筑是通过历年抢险加固形成。坝、垛、护岸形式不同，其对水流的作用也不相同。坝有挑溜作用，可以掩护一段堤岸。垛主要为迎托大溜，消杀流势。护岸只是配合坝垛迎托水流。有些堤线与来溜方向成一定角度，形如一道长丁坝，其上连续布置的护岸、垛，依据堤岸的形式，亦能起到良好的挑导溜势的作用。

丁坝长短不一，坝身为土堆筑，坝头用块石裹护，其下为铅丝笼、柳石枕或散抛石护根。坝头和垛（包括护滩坝垛及柳石堆）的形状有抛物线形、斜线形、圆头形、雁翅形、月牙形、人字形等。各种形状的水力特性如下：

---

[1]　位山库区水文实验总站，黄河下游弯曲性河道测验成果初步分析报告，1960 年 3 月。

抛物线形，其迎水面与水流方向夹角小，导溜能力强，回流较小，但抢护稍困难。斜线形，形状和抛物线形近似，但迎水面更长，险工丁坝多用此种形式。圆头形，能适应各种来水方向，抗溜力强，易修筑抢护，但坝上下游回流甚大。雁翅形，导溜性能较好，其微凸尾都能将迎面回流挑出。人字形，可以适应正流回流两种作用。总起来说，险工上首的主坝以圆头形为宜，险工下首的主坝采用抛物线形和斜线形较好，其余部位可根据具体情况选配坝、垛或护岸。

临堤险工按结构材料可分为石工和柳石工。

石工包括浆砌、乾砌、丁扣、平扣、铅丝笼，乱有排整、散抛石七种。砌石坡度最陡，一般为 1∶0.3～1∶0.4，适用于基础稳定的老坝。散抛石坡度最缓，约 1∶1.5～1∶2.0，适用于新修工程，根底掏刷下蛰后便于修补，但表层石块易被水流或冰凌冲走。

柳石工包括柳石枕、柳石搂厢、柳石沉排等。柳石工系软硬结合，富于弹性，有缓溜作用。柳石沉排和柳石枕用于护底护根。柳石搂厢在深水施工时采用，亦可用于抢险时填补坍塌的坝体。

（2）护滩工程。1958—1961 年在东坝头至位山河段修筑的护滩工程，几乎全为树泥草结构成活柳工程。树泥草结构的基本特点是以淤代石，以草代料。三年的实践证明，完全不用石料是不行的，加上人力料物准备不足等原因，树泥草工程多被冲垮，留下的也都改为石工。活柳工程系根据永定河植树治河的经验，1960 年开始在封邱禅房等淤泥岸沿植造柳盘头、雁翅林、卧柳护坎等，先为顺边溜水，大部分皆能成活，后因溜势顶冲，逐渐掏刷冲垮，以后即无人再提了。我们认为树泥草结构具有一定的抗冲能力，经浇上比较省，应该因时因地制宜地加以应用。树泥草作为一个结构单元（例如枕、楼厢等）是可以成立的。树泥草与秸石料结合，形成树泥草石结构则是完全可以应用的，这样既节省石方，又扩大了料源，应该引起重视。

位山以下的护滩工程有连续式和间断式两种类型，都是依据其维护滩岸的形式来迎导溜势。其结构大体有两种：一为柳石结构，如柳石堆、柳石箔、潜坝等；一为桩柳结构，如透水柳坝、活柳坝、活柳桩、活柳桩篱等，也有采用石碴护坡的，当时修得最多的是柳石堆和透水柳坝。

柳石堆按着溜情况和堆的尺寸布置成一定的间距，堆的布置宜顺不宜挑；迎水边线与大溜成 30°～40°角，围长一般为 40～60m。

透水柳坝有缓流落淤还滩的作用，一般用长 6～10m 直径 0.2m 的洋松桩，打入河底的深度为木桩长度的 1/2～2/3。木桩上用直径 0.15m 的柳把或苇把由河底编至桩顶。每 3～4 层柳把，相间 1.0m 用铅丝两头系石块搭于柳把上，使相互紧密结合。坝长一般 35～80m，坝轴线与溜向成 30°～45°。坝顶由河岸向坝头倾斜成 1∶50 的坡度，一般以高于低水位 1.0m 为宜。透水柳坝有单排直线形、之字形及钩头形三种。直线形与之字形作用相近，之字形用桩较多，但较为竖固。钩头形的钩头长度为坝长的 0.4 倍。能缓和坝挡的回流，落淤效果更好。

潜坝悬用层柳层石加厢而成，在滩岸打桩托缆，逐层逐段向深水进占，坝线与流向成 90°角，坝根至坝头成 1∶50 坡度，中水位即可漫过坝顶，有截堵深槽落淤还滩的作用。1958 年洪峰后，在济阳小街子险工下首坐湾处，修筑过两道层柳层淤潜坝，经几次大水漫过，落淤还滩效果甚好。

柳石堆、透水柳坝及潜坝的性能与作用各不相同。柳石堆抗溜力强易修易守，造价也较便宜，但不能缓流落淤。透水柳坝能起落淤还滩之效，但抗洪力差、造价高、施工抢护均较困难，且落淤的新滩在平水期易被掏失。潜坝介于二者之间，但抢护比柳石堆困难。由于缺乏维护，黄河下游的透水柳坝和潜坝儿乎全被冲垮。

4　险情分析

自1855年铜瓦厢决口以来，根据黄河年表等历史记载资料及沿河调查，位山以下共决口130次。按决口原因可分为漫决，溃决、冲决三种类型，下面着重讨论与冲决有关的险情。

4.1　两种性质不同的险情

黄河下游的整治工程具有性质不同的两种险情，我们称之为施工抢险与被动抢险。

（1）施工抢险。工程修建有旱工（包括浅水工）和深水施工两种情况。旱工的工程基础只能做到枯水位以下1.0m左右，在洪水期迎溜掏刷，坝前的局部冲刷深度将远远超过这个数字，因而发生墩蛰坍塌等险情，这是必然的、正常的现象。抢险在某种意义上是利用水力开挖基坑的一种施工方法。深水施工一开始就是在抢险的情况下进行的，工程的整个施工加固过程就是抢险和整险的过程。

（2）被动抢险。在人民治黄以前，河势没有控制，主流摆动大而快，较有根基的工程脱溜，平工突然出险，常常造成完全是从局部堤段防护出发的被动抢险，并且往往因抢护不及而决口成灾。人民治黄以来，洛口以上，特别是高村以上游荡性河段还常发生这类险情。洛口以下河道，工程修筑已纳入规划，险情多属于加固根基的施工抢险。讨论险情的时候，必须从治河历史的演进过程和工程的施工方法出发，力图减少和消除被动的、纯属局部临时防护性质的抢险。对于施工抢险，近期还应合理地加以利用，研究抛投物的结构尺寸、抛投方法和抛投时机，以便在抢险时减少抛投物的冲失损耗，有效地利用抢险来加固工程基础。顺便指出，1961年三门峡水库下泄清水时期，黄河下游的抢险坝次特别多，但其中大多数是属于施工抢险，造成被动紧张的原因是对清水冲刷的特性认识不足，各方面的准备不够。

4.2　工程出险的原因

当堤岸坝垛的强度抵御不住水流的冲刷，即工程在水流的作用下不能保持其稳定性或完整性的时候就会出现险情，因而出险的基本原因不外乎两个方面，或为水流作用太强，或为工程强度太弱，二者不相适应。

水流对工程的作用主要取决于水流通过有工程河段时所附加的能耗。因此，工程布局合理，坝的长度愈短，方向愈平顺，粗糙度愈小，则所承受的水力作用愈小。反之，则所承受水流的冲刷作用加大，容易出险。黄河下游实际的险情资料表明，出险是多方面原因综合作用的结果，按照起主导作用的原因大致可分为如下4类：

（1）由于河势变化而引起的险情。其基本原因是工程的数量不够或布置不当，控制不住溜势的变化。游荡性河段在落水期嫩滩（心滩或边滩）阻流，形成斜河，顶冲堤岸或险工薄弱地段，造成险情。1952 年 9 月 30 日保台寨出险，1953 年 8 月 10 日中牟九堡出险都是属于此类。由于塌滩引起河势大幅度下延或上提所造成的险情，如 1949 年谷家抢大险，原距河 600m 的邹平张桥树塌去大半，谷家险工着溜位置由 12 号、14 号下延至 40 号，18 号至 40 号全是新工，随着溜势下延逐坝抢险。

（2）由于工程强度不够、基础薄弱而造成的险情。通过抢险可以增强工程的抗洪能力。如利津王家庄、惠民张辛庄和博兴麻湾等险工都因基础薄弱在 1949 年抢过大险，加固了工程基础，以后险情减轻减少。统计刘庄、苏泗庄险工历年抢险坝次，亦均呈逐年减少的趋势。

（3）由于工程布设不合理而造成的险情。工程布置过于突出或坝的方位不当过分兜溜，如康口 11 号坝冲垮后退 200 余 m，麻湾北坝头冲垮后退 120m 等。挡距布置过大，大溜冲入空挡塌滩抄后路的，如油房占护滩于 1961 年汛期，坝挡塌穿行溜，工程全部冲垮。

（4）护滩工程大水漫滩后的险情。洪峰期间，大水漫滩，溜势趋直，护滩工程顶部过水，且无法抢护，往往遭到严重的破坏，尤以湾顶以下的工程为甚。例如 1958 年特大洪峰，大多数护滩工程均有不同程度的破坏；东明温七堤护滩工程由于串沟引溜抄后路全部冲毁；济阳周家护滩 1 号～10 号堆全部后溃 30～40m，堆顶冲深 2～3m。

4.3　险情现象与预防抢护的一般原则

水流顶冲河工建筑物，险情现象主要有墩蛰，前爬、掉膛子、鼓肚子、坝体坍塌、坝坡冲失，后溃、根石走失等。新修工程基础较浅，遇大溜掏刷即发生墩蛰，如基础为流沙，下蛰速度很快；如基础为层淤层沙，则易形成猛墩猛蛰，严重时可影响整个坝体。坝体坍塌多发生在砌石护岸，因这里坡度陡、重量大，在水位降落规基悬空时水流掏底造成坝体坍塌。如基础为淤泥层，容易出现前爬。当坝或护岸受高水位浸泡，坝胎沉陷，从而引起坝顶塌陷即掉膛子。扣石坝坡受上部石块挤压，有时发生鼓肚子险情，坝坡冲失一般发生在溜势顶冲而坝坡质量差、扣石和膛子石衔接不良的部位。后溃是护滩坝垛较普遍的险情，挡距布置不当或坝垛方位与水流交角过大则回流掏刷更为严重。随着掏刷的发展，工程更形突出，溜势更不顺，坝挡继续后退，需要裹护的长度相应不断增加，致使各护滩工程主坝自岸边突出 30～40m，围长达 100 余 m。

抢险的具体措施需根据当时当地的具体条件（险情类型、溜势、土质、材料、人力等）而定。关于预防抢护的一般原则概述如下：

（1）健全坝垛鉴定，掌握坝垛修作历史及周围土质情况，以利抢险时采用合适的措施。

（2）加强工情观测，注意根石探摸，及时进行修整加固。经常了解上游水情变化，分析河势演变趋势，在可能出险的地方作好准备。

（3）抢险安排上应先主坝后次坝，险线长时应集中力量守住重点，先抢坝根，后护坝身，先抢上跨角，后抢下跨角。对过于突出的坝，估计难以固守时，可后退一段再行抢护。

（4）抢险措施应注意改变工程出险的水流条件，限制险情的发展范围，增强坝垛的抗洪能力。对于经常着溜的工程，应按照加固工程的要求去抢护，抛投体要经久坚固，对于暂时着险或有脱溜趋势的工程，只作临时性抢护，抛投物可多用柳草淤等廉价的料物。

（5）抢险料物除石方以外，宜就地取材。抛投物可以是块石、铅丝石笼、柳石枕、麻包草袋装土等，应根据溜势、河底土质及抛投物的特性而定，以保证抛投物的整体性和稳定地降落到预定部位，并能起到良好的固坝抗溜作用。

（6）抢险应抓住有利时机迅速行动。遇有周期性变化的两劲水（溜势紧靠和外移呈周期性变化，根据对归仁和张肖堂二险工的观察，周期约十分钟左右），应在溜势紧靠时作好准备，溜势外移时抓紧抛投，以便使抛投物准确地沉降到需要保护的部位。归仁险工41号坝1957年抢险即用此法，效果良好。

（7）工程布局不合理的应予调整，过分突出的长坝应予截短；过大的坝挡，应补修护岸或坝垛。护滩工程为防止大水漫滩冲刷和串沟夺溜改道，对护滩工程附近的滩面宜种植低柳和高秆作物，对低洼的串沟应分段拦截或放淤填平。护滩工程的坝顶不宜高出滩面，最好覆盖一层黏性土并种植葛芭草，对主要坝垛可于将要没水之前铺散柳压石盖顶或打桩橛编柳，以便漫水后能缓流落淤。

5　结语

（1）根据史料分析，1855年铜瓦厢决口不是漫决，而是冲决的可能性较大。口门以下至位山形成冲积扇，位山以下夺大清河入海。决口之初，黄水在冲积扇上泛滥，1867—1876年先后修筑张秋以上临黄堤防，位山以下河道淤积加重，相应于1883—1888年亦修建堤防，至1896年大清河底淤平，形成地上河。

（2）东坝头以下河道经过127年的演变和治理，目前的河道可分成四个河段：东坝头至高村，沉积物以沙土为主，堤距宽，工程少，河床宽浅散乱，属于典型的游荡性河道；高村至位山，堤距逐渐缩窄，工程数量增多，滩岸黏性土含量增加，河道向弯曲发展，但仍有一定变化，属于半控制的不稳定的弯曲性河道；位山至前左，堤距进一步缩窄，滩岸含黏性土更多，两岸工程密布，坝垛护岸长度占河道长的67.2%，将河道控制成弯曲的外形，属于有工程控制的较稳定的弯曲性河道；前左以下受海域潮汐影响，属于河口段。

（3）黄河下游这么宽的堤距不修护滩工程是不可能控制住河势的。洛口以下河道的治理经验证明：合理规划布局，用护滩工程改善和配合险工，左右岸互相对应，工程控制长度占河道长的60%（左右岸各30%）即能初步控制住河势。为防止河势的下延发展，还应增加一定比例的工程，把中洪水时期发生坍塌的部分滩岸保护起来。位山至洛口河段的实践证明，工程偏重于一岸修建，即使控制长度超过70%，也不能很好控制河势。

（4）三门峡水库下泄清水时期，中水持续时间增长，流量变幅减小，主溜坐湾掏刷，造成险工护滩的抢险坝次增多，历时加长。新修的护滩工程，由于根基浅、人力料物不足等各种原因冲垮甚多。清水冲刷河段，无工程保护的滩岸迎溜坍塌甚剧，有工程保护的河槽刷深较多。水库下泄清水是河道整治的最好时机，清水通过强烈的冲刷重新塑造河床，如能及时布设工程并抢护稳定，即可控导水流，按所需的方向塑造河床。反之，任滩地自由坍塌，丧失整治阵地，对以后的治理是非常不利的。

配合小浪底水库的设计，下游河道应作出相应的治理规划，并充分做好各方面的准备，以便在水库建成运用时付诸实施。

（5）黄河下游的河湾资料表明，适宜的弯曲半径 $R=3000\mathrm{m}$ 左右，中心角 $\phi=1\mathrm{rad}$。

（6）黄河下游的河道整治建筑物具有施工抢险和被动抢险两种不同性质的险情。施工抢险是现在采用的工程结构施工过程的一部分，也就是施工方法所决定的，不可避免的。近期应研究抢险抛投物的结构尺寸、抛投方法和时机，以便更有效地利用抢险来加固工程基础。对于被动抢险，则应尽力减少并逐步消除。

（7）黄河下游是一条上宽下窄，比降上陡下平的堆积性地上河，河口连年向外延伸，因而在相同河宽情况下，沿河过水能力减少、挟沙能力降低，这对防洪和河道整治带来一些特殊要求。20 世纪 50 年代，位山以下河道维持输沙平衡（微冲），主要是由于大洪水时位山以上河道漫滩淤积减少了下泄沙量等因素，洛口以下河道的整治对于提高挟沙能力也起了一定作用。

当前对防洪威胁最大的问题，位山以上是河势摆动，位山以下是河槽淤积。因此，位山以上的河道整治，可以通过保护滩岸、控导主流，以固定流路，并可减少坍塌所增加的下泄沙量。对于大水漫滩时的淤沙滞洪特性仍应保持，这就要求护滩工程能够经受得住大水漫滩的考验。位出以下的河道整治主要是规顺和固定流路，减少不规则的河床形态所附加的能量损失，以提高挟沙能力。

■ 参 考 文 献 ■

[1]　武同举，等. 再续行水金鉴. 卷第九十二，第九册，河水四，1936.

[2]　Н. И. Маккавеев Русло реки и эрозии в её бассейие，Издат. А. Н. СССР. 1955.

A Preliminary Summary of Experience in Harnessing the Lower Yellow River Downstream Dongbatou

Abstract: In this paper the evolution process of changes in the Lower Yellow River downstream Dongbatou since the Burst at TungwaxIang in 1855 is reviewed and summarized. The experience and engineering measures, including some representative suggestions in the late Qing Dynasty (1855—1911), for harnessing the Lower Yellow River after the Burst at TungwaxIang are generalized. Among these the following subjects are specially studied in detall: the rule of changes in configuration, the geomorphological relations of river bends, the principle of alinement of control structure and training works, different types of construction of bank protection works, general principle of emergency treatment of structures and levee when attacked by torrential flow, and also examples of typical reaches where the above-mentioned engineering measures have been successfully carried out.

In this paper some new concepts are worked out. The famous burst of Tungwaxiang could be rather a burst caused by the collapse of levee due to local scour than an overflow as recorded formally in history. The classification of the Lower Yellow River must take into account the consequence of engineering measures and the interaction of river flow and the bank protection works in the fluvial process. Because of the different methods of construction of structures there are evidently two kinds of cases of danger different from each other in nature when subjected to the attack of flow.

提高黄河水资源利用效益的途径*

[摘要]　　对于有水电资源可开发的河流，应尽力先在河流上、中游灌区推广节水灌溉技术，因为那里地势高，水体具有较大的势能，节约的水不但可增大其下游长河段的基流，而且可增加梯级电站的发电量和保证出力。黄河流域位于华北干旱缺水地区，水量主要来自兰州以上，水能资源主要集中在上、中游多石峡至青铜峡、河口镇（头道拐）至禹门口和潼关至西霞院 3 个峡谷河段。干流已建成 30 座水电站。取用黄河水量最多的项目为农田灌溉，农田灌溉用水最多的河段为上游兰州至河口镇干旱地区和下游花园口以下华北平原。为了充分利用黄河的水资源，应在上游干旱地区大力推广节水灌溉技术，其节约的水量先通过梯级电站发电后，再流入花园口以下河段。既增大了下游河道的基流，有利于取水，航运、生态环境等，又可增加梯级电站的发电量和保证出力，从而提高黄河水资源的综合利用效益。

[关键词]　　水资源；水体；水能；节水灌溉；发电；综合效益；黄河

1　引言

天上有大气环流，地面就有江河水流，大气环流使海洋生成的暖湿气团与内陆生成的冷气团遭遇产生降水，在地面汇集成江河水系，除蒸发、下渗和流入内陆湖泊的以外，都通过河流回归海洋。天上地面的气水循环永无止境，从而构成人类生存发展的基本条件。黄河发源于青藏高原，流经青海、四川、甘肃半湿润地带，甘肃、宁夏、内蒙古干旱地带，穿过山西、陕西黄土高原半干旱地带，挟带大量泥沙，冲积形成华北大平原分水岭式的地上悬河。从河源至河口，河长 5464km，落差 4480m，多年平均天然径流量 5348 亿 m^3，干支流可开发的水电总装机容量为 3474.1 万 kW，其中干流为 3041.1 万 kW，至今干流已建成水电站的装机容量为 1849.7 万 kW，年发电量 634 亿 kW·h。目前，全河的取水量约 410 亿 m^3，耗水量约 340 亿 m^3，灌溉用水最多的是宁蒙干旱地区和华北大平原，在开发利用黄河水资源时，力求取得水电和水利两种水资源的综合利用效益最大。

2　江河的水资源

对一条江河而言，水资源包括水能（水力、水电）资源和水体（水量、水质）资源。

---

*　彭瑞善. 提高黄河水资源利用效益的途径 [J]. 水资源研究，2017，6（4）.

（1）水能资源就是从河源到河口各河段流量与水头（落差）乘积的总和。采用梯级开发，即沿河布置若干个水电站，下一级电站水库的回水到上一级电站大坝的下游，从而使一条江河的水能得到充分利用，水能利用只使用了水的落差，并不消耗水体。

（2）水体资源在中华人民共和国成立以前并不被人们重视，因为那时农业灌溉工程很少，工业也很少，总是看到一江春水向东流的情景，好像水是取之不尽、用之不竭的资源。随着引水灌溉工程的大量兴建、工业的发展和人口的增加，对水体的需求量越来越大，同时工业和生活废水对水的污染也越来越严重。各种用水不但要求一定的水量，对水质也有相应的要求，因而水体资源变得越来越重要，甚至成为制约国民经济发展的瓶颈，必须全社会重视节约用水，保洁水质。水体资源主要用于：生活用水，人和一切动物离开了水就不能生存；农林业（包括农田灌溉和林草等植物）用水，一切植物离开了水就不能生长；工业和城镇用水，包括产业用水、冷却用水和城镇公共用水等；生态环境用水，输送流域产生的泥沙、维持河流自身的存在及水域生物的多样性所必需的流量过程及湿地等生态环境用水；航运用水，通航河流要求航道有一定的水深、河宽，但不消耗水体。不同用水对水质、水量和水体存在的形式有不同的要求。要使水能资源和水体资源得到充分持续的利用，并保证防洪安全，必须对江河的治理进行全面的规划，并与流域地区和江河周边地区的工农业和城市发展规划全面协调，相互适应，力求获得总体综合效益最大、最持久。

3 黄河水资源的开发利用现状及前景

黄河多年平均河川天然径流量 534.8 亿 m³，年径流量仅占全国的 2%，人均水量为全国平均的 23%，却承担着全国 12% 的人口，13% 的粮食产量，14% 的 GDP 及 50 多座大中城市，4205 个县（旗）城镇的供水任务，同时还要向流域外部分地区长距离输水。黄河 60% 的水量来自兰州以上，90% 的泥沙来自河口镇至三门峡区间[1]。

3.1 已建和规划建设的水利枢纽工程

全流域已建、在建水电站装机容量 2410 万 kW，占技术可开发量的 61%[1]。根据规划❶在黄河上游的吉迈至龙羊峡河段，布置塔克尔、官仓、赛纳、门堂、塔吉柯一级、塔吉柯二级、夏日红（宁木特）、玛尔挡、班多、羊曲等 10 座梯级工程，总装机容量 467.5万 kW。在黄河上中游的龙羊峡至桃花峪河段布置 36 座梯级枢纽工程，总库容 1007 亿 m³，有效库容 505 亿 m³，共利用水头 1930m，装机容量 2493 万 kW，年平均发电量 862亿 kW·h。上游龙羊峡、刘家峡和大柳树三座骨干工程联合运用，构成黄河水量调节工程体系的主体，中游碛口、古贤、三门峡和小浪底四座大水库联合运用，构成黄河洪水和泥沙调控工程体系的主体。上中游两个体系 7 座控制性骨干工程的相互配合、统一调度，可满足沿河各地的供水、灌溉和防洪防凌要求，其余的梯级枢纽主要是发电。黄河干流及主要支流已建枢纽工程的库容及装机容量等数据见表 1，合计总库容为 648.29 亿 m³，调节库容 383.78 亿 m³，装机容量 1858.75 万 kW，年发电量 636.02 亿 kW·h。

---

❶ 黄河水利委员会、干流工程布局和控制性骨干工程规划 ［EB/OL］. 2014 - 02 - 11.

表 1　　黄河干流及主要支流已建枢纽工程的库容及装机容量等数据

序号	河名	工程名称	正常蓄水位/m	总库容/亿 m³	调节库容/亿 m³	装机容量/万 kW	保证出力/万 kW	年发电量/(亿 kW·h)
1	黄河	黄河源	4270.15	25.01	15.21	0.5		0.175
2	黄河	班多	2760	0.154		36		14.12
3	黄河	龙羊峡	2600	247	193.5	128	58.98	59.42
4	黄河	拉西瓦	2452	10.56	1.5	420	95.85	97.4
5	黄河	尼那	2235.5	0.262	0.086	16	7.47	7.63
6	黄河	李家峡	2180	16.48	0.6	200	58.1	59.2
7	黄河	直岗拉卡	2050	0.154	0.03	19	6.98	7.62
8	黄河	康杨	2033	0.288	0.05	28.4	9.36	9.92
9	黄河	公伯峡	2005	6.2	0.75	150	49.2	51.4
10	黄河	苏只	1900	0.455	0.02	22.5	7.92	8.13
11	黄河	黄丰	1880.5	0.59		22.5	9.27	8.65
12	黄河	积石峡	1856	2.38	0.2	102	32.89	33.9
13	黄河	寺沟峡	1760	0.479		24	9.2	10
14	黄河	刘家峡	1735	57	41.5	135	48.99	57.6
15	黄河	盐锅峡	1619	2.2	0.07	47.12	15.2	22.8
16	黄河	八盘峡	1578	0.49	0.09	21.6	8.2	9.5
17	黄河	柴家峡	1550	0.16		9.6	4.68	4.94
18	黄河	小峡	1499	0.48	0.14	20	9.3	8.3
19	黄河	大峡	1473	0.9	0.55	30	15.41	14.65
20	黄河	乌金峡	1436	0.237		14	6.3	6.83
21	黄河	沙坡头	1240.5	0.26		12.48	6.3	6.71
22	黄河	青铜峡	1156	6.06	0.33	30.2	8.68	10.5
23	黄河	海渤湾	1076	4.87		9		3.82
24	黄河	三盛公	1055	0.8	0.18			
25	黄河	万家寨	977	8.98	4.5	108		28.2
26	黄河	龙口	898	1.96	0.71	42		12.4
27	黄河	天桥	834	0.66	0.42	12.8		6.1
28	黄河	三门峡	335	96	60	40		10
29	黄河	小浪底	275	126.5	51	180		58.51
30	黄河	西霞院	134	1.62	0.452	14		5.83
31	伊河	陆浑	319.5	13.9	2.5	1.045		
32	洛河	故县	548.55	11.75	7.0	6		1.76
33	沁河	河口村	283	3.47	2.39	2		
合计				648.29	383.78	1858.745	459.9	636.02
干流合计				619.17	371.89	1849.7	459.9	634.26

注　1. 主要支流是指与黄河下游河道防洪关系密切的支流。
　　2. 本表主要根据黄河网发布的信息编成。

3.2 引用黄河水的发展过程及现状

引用黄河水在历史上主要是灌溉和漕运，早在原始社会就有"负水浇稼"灌溉农作物，大禹治水时期，曾有"尽力乎沟恤"发展水利。战国时期开始出现大型水利工程，随后有秦渠、汉渠，到 1949 年，引黄灌溉面积已发展到 977.3 万亩，年耗水量 74 亿 m³，到 1985 年，花园口以上的引黄实灌面积达 3597.7 万亩，年耗水量 162.81 亿 m³。黄河下游从 1952 年建成人民胜利渠，当年灌地 28.4 万亩，引黄河水 4 亿 m³。"大跃进"时期迅速发展，到 1960 年已达 900 万亩，引黄河水 169 亿 m³，由于大水漫灌，排水不畅，土地严重盐碱化，粮食产量下降，自 1962 年起，除人民胜利渠以外，其余均关闸停灌，以后又逐步恢复改进，到 1966 年，灌溉面积达到 891 万亩，1985 年实灌面积发展到 2370 万亩，引黄河水 77.4 亿 m³❶。目前全河的灌溉面积已发展到 1.1 亿亩，从黄河引水 370 亿 m³，耗水 300 亿 m³。黄河流域 20 世纪不同年代耗水量见表 2[2]。

表 2 黄河流域 20 世纪不同年代耗水量及入海水量

时 段	耗水量/亿 m³	入海水量/亿 m³		
		全年	汛期	非汛期
50 年代	122	481	299	182
60 年代	178	501	291	210
70 年代	250	311	187	124
80 年代	296	286	190	96
90 年代	307	119	75	44

1998—2002 年的黄河水资源公报将黄河地表水的利用分为农业，工业，城镇生活和农村人畜 4 类。2003 年以后改为农田灌溉，林牧渔畜，工业，城镇公共，居民生活，生态环境 6 类。表 3 为 2015 年黄河分区农田灌溉及合计取耗水量。

表 3 2015 年黄河分区农田灌溉及合计取耗水量

流域分区	项目	农田灌溉/亿 m³	非农灌/亿 m³	合计/亿 m³	农田灌溉/合计/%	非农灌/合计/%	合计/总计/%
龙羊峡以上	取水量	1.25	1.08	2.33	53.65	46.35	0.57
	耗水量	0.92	0.81	1.73	53.18	46.82	0.51
龙羊峡至兰州	取水量	15.15	9.18	24.33	62.26	37.73	5.91
	耗水量	12.13	7.52	19.65	61.73	38.27	5.77
兰州至河镇口	取水量	125.54	27.49	153.03	82.04	17.96	37.20
	耗水量	81.71	23.50	105.21	77.66	22.34	30.91
河镇口至龙门	取水量	6.69	7.56	14.25	46.95	53.05	3.46
	耗水量	5.89	6.67	12.65	46.56	53.44	3.72

❶ 黄河水利委员会. 水资源利用与规划［EB/OL］. 2015-01-10.

续表

流域分区	项目	农田灌溉/亿 m³	非农灌/亿 m³	合计/亿 m³	农田灌溉/合计/%	非农灌/合计/%	合计/总计/%
龙门至三门峡	取水量	37.68	23.58	61.26	61.51	38.49	14.89
	耗水量	31.87	17.94	49.81	63.98	36.02	14.64
三门峡至花园口	取水量	11.92	11.07	22.99	51.85	48.15	5.59
	耗水量	10.86	9.11	19.97	54.38	45.62	5.87
花园口以下	取水量	103.28	28.59	131.87	78.32	21.68	32.06
	耗水量	102.58	27.71	130.29	78.73	21.27	38.28
黄河内流区	取水量	0.74	0.56	1.30	56.92	43.08	0.32
	耗水量	0.59	0.44	1.03	57.28	42.72	0.30
总计	取水量	302.25	109.11	411.36	73.48	26.52	100
	耗水量	246.55	93.79	340.34	72.44	27.56	100

由表3可知，农田灌溉用水最多（也是合计用水最多）的河段为兰州至河口镇，花园口以下及龙门至三门峡3个河段，其取水量分别占全流域的37%、32%和15%；耗水量分别占全流域的31%、38%和15%。近十余年各分区的用水比例大致与此相同。

表4和表5分别为黄河流域和黄河上游兰州至河口镇河段近年农田灌溉和非农灌各类之和的取水、耗水数量。1998—2015年18年平均，全流域用于农田灌溉的取水量占合计取水量的79%，耗水量占78%，考虑到1998—2002年的农业用水中包括部分非灌溉用水，2003—2015年13年平均，灌溉取水量，耗水量与合计的比值分别为75%、74%。兰州至河口镇河段，灌溉用水占合计用水的比例高于全流域，1988—2015年18年平均，灌溉取水量、耗水量分别占合计的87%、86%。2003—2015年13年平均，灌溉取水量、耗水量分别占合计的84%、81%，林牧渔畜、工业、城镇公共、居民生活、生态环境5类的总和，其取水量、耗水量只占合计的16%、19%。表4和表5的资料均引自历年的黄河水资源公报。

表 4 　　　　　　　　　黄河流域近年农田灌溉和非农灌耗水情况

年份	合计/亿 m³		农田灌溉/亿 m³		非农灌/亿 m³		农田灌溉/合计/%		非农灌/合计/%	
	取水量	耗水量	取水量	耗水量	取水量	耗水量	取水量	耗水量	取水量	耗水量
1998	370.00	277.07	334.60	253.35	35.40	23.72	90.43	91.44	9.57	8.56
1999	383.97	298.74	349.05	273.26	34.92	25.48	90.91	91.47	9.09	8.53
2000	346.10	272.32	305.08	241.62	41.02	30.70	88.15	88.73	11.85	11.27
2001	336.79	265.15	294.24	233.64	42.55	31.51	87.37	88.12	12.63	11.88
2002	359.54	296.05	312.40	250.63	47.10	35.42	86.90	87.52	13.10	12.38
2003	296.04	243.57	220.05	179.99	75.99	63.58	74.33	73.90	25.67	26.10
2004	312.02	248.97	235.12	185.49	76.90	63.48	756.35	74.50	24.65	25.50
2005	332.01	267.86	260.21	230.31	71.80	57.55	78.37	78.51	21.63	21.49
2006	374.92	304.74	289.80	233.56	85.12	71.18	77.30	76.64	22.70	23.36

续表

年份	合计/亿 m³		农田灌溉/亿 m³		非农灌/亿 m³		农田灌溉/合计/%		非农灌/合计/%	
	取水量	耗水量	取水量	耗水量	取水量	耗水量	取水量	耗水量	取水量	耗水量
2007	354.13	288.78	270.15	219.44	83.98	69.34	76.29	75.99	23.71	24.01
2008	363.11	296.14	274.97	220.47	88.14	75.67	74.73	74.45	24.27	25.55
2009	375.73	306.55	283.99	227.97	91.74	78.58	75.58	74.37	24.42	25.63
2010	384.84	309.16	289.87	228.65	94.97	80.51	75.32	73.96	24.68	26.04
2011	407.21	334.06	301.09	243.67	106.12	90.39	73.94	72.94	26.06	27.06
2012	392.97	323.30	290.78	236.25	102.19	87.05	74.00	73.07	26.00	26.93
2013	404.76	331.87	300.00	242.55	104.76	89.32	74.12	73.09	25.88	26.91
2014	410.53	338.69	300.76	243.93	109.77	94.76	73.26	72.02	26.74	27.98
2015	411.36	340.43	302.25	246.55	109.11	93.79	73.48	72.44	26.52	27.56
平均	367.26	296.30	289.69	231.74	77.57	64.56	78.88	78.21	21.12	21.79
2003—2015	370.74	302.62	278.39	224.53	92.35	78.09	75.16	74.30	24.84	25.70

注　1998—2002年的农田灌溉用水包括部分非灌溉的农业用水。

表5　　　黄河上游兰州至河口镇河段近年农田灌溉和非农灌取水耗水情况

年份	合计/亿 m³		农田灌溉/亿 m³		非农灌/亿 m³		农田灌溉/合计/%		非农灌/合计/%	
	取水量	耗水量	取水量	耗水量	取水量	耗水量	取水量	耗水量	取水量	耗水量
1998	174.52	102.34	164.90	100.84	9.62	1.50	94.49	98.53	5.51	1.47
1999	178.82	112.82	170.20	110.70	8.62	2.12	95.18	98.12	4.82	1.88
2000	161.23	102.66	153.18	100.58	8.05	2.08	95.01	97.97	4.99	2.03
2001	158.05	102.16	149.22	100.25	8.83	1.91	94.41	98.13	5.59	1.87
2002	157.10	99.01	147.11	95.41	9.99	3.60	93.64	96.36	6.36	3.64
2003	126.43	91.72	104.48	74.47	21.95	17.25	82.64	81.19	17.36	18.81
2004	145.79	100.48	121.25	81.96	24.54	18.52	83.17	81.57	16.83	18.43
2005	158.51	111.80	134.43	94.97	24.08	16.83	84.81	84.95	15.19	15.05
2006	159.27	105.82	132.84	85.63	26.43	20.19	83.41	80.92	16.59	19.08
2007	150.77	102.40	126.58	84.59	24.19	17.81	83.96	82.61	16.04	17.39
2008	150.82	101.87	126.91	82.44	23.91	19.43	84.15	80.93	15.85	19.07
2009	156.82	106.46	132.37	86.66	24.45	19.80	84.41	81.40	15.59	18.60
2010	155.99	103.54	132.66	84.07	23.33	19.47	85.04	81.20	14.96	18.80
2011	156.53	108.27	134.29	89.98	22.24	18.29	85.79	83.11	14.21	16.89
2012	147.77	101.27	124.42	82.37	23.35	18.90	84.20	81.34	15.80	18.66
2013	158.78	110.16	135.55	90.84	23.23	19.32	85.37	82.46	14.63	17.54
2014	157.18	108.87	129.54	85.13	27.64	23.74	82.42	78.19	17.58	21.81
2015	153.03	105.21	125.54	81.73	27.49	23.50	82.04	77.66	17.96	22.34
平均	155.97	104.27	135.86	89.59	20.11	14.68	86.90	85.92	13.10	14.08
2003—2015	152.13	104.45	127.76	84.99	24.37	19.47	83.95	81.35	16.05	18.65

4　结语

黄河的水利水电资源集中在干流，70%的河川径流灌溉分布在干流两岸，90%以上可开发的水电资源集中在干流峡谷河段。根据规划，黄河中游河口镇至桃花峪河段布置 10 级水利枢纽、即万家寨、龙口、天桥、碛口、古贤、甘泽坡、三门峡、小浪底、西霞院和桃花峪，共计可获得总库容 543 亿 m^3，利用水头 666m，发电装机 882 万 kW，年发电量 269 亿 kW·h。其中三门峡、小浪底、万家寨、龙口、天桥、西霞院 6 级已建成运行，古贤、碛口计划于近期先后开工建设，甘泽坡为以灌溉为主结合径流发电的低水头枢纽，桃花峪系有待进一步研究论证的下游河道防洪水库工程。

2017 年中央 1 号文件提出，"大规模实施农业节水工程。把农业节水作为方向性、战略性大事来抓，加快完善国家支持农业节水政策体系，加大大中型灌溉骨干工程节水改造与建设力度，同步完善田间节水设施，建设现代化灌区。大力实施区域规划高效节水灌溉行动，集中建成一批高效节水灌溉工程。……加快开发种类齐全、系列配套、性能可靠的节水灌溉技术和产品，大力普及喷灌、滴灌等节水灌溉技术，加大水肥一体化等农艺节水推广力度"[3]。水利部在落实中央 1 号文件近期将采取的具体措施中提到，加快实施节水灌溉工程，加快推进节水型、生态型现代化灌区建设与改造。选择一批水源有保障、种植经营有规模、受益主体意愿强、工程运行有条件的区域，集中建设一批国家农业节水示范工程，"十三五"期间全国将新增高效节水灌溉面积 1 亿亩。到 2020 年全国有效农田灌溉面积达到 10 亿亩以上[4]。

江河开发治理的目标是除害兴利，除害主要保障防洪（防凌）安全，兴利主要是充分发挥利用水资源的效益。从发电、灌溉、供水、航运、生态环境、水产养殖等多方面考虑，都希望有较大的基流注入下流河道。前已述及，用水量最多的行业是农田灌溉，取水最多的是兰州至河口镇、花园口以下及龙门至三门峡 3 个河段。兰州至河口镇河段包括青铜峡（前套）、三盛公（后套）两个历史悠久的大型灌区，古有"黄河百害，唯富一套"的谚语。该两灌区正好符合水利部建设国家农业节水示范工程的要求，在兰州至河口镇河段的灌区大力普及喷灌、滴灌、管道输水灌溉等先进节水技术，实现适时、适量、精准科学灌溉[4]。把节约的水通过中游河口镇至桃花峪的梯级电站发电后再流入下游河道，则可收到多重效益。首先是可以增加中游 9 个梯级电站的发电量和保证出力。兰州至河口镇近 13 年（2003—2015 年）平均每年农田灌溉的取水量为 128 亿 m^3，耗水量为 85 亿 m^3，如推广节水技术减少 40 亿 m^3 的灌溉耗水量，则中游 9 级电站每年约增加发电量 59 亿 kW·h。同时，增大下游河道的基流，对于两岸取水、航运、生态环境等方面都有好处。在黄河中游的龙门至三门峡河段推广节水灌溉技术，也可以取得增加三门峡、小浪底、西霞院 3 座电站的发电量和保证出力等效益，比在华北平原推广节水灌溉技术的效益要大。河南省和山东省近十年平均，每年从黄河下游的灌溉取水量分别为 30.22 亿 m^3 和 64.92 亿 m^3，耗水量为 29.31 亿 m^3 和 64.25 亿 m^3，如果在黄河下游华北平原推广节水灌溉技术，节约 40 亿 m^3 灌溉耗水量，投入的资金与在上游相同，按比例河南河段将沿各取水口逐渐增加 12.5 亿 m³ 的水量，山东河段将沿各取水口逐渐增加 27.5 亿 m³ 的水量，显然不及在上中游推广节水灌溉技术，使全下游河道都增加 40 亿 m³ 水量对下游河道有利，而且也不能增加中游 9 级电站的发电量和保证出力。以上对比分析表明，对于有可开发水电资源的河流，应尽力先在河流上中游灌区推广节水灌溉技术，因为那里地势高，水体具有较大的势能，节约的水不但可增大其下游长河段的基流，而且可增加梯级电站的发电量和保证出力。黄河治理，上中游要加强水土保持，大力推广节水灌溉技术和开发利用水能，下游要加快河道整治和滩区建设[5]。

■　参　考　文　献　■

[1]　黄河水利委员会.黄河流域综合规划（2012—2030 年）概要（URL）[R].郑州：黄河水利委员会，2015.
　　　http：//www.yellowriver.gov.cn/zwzc/lygh/201303/t20130321 - 129411.html
[2]　黄河水利委员会.黄河流域防洪规划 [M].郑州：黄河水利出版社，2008：136.
[3]　中共中央国务院.关于深入推进农业供给侧结构性改革加快培育农业农村发展新动能的若干意见 [URL].2017
[4]　新华社.农业命脉强根基：大力实施节水工程 [URL].2017.
　　　http：//www.gov.cn/slzx/mtzx/xhsxhw/201702/t20170213 - 844937.html
[5]　彭瑞善.粗谈黄河的治理规划 [C]//治黄规划座谈会秘书组.治黄规划座谈会文件及代表发言汇编.郑州：黄河水利委员会，1988：134 - 136.

The Way of Enhancing Effectiveness for Utilization Water Resources on the Yellow River

Abstract：For the river with a hydropower potential，it is highly recommended to promote a water-saving irrigation strategy in the upper stream and midstream，where the water has a higher topography and greater potential energy. The water saved will not only increase the stream flux in the long lower reaches，but also increase the power generation capacity of the cascade hydropower stations. The Yellow River basin is located in arid and dry areas of North China，and the water mainly comes from the areas in the north of Lanzhou. The hydraulic power resources of the river are mainly located in the upper and middle reaches，along the three gorge segments from Duoshixia to Qingtongxia，Hekouzhen（Toudaoguai）to Yumenkou，and Tongguan to Xixiayuan，where thirty hydroelectric power plants have been constructed. The use of Yellow River water has contributed mostly to farmland irrigation，that occurs largely in the segment from Lanzhou to Hekouzhen arid area in the upper reach，and the North China Plain downstream of Huayuankou. In order to make full use of water resources in the Yellow River，the water-saving irrigation strategy needs to be widely implemented in upper reach arid areas. The saved water，after running through the cascade hydropower stations to generate more electric powers，flows into the lower reach of the Yellow River. This will not only increase the basal flow level in the lower reach to benefit water usage，shipping，and the ecological environment，but also increase the generating capacity of the cascade hydropower stations for a more effective utilization of water resources in the Yellow River.
Key words：Water Resources，Water Body，Hydraulic Power，Water Saving，Power Generation，Comprehensive Effectiveness，Yellow River

第4章
新时代河流治理的基本研究课题

■ 修正水沙资料是当前治黄的基础性研究课题

■ 新时代许多江河治理都需要研究修正水沙资料

■ 修正水沙资料系列初探

从流域进入河流的水沙数量和过程决定于降水和流域下垫面的相互作用。降水是主动作用因素，下垫面被动承受降水的作用后，依据自身的承受能力与降水强度的对比关系，自身不变化（硬化地面）或发生相应变化（产沙）。当降水和下垫面任何一方发生变化，进入河流的水沙数量和过程也将发生相应的变化。在全球都重视生态保护的新时代，地球表面的许多陆地都在变绿，保养水土的能力增强，进入河流的水、特别是沙明显减少。水沙条件是河流演变和治理开发的基本依据，河流的治理规划、工程设计和管理运用方案，都要根据水沙的数量和过程来制订。预测未来的水沙条件，一般都是采用分析已有的观测资料，来预测未来的水沙条件，并认为已有观测资料的系列年限越长，预测越接近实际，这都是相对于降水和下垫面没有变化的情况。现时是下垫面已发生显著变化，再重现的性质不复存在，发生与过去相同的降水，将产生与过去不同的水沙数量和过程。因此，按下垫面变化修正水沙资料是新时代河流开发治理的基本研究课题。

修正水沙资料是当前治黄的基础性研究课题*

[摘要] 黄土高原水土保持工作大规模持续进行和黄河干支流水利枢纽工程的大量修建,极大地改变了黄河流域下垫面状况。实测资料分析结果表明:从黄河中游进入黄河的水量特别是沙量已大幅度减少,小浪底水库的拦沙年限可以延长,黄河流域防洪规划和小浪底水利枢纽设计所预测的水沙数量远大于近10年实测的水沙数量。过去观测的水沙资料已不再具有可重现的性质,必须根据下垫面的变化,适时进行修正,用修正后的水沙资料,分析预测此后一段时间的水沙过程,才具有可重现性,才能作为此后一段时间河流治理规划、工程设计和管理运用的依据。因此,修正水沙资料是当前治黄工作中一项新的迫切而重要的基础性的科研课题。

[关键词] 黄河中游;水土保持;下垫面变化;修正水沙资料;重现的性质

水流是河流的基本动力和能源。决定平原河流形成和演变的自然条件是来水来沙,河流的形态、尺寸主要决定于来水来沙的数量和过程,来水来沙是治理、开发河道的基本依据。而来水来沙又取决于降雨和流域下垫面的相互作用[1-2],因此当流域下垫面发生巨大变化后,必须认真研究其对来水来沙的影响。

1 黄河中游产水特别是产沙大幅度减少

1.1 水土保持工作的成效与进展

黄河流域黄土高原面积为 64 万 km²,其中水土流失面积 45.4 万 km²(水蚀面积 33.7 万 km²,风蚀面积 11.7 万 km²),侵蚀模数大于 8000t/(km²·a) 的极强度水蚀面积 8.5 万 km²,侵蚀模数大于 15000t/(km²·a) 的剧烈水蚀面积 3.67 万 km²。黄河泥沙主要来自黄河中游河口镇至三门峡区间,该区间年输入黄河的沙量约 14.5 亿 t,占全河年输沙量 16 亿 t 的 90.6%。河口镇至龙门区间的 18 条支流、泾河的马莲河上游和蒲河、北洛河的刘家河以上为多沙粗沙区,面积共 7.86 万 km²,年均输入黄河的沙量为 11.8 亿 t,占全河年输沙量的 63%,粗沙(粒径大于 0.05mm)量占全河粗沙总量的 73%。黄土丘陵沟壑区和黄土高原沟壑区沟道产沙模数达 2.4 万~3.6 万 t/(km²·a),是坡面产沙模数的 3~5 倍,因此淤地坝是控制水土流失的主要措施[3]。关于黄土高原水土流失重点治理区的界定,经历了一个不断深化的过程。20 世纪 70 年代界定了 19.1 万 km² 的多沙区,

* 彭瑞善. 修正水沙资料是当前治黄的基础性研究课题 [J]. 人民黄河,2012,34 (8).

1996—1999 年界定了 7.86 万 km² 的多沙粗沙区，2005 年又界定了 1.88 万 km² 的粗泥沙（粒径大于 0.1mm）集中来源区[4]。上述研究成果，对于治理黄土高原水土流失工作的部署安排和取得成效发挥了重要作用。

　　截至 2004 年，黄河流域共建设水土保持治沟骨干工程 1800 多座、淤地坝 11.2 万座，修建各类小型水利水土保持拦蓄工程 400 多万处，营造水土保持林 8.87 万 km²，人工种草 2.67 万 km²，建设基本农田 6.47 万 km²，造林、种草和基本农田面积共计约 18 万 km²，水土保持措施面积累计达 20 万 km²[4-5]。经过几十年的实践，已摸索出一套比较成熟的治理黄土高原水土流失的方法，即以小流域为单元进行综合规划，在沟道中布设骨干坝与中小型淤地坝，拦沙淤地，稳定沟床，蓄水调洪；在坡面，根据具体情况，因地制宜，采取植树造林、人工种草或修建梯田等措施，以增强其抗侵蚀能力。规划的近期（2005—2015 年）黄土高原水土保持综合治理面积为 12.1 万 km²，见表 1。

表 1　　　　　　　　　　　近期黄土高原水土保持措施规划[3]

项　　目		黄土高原地区	多沙粗沙区
淤地坝	骨干坝/座	16700	13500
	中小型淤地坝/座	89400	70000
坡面治理	基本农田/万 hm²	201.2	23.7
	水土保持林/万 hm²	417.1	351.2
	人工种草/万 hm²	302.7	85.1
	生态修复/万 hm²	289.0	90.0
	治理面积合计/万 km²	12.10	5.5

　　著名国土整治专家朱显谟提出的黄土高原国土整治"28 字方略"，核心是"全部降水就地入渗拦蓄"，本质是通过"截、渗、汇、蓄、用"径流综合调控手段，恢复重建黄土高原土壤水库的巨大蓄水功能，持续高效利用水土资源，防治水土流失，改善生态环境，再现一个秀美山川，同时解决水土流失和干旱缺水两大问题[6]。2004 年以后，黄土高原地区的水土保持工作，在已有治理经验的基础上，加之技术进步和投入增加等，按照规划逐步实施，肯定会取得更为有效的治理成效（尚未见到统计数据）。

1.2　流域降雨的产水特别是产沙量大幅度减少

　　黄河的泥沙主要来自头道拐（河口镇水文站向上迁移的新站址）至潼关的黄土高原地区，尤以头道拐至龙门区间（头龙间）产沙最多。1950—2000 年进入黄河的沙量，头龙间年均为 7.055 亿 t，龙潼间（龙门至潼关区间）年均为 3.634 亿 t（两河段均未考虑河道冲淤及引水引沙的影响，下同）。考虑与降雨资料统计年份一致，按 1956—2000 年统计，年平均进入黄河的沙量头龙间为 6.768 亿 t，龙潼间为 3.635 亿 t。为了从宏观上分析中华人民共和国成立以来 60 多年治理黄土高原的减沙效果，将 2000—2010 年头道拐、龙门、潼关三站及其区间历年降水量、径流量、输沙量与 1956—2000 年平均值进行比较，见表 2～表 4。表中："龙-头"为龙门的径流量或输沙量减去头道拐的径流量或输沙量，代表头道拐至龙门区间的产水量或产沙量（忽略了区间河道水利枢纽和引水工程的影响）；

表3中"潼—龙"为潼关的径流量减去龙门的径流量，代表龙门至潼关区间的产水量；表4中"潼—龙"为潼关的输沙量减去龙门的输沙量，再考虑龙门至潼关区间干流河道的冲淤量，代表龙门至潼关区间的产沙量（1956—2000年龙门至潼关区间河道是微淤的，表中直接用潼关沙量减去龙门沙量，代表龙门至潼关区间的产沙量略微偏小）；P 为各年的数值与1956—2000年平均值的差值百分数（＋为偏多，－为偏少），即 $P = \dfrac{x - x_{均}}{x_{均}} \times 100\%$（$x$ 为各年份数值，$x_{均}$ 为1956—2000年平均值）。

表 2 2000—2010 年降水量统计

年份	全 流 域		头 龙 间		龙 三 间	
	降水量/mm	P/%	降水量/mm	P/%	降水量/mm	P/%
2000	381.8	−14.6				
2001	404.0	−9.6				
2002	404.2	−9.6				
2003	555.6	+24.3				
2004	421.8	−5.7	408.5*	−5*	484.2*	−10*
2005	431.0	−3.6	368.9	−14.2	538.0	0
2006	407.2	−8.9	408.5*	−5*	495.0*	−8*
2007	484.1	+8.3	483.3	+12.4	564.9*	+5*
2008	433.1	−3.1	432.2	+0.5	468.1	−13
2009	440.4	−1.5	439.5	+2.2	521.9	−3
2010	449.2	+0.5	438.2*	+1.9*	556.8*	+3.5*
2000—2010 平均	437.5	−2.1				
2004—2010 平均	438.1	−2.0	425.6	−1.0	518.4	−3.6
1956—2000 平均	447*	0	430*	0	538*	0

注 龙三间指龙门至三门峡区间。
* 表示从黄河水资源公报附图量得。

表 3 头道拐、龙门、潼关三站及区间年径流量统计

年份	头道拐		龙 门		潼 关		龙－头		潼－龙	
	W/亿 m³	P/%	W/亿 m³	P/%	W/亿 m³	P/%	W/亿 m³	P/%	W/亿 m³	P/%
2000	140.2	−36.8	157.2	−42.4	186.0	−47.5	17.0	−66.5	28.8	−64.8
2001	113.3	−49.0	139.4	−48.9	159.0	−55.2	26.1	−48.6	19.6	−76.0
2002	122.8	−44.7	156.6	−42.6	174.7	−50.7	33.8	−33.5	18.1	−77.9
2003	115.6	−47.9	162.3	−40.5	261.4	−26.3	46.7	−8.1	99.1	21.1
2004	127.6	−42.5	158.5	−41.9	197.3	−44.4	30.9	−39.2	38.8	−52.6
2005	150.2	−32.3	169.2	−38.0	230.8	−34.9	19.0	−62.6	61.6	−24.7
2006	174.9	−21.2	199.6	−26.8	233.4	−34.2	24.7	−51.4	33.8	−58.7
2007	189.3	−14.7	205.9	−24.5	250.4	−29.4	16.6	−67.3	44.5	−45.6
2008	164.1	−26.1	177.6	−34.9	204.8	−42.2	13.5	−73.4	27.2	−66.7
2009	169.6	−23.6	178.3	−34.6	206.5	−41.8	8.7	−82.9	28.2	−65.5

续表

年份	头道拐 W/亿 m³	头道拐 P/%	龙门 W/亿 m³	龙门 P/%	潼关 W/亿 m³	潼关 P/%	龙-头 W/亿 m³	龙-头 P/%	潼-龙 W/亿 m³	潼-龙 P/%
2010	191.2	−13.9	207.3	−24.0	262.5	−26.0	16.1	−68.3	55.2	−32.5
2000—2010 平均	150.8	−32.1	173.8	−36.3	215.2	−39.3	23.0	−54.7	41.4	−49.4
2004—2010 平均	166.7	−24.9	185.2	−32.1	226.5	−36.1	18.5	−63.6	41.3	−49.5
1956—2000 平均	222.0	0	272.8	0	354.6	0	50.8	0	81.8	0

注 2000—2010 年因未考虑万家寨引水，故头龙间的产水量可能偏小。

表 4 头道拐、龙门、潼关三站及区间年输沙量统计

年份	头道拐 W_s/亿 t	头道拐 P/%	龙门 W_s/亿 t	龙门 P/%	潼关 W_s/亿 t	潼关 P/%	龙-头 W_s/亿 t	龙-头 P/%	潼-龙 W_s/亿 t	潼-龙 P/%	潼-龙 W'_s/亿 t	潼-龙 P/%
2000	0.284	−74.4	2.190	−72.2	3.410	−70.4	1.906	−71.8	1.220	−66.4	1.220*	−66.4*
2001	0.200	−81.9	2.364	−70.0	3.423	−70.3	2.164	−68.0	1.059	−70.9	1.059	−70.9*
2002	0.268	−75.8	3.352	−57.4	4.496	−60.9	3.084	−54.4	1.144	−68.5	1.522	−58.1
2003	0.279	−74.8	1.857	−76.4	6.179	−46.3	1.578	−76.7	4322	+18.9	3.971	+9.2
2004	0.239	−78.4	2.327	−70.5	2.993	−74.0	2.088	−69.1	0.666	−81.7	0.501	−86.2
2005	0.404	−63.5	1.214	−84.6	3.280	−71.5	0.810	−88.0	2.066	−43.2	1.62	−55.4
2006	0.635	−42.7	1.800	−77.1	2.470	−78.5	1.165	−82.9	0.670	−81.6	0.0	0.0
2007	0.719	−35.1	1.440	−81.7	2.540	−77.9	0.721	−89.3	1.100	−69.7	1.09	−70.0
2008	0.476	−57.0	0.584	−92.6	1.300	−88.7	0.108	−98.4	0.716	−80.3	0.112	−96.9
2009	0.457	−58.8	0.568	−92.8	1.120	−90.3	0.111	−98.4	0.552	−84.8	0.170	−95.3
2010	0.593	−46.7	0.778	−90.1	2.270	−79.8	0.185	−97.3	1.492	−59.0	1.401	−61.5
2000—2010 平均	0.414	−62.6	1.679	−78.7	3.044	−73.6	1.265	−81.3	1.364	−62.5	1.151	−68.3
2004—2010 平均	0.503	−54.6	1.244	−84.2	2.282	−80.2	0.741	−89.1	1.037	−71.5	0.699	−80.8
1956—2000 平均	1.108	0	7.875	0	11.51	0	6.768	0	3.635	0	3.635	0

注 (1) W_s 为输沙量；W'_s 为考虑龙门至潼关干流河道冲淤量修正后的区间年产沙量，2000—2010 年因未考虑万家寨、龙口（2006 年开工建设，2009 年开始发电）等水利枢纽的影响，头龙间的产沙量可能偏小。

(2) 由于输沙率法、断面法计算冲淤量及淤积物容重的选用等都存在一定的偏差等，因此表中可能有不合理的数据。

* 表示 2000—2001 年因无龙门至潼关河道冲淤量资料，故未对该两年产沙量进行修正。

从表 2 至表 4 可以看出，2000—2010 年年均降水量较 1956—2000 年年均降水量略微

偏少的情况下，黄河中游产水量特别是产沙量大幅度减少，即使某些年份年降水量较1956—2000 年年平均降水量偏多时，黄河中游尤其是头龙间产沙量仍大幅度减少：

（1）2000—2010 年，全流域年均降水量较 1956—2000 年年均降水量仅偏少 2.1%，而头道拐、龙门、潼关年均径流量较 1956—2000 年年均径流量分别偏少 32.1%、36.3%、39.3%，年均输沙量分别偏少 62.6%、78.7%、73.6%，头龙间年均产水量减少 54.7%、产沙量减少 81.3%，龙潼间产水量减少 49.4%、产沙量减少 68.3%，从地域上看，头龙间减水减沙幅度均大于龙潼间，两个河段产沙量的减幅均大于产水量的减幅。

（2）2003 年为多雨丰水年，全流域平均降水量较 1956—2000 年年均降水量偏多 24.3%，汛期流域降水量为正距平，除兰州以上偏多 13% 以外，其他地区偏多都在 30% 以上，8—9 月偏多最为突出，流域各分区降水量偏多均在 40%~150%，其中泾、洛、渭河和三花间（三门峡至花园口区间）汛期降水总量超过了 1958 年，为历史同期第一位；7 月底，晋陕区间北部出现局部强降雨过程，府谷出现 1971 年建站以来最大洪峰流量 13000m³/s，8 月底以后黄河中下游及渭河、北洛河遭遇"华西秋雨"[7]。即使在如此多雨的年份，也只有龙潼间产水量较 1956—2000 年平均产水量多 21.1%，产沙量较 1956—2000 年年均产沙量多 9.2%（只减去了三门峡库区黄河干流的冲刷量，若再减去三门峡库区渭河、洛河的冲刷量，则产沙量少于 1956—2000 年年均产沙量 1.1%），而头龙间的产水量仍较 1956—2000 年年均产水量少 8.1%，产沙量较 1956—2000 年平均产沙量少 76.7%。2000—2010 年的其余各年，两个河段的产水量、产沙量均少于 1956—2000 年平均值。

（3）2004—2010 年，头龙间年均降水量较 1956—2000 年年均降水量偏少 1%，而年均产水量较 1956—2000 年年均产水量偏少 63.6%，年均产沙量偏少 89.1%；龙三间年均降水量较 1956—2000 年年均降水量偏少 3.6%，而龙潼间年均产水量较 1956—2000 年年均产水量偏少 49.5%，年均产沙量偏少 88.0%。

（4）2007 年全流域平均降水量较 1956—2000 年年均降水量偏多 8.3%，头龙间年降水量较 1956—2000 年年均降水量偏多 12.4%，但产水量较 1956—2000 年年均产水量偏少 67.3%，产沙量偏少 89.3%。此后的 2008 年、2009 年、2010 年，头龙间年降水量较 1956—2000 年年均降水量分别偏多 0.5%、2.2%、1.9%，但头龙间年产水量较 1956—2000 年年均产水量分别偏少 73.4%、82.9%、68.3%，年产沙量分别偏少 98.4%、98.4%、97.3%，也就是说，2008—2010 年这 3 年，尽管年降水量较 1956—2000 年平均值略偏多，但年产沙量却只有 1956—2000 年平均产沙量的 2% 左右。

以上分析成果虽不能定量看待，但长时间大规模的水土保持综合治理，极大地改变了流域下垫面的状况，明显减少降雨的产水特别是产沙的径流系数（头龙河段较龙潼河段减少更多，这与水土保持工作的投入是相应的），其定性趋势应该是肯定的[1-2]。下一步可从过去的观测资料中，选配暴雨强度，降雨过程和降雨量与近年相似的年份或时段进行对比分析，并考虑水利枢纽等因素，研究只因下垫面的变化，对降雨产水、产沙的影响，得出不同的下垫面条件，降雨与产水（水量和洪峰流量等）、产沙间的定量关系。由于选配相似的原型观测资料难能满足要求，可以通过进行物理模型试验，来补充天然资料的不足。全面细致地分析和试验研究在现时下垫面条件，遭遇有观测资料以来，水土流失最严重的那些暴雨过程所产生的水沙径流量,与过去实际观测的水沙径流量进行对比,并探索降雨产生水沙径流的机理和规律。另外,下垫面的巨大变化,将引起地面对日照的反射、吸收及附近气温和气流等发生变化,是否会引起区域性气候乃至降雨特征的变化,也是一个值得研究的问题。

2　小浪底水库的拦沙年限可以延长

小浪底水库的回水末端紧接三门峡水库坝下,因而小浪底水库的来沙,不仅取决于三门峡水库上游的来沙,而且与三门峡水库库区的冲淤有关。1960 年 9 月至 1962 年 3 月,三门峡水库蓄水拦沙运用,库区大量淤积,1973 年改建完成后,蓄清排浑运用,库区小幅度冲淤交替变化。大量研究成果表明,小北干流在修建三门峡水库之前的天然条件下,处于微淤状态,即用潼关输沙量减去龙门输沙量,代表龙潼间产沙量略微偏小。2000—2010 年三门峡水库各库段历年累计冲淤量及年冲淤量见表 5。

表 5　　　　　　　三门峡水库各库段历年累计淤积量　　　　　　单位:亿 m³

截止时间/(年-月)	黄淤 1—黄淤 41	黄淤 41—黄淤 68	渭淤 4—渭淤 37	洛淤 1—洛淤 21	合计
2000 - 10					70.160
2001 - 10	29.340	24.800	13.430	3.063	70.630
2002 - 10	29.370	25.090	13.650	3.072	71.180
2003 - 10	27.990	24.820	13.480	2.950	69.240
2004 - 10	28.480	24.690	13.540	2.946	69.660
2005 - 10	27.792	24.347	13.354	2.971	68.461
2006 - 10	27.947	23.724	13.494	2.973	68.138
2007 - 10	28.143	23.716	13.346	2.981	68.186
2008 - 10	28.379	23.251	13.377	2.981	67.988
2009 - 10	28.233	22.957	13.204	2.986	67.380
2010 - 10	27.962	22.887	12.182	3.007	66.038

由表 5 可以看出,三门峡水库从 1960 年 5 月至 2000 年 10 月共淤积泥沙 70.16 亿 m³,随后即冲淤交替、以冲为主(与来沙大量减少有关),到 2010 年 10 月淤积量已减少到 66.038 亿 m³,2000 年 10 月至 2010 年 10 月共计从三门峡库区冲出泥沙 4.122 亿 m³。如果从累计淤积量较多的 2002 年 10 月的 71.18 亿 m³ 算起,到 2010 年 10 月从三门峡库区共冲出泥沙 5.142 亿 m³,其中黄淤 41—黄淤 68 冲出泥沙 2.203 亿 m³,黄淤 1—黄淤 41 和渭淤 4—渭淤 37 分别冲出泥沙 1.408 亿 m³ 和 1.468 亿 m³,洛淤 1—洛淤 21 冲出泥沙仅 0.065 亿 m³。

从三门峡水库冲出后进入小浪底水库的泥沙,相对属于悬沙中粒径较粗的部分,初步认为,从三门峡库区冲出的 4.122 亿 m³ 泥沙中有 80% 即约 3.3 亿 m³ 泥沙会沉积在小浪底库区内。为便于比较分析,把小浪底水库各库段历年累计淤积量、年淤积量、三门峡水库年冲淤量及潼关年沙量一并列入表 6。

表 6　　　　　　　　小浪底水库年淤积量与三门峡水库年冲淤量及潼关年沙量　　　　　单位：亿 m³

| 截止时间/（年-月） | 小浪底水库淤积情况 | | | | | 潼关年沙量 | 三门峡水库潼关以下库区年淤积量 | 潼关年沙量减潼关以下三门峡库区年淤积量 |
	坝址—黄河20	黄河20—黄河38	黄河38—黄河56	合计	年淤积量			
2000 - 11	1.89			4.190				
2001 - 12	5.155	1.564	0.442	7.161	2.971	2.633		2.633 *
2002 - 10	5.862	3.084	0.326	9.272	2.111	3.458	0.030	3.428
2003 - 10	6.014	5.112	3.030	14.156	4.884	4.753	−1.380	6.133
2004 - 10	7.293	6.946	1.091	15.330	1.174	2.302	0.490	1.812
2005 - 10	8.213	7.989	2.039	18.241	2.911	2.523	−0.688	3.211
2006 - 10	10.375	9.834	1.477	21.686	3.445	1.900	0.155	1.745
2007 - 10	12.227	10.035	1.716	23.978	2.292	1.954	0.196	1.758
2008 - 10	12.720	10.295	1.358	24.373	0.395	1.000	0.236	0.764
2009 - 10	13.783	10.608	1.549	25.940	1.567	0.862	−0.146	1.008
2010 - 10	16.653	10.199	1.482	28.334	2.394	1.746	−0.271	2.017

注　—表示冲刷。

*　因无 2001 年三门峡水库潼关以下库区年冲淤量资料，故未对该年进行修正。

　　由表 6 可知，小浪底水库从 1997 年截流至 2010 年 10 月共淤积泥沙 28.334 亿 m³，如果减去从三门峡水库冲来泥沙淤积的 3.3 亿 m³，那么 1997 年 10 月至 2010 年 10 月小浪底大坝以上流域产沙所造成的库区淤积量约为 25 亿 m³；若按从 1999 年 10 月下闸蓄水至 2010 年 10 月的 11 年平均计算，则年均淤积约 2.28 亿 m³，按此淤积速率计算，要把 75.5 亿 m³ 的拦沙库容淤满，大约还需 20 年。

　　另有以下因素，可能延长小浪底水库的拦沙年限：①随着库区的淤积抬高，排沙比会逐渐增大，年淤积量可能逐渐减少；②黄土高原水土保持工作还在连续并更有效地进行，使来沙量呈逐渐减少的趋势；③各方面都在促进古贤水库及早修建，其不但有防洪、发电等效益，而且可以拦截其上游的来沙，使小浪底水库主要拦截龙潼间的来沙；④争取东庄水库在 2030 年以前建成，拦截泾河主要产沙区的来沙，使进入小浪底水库的泥沙进一步减少。

　　上述因素都可能延长小浪底水库拦沙库容的使用年限，减少进入黄河下游的沙量，应充分利用未来 20～30 年时间，开展黄河下游河道整治工作，缩窄河道、稳定主槽、提高输沙能力[8]，以达到平衡输送小浪底水库拦沙库容淤满后所下泄的沙量，实现长期输沙平衡、主槽稳定、长治久安[9]。

3　规划预测的水沙量远大于近十余年出现的水沙量

　　根据黄河流域防洪规划[3]，黄河下游河道整治采用的水沙系列为丰、枯、平系列组合，即 1975—1982 年、1987—1996 年、1971—1975 年，该系列龙门、华县、河津、状头四站设计年水沙量分别为 321.5 亿 m³（记为 $W_{4站规}$）、10.6 亿 t（记为 $S_{4站规}$），经过小浪底水库调节后，出库水沙量加上伊、洛、沁河水沙量，得到进入黄河下游的年水沙量（在建库后 20 年内的水库拦沙期）分别为 330.54 亿 m³（记为 $W_{下规}$）、4.03 亿 t（记为 $S_{下规}$）。小浪底水库已建成运行 11 年，为了检验规划预测数据与实际发生的水沙量的符合程度，分别用龙门、华县、河津、状头这四站设计水沙量和进入黄河下游的水沙量与水库建成后 2000—2010 年潼关、花园口实测的水沙量进行粗略（未考虑区间河段的冲淤量）比较，见表 7。

表 7　　　　小浪底建库后进库及进入黄河下游水沙量与规划预测值的比较

年份	W_t/亿 m³	$W_{4站规}/W_t$	W_h/亿 m³	$W_{下规}/W_h$	S_t/亿 t	$S_{4站规}/S_t$	S_h/亿 t	$S_{下规}/S_h$
2000	186.0	1.7	163.3	2.0	3.410	3.1	0.835	4.8
2001	159.0	2.0	165.5	2.0	3.423	3.1	0.657	6.1
2002	174.7	1.8	195.6	1.7	4.496	2.4	1.160	3.5
2003	261.4	1.2	272.7	1.2	6.179	1.7	1.970	2.0
2004	197.3	1.6	240.5	1.4	2.993	3.5	2.040	2.0
2005	230.8	1.4	257.0	1.3	3.280	3.2	1.050	3.8
2006	233.4	1.4	281.1	1.2	2.470	4.3	0.837	4.8
2007	250.4	1.3	269.7	1.2	2.540	4.2	0.843	4.8
2008	204.8	1.6	236.1	1.4	1.300	8.2	0.614	6.6
2009	206.5	1.6	232.2	1.4	1.120	9.5	0.269	15.0
2010	262.5	1.2	276.3	1.2	2.270	4.7	1.240	3.3
平均	215.1	1.5	235.7	1.4	3.044	3.5	1.047	3.8

注　W_t 为潼关年径流量；W_h 为花园口年径流量；S_t 为潼关年沙量；S_h 为花园口年沙量。

小浪底建库前长时段（1950—2000 年）潼关、花园口的平均年水量分别为 364.7 亿 m³、403.6 亿 m³（分别记为 $\overline{W_t}$、$\overline{W_h}$），平均年沙量分别为 11.85 亿 t、10.54 亿 t（分别记为 $\overline{S_t}$、$\overline{S_h}$）。小浪底建库后（2000—2010 年），潼关、花园口水沙量与建库前长时段（1950—2000 年）平均值的比较见表 8。

表 8　　　　小浪底建库后潼关、花园口水沙量与建库前长时段平均值的比较

年份	W_t/亿 m³	$\overline{W_t}/W_t$	W_h/亿 m³	$\overline{W_h}/W_h$	S_t/亿 t	$\overline{S_t}/S_t$	S_h/亿 t	$\overline{S_h}/S_h$
2000	186.0	2.0	163.3	2.5	3.410	3.5	0.835	12.6
2001	159.0	2.3	165.5	2.4	3.423	3.5	0.657	16.0
2002	174.7	2.1	195.6	2.1	4.496	2.6	1.160	9.1
2003	261.4	1.4	272.7	1.5	6.179	1.9	1.970	5.4
2004	197.3	1.8	240.5	1.7	2.993	4.0	2.040	5.2
2005	230.8	1.6	257.0	1.6	3.280	3.6	1.050	10.0
2006	233.4	1.6	281.1	1.4	2.470	4.8	0.837	12.6
2007	250.4	1.5	269.7	1.5	2.540	4.7	0.843	12.5

续表

年份	W_t/亿 m³	$\overline{W_t}/W_t$	W_h/亿 m³	$\overline{W_h}/W_h$	S_t/亿 t	$\overline{S_t}/S_t$	S_h/亿 t	$\overline{S_h}/S_h$
2008	204.8	1.8	236.1	1.7	1.300	9.1	0.614	17.2
2009	206.5	1.8	232.2	1.7	1.120	10.6	0.269	39.2
2010	262.5	1.4	276.3	1.5	2.270	5.2	1.240	8.5
平均	215.1	1.7	235.7	1.7	3.044	3.9	1.047	10.1

　　从表7和表8可以看出，小浪底建库后11年各站的实际水沙量远小于规划预测的水沙量及小浪底建库前长时段（1950—2000年）的水沙量，规划预测的年水量为建库后11年平均值的1.4～1.5倍，年沙量为建库后11年平均值的3.5～3.8倍；建库前长时段（1950—2000年）水量的平均值约为建库后11年平均值的1.7倍，沙量为3.9～10.1倍。因此，规划预测的小浪底水库淤积速度和下游河道冲淤演变情况，与实际情况有相当大的差别，黄河流域防洪规划也写道"黄河下游河道的冲淤变化极其复杂，主要取决于来水来沙条件和下游河道的边界条件等因素"。实际来沙与预测值相差数倍，河道的冲淤变化必然与预测的状况有很大的差异，这将直接影响规划治理的方法和措施。如果对过去的水沙资料按降水量和近期的下垫面状况进行修正，用修正后的水沙资料进行有关计算，那么计算结果将更接近实际，因此黄河治理规划必须在对水沙资料修正后的基础上进行[10]，只有这样，才能把规划治理方案做得更好、更接近实际。

4　修正水沙资料是一项重要的基础性科研课题

　　黄河流域的下垫面（包括流域地面和干支流河道）已发生巨大变化，遭遇与过去相同的降雨，将产生与过去不同的水沙量和径流过程。而且，黄土高原的各项水土保持工作，还在持续并更有效地进行。同时，干支流的水利枢纽工程还在继续修建，黄河流域的下垫面还在不断变化，黄河中游降雨与水沙径流关系也将相应发生变化。

　　通常认为河流的水沙过程是一种具有周期性、可重复出现的随机过程，因而采用数理统计方法，分析过去观测和调查的水沙资料，预测以后将可能出现的水沙过程（包括各种重现期的洪峰流量、年水量、年沙量及典型的水沙系列等），作为河流治理规划、工程设计和管理运用的依据。但河流水沙过程的周期性变化，是建立在降水周期性变化的基础上，其前提条件是下垫面基本不变或变化很小，若下垫面发生较大变化，则降雨的产水、产沙状况亦将相应发生变化，周期性的降雨将产生非周期性的水沙过程，即使降雨具有可重现性，但产生的水沙过程，不再具有可重现的性质，因此当下垫面发生较大变化后，此前观测的水沙资料也不具有可重现的性质。

　　黄河防洪规划和小浪底水利枢纽设计，利用过去观测的水沙资料所分析预测的水沙系列和水沙量，与近10年实际出现的水沙系列和水沙量相差甚远，证明了过去观测的水沙资料已不具可重现性。只有利用过去观测的降雨资料，降到现在的下垫面上，推算出的水沙过程，即按下垫面的差异，对过去观测的水沙资料进行系统的修正，用修正后的水沙资料和近年观测的水沙资料一起，分析预测今后一段时间的水沙过程，才具有可重现性，才能作为河流治理规划、工程设计和管理运用的依据。但一段时间以后，若下垫面等影响降雨径流关系的因素较现在又有大的变化，则必须再按新的下垫面对水沙资料进行修正，才能预测出其后一段时间可能重现的水沙过程。也就是说，按现在的下垫面对过去观测的水沙资料修正后，只能在今后下垫面变化不大的一段时间内，具有可重现的性质，到 2030 年或 2050 年，可能按现在的下垫面修正的水沙资料，已丧失可重现的性质，还须按当时的下垫面，对前期观测的水沙资料再进行修正，才能在其后一段时间具有可重现的性质。

对于下垫面处在不断变化的时期，需要对观测的水沙资料进行动态分析，动态分析水沙资料的基本内涵，是建立起一套以下垫面等影响因素为参数的降雨与水沙径流的函数关系，以适应各个时期下垫面的状况，使用该函数关系所预测的水沙过程，才具有可重现的性质，即符合未来实际出现的情况。以实际观测的降雨、水沙径流资料和下垫面状况为基础，随着时间的延续和下垫面的变化，对水沙资料进行修正，供其后一段时间采用，可以使资料分析的成果与其后一段时间的实际情况相符合，可提高有关工作成果的可靠性和效益。大容量高速度运行的计算机，为适时修正水沙资料创造了有利条件，可将实际观测的降雨和水沙等资料与各个时期修正的水沙资料一起储存在计算机内，以便随时查阅使用，对比分析和调整更改修正值等。

■ 参 考 文 献 ■

[1] 彭瑞善. 黄河综合治理思考 [J]. 人民黄河，2010，32 (2)：1-4.
[2] 彭瑞善. 对近期治黄科研工作的思考 [J]. 人民黄河，2010，32 (9)，6-9.
[3] 黄河水利委员会. 黄河流域防洪规划 [M]. 郑州：黄河水利出版社，2008.
[4] 李国英. 黄河问答录 [M]. 郑州：黄河水利出版社，2009.
[5] 冉大川，刘斌，王宏，等. 黄河中游典型支流水土保持措施减洪减沙作用研究 [M]. 郑州：黄河水利出版社，2006.
[6] 吴普特，高建恩. 黄土高原水土保持新论 [M]. 郑州：黄河水利出版社，2006.
[7] 时明立，姚文艺，李勇. 2003 年黄河河情咨询报告 [M]. 郑州：黄河水利出版社，2005.
[8] 彭瑞善. 黄河下游河道整治与平衡输沙 [J]. 人民黄河，2011，33 (3)：3-7.
[9] 彭瑞善. 当前治黄工作中几个急需解决的重大问题 [EB/OL]. [2011-03-24] http://www.iwhr.com/zgskyww/xsltone/xslt/A102002index_1.htm.
[10] 彭瑞善，鲁文. 黄河治理规划必须在对水沙资料修正后的基础上进行 [EB/OL]. [2011-03-17] http://www.hwcc.gov.cn/pub2011/hwcc/wwgj/bgqy/index.htm.

Revise Data of Water and Sediment are Basic Study Task for Harnessing Yellow River at Present

Abstract：As water and soil conservation works have been implemented at long time and large scale in the loess plateau and water conservancy projects have been constructed in the Yellow River and its tributarie, the underlying surface of the yellow River basin have remarkably changed. The analysis results of data observed show that quantities of incoming runoff and sediment in especial have substantially reduced from the Middle basin Yellow River; time of Silt up of the Xiaolongdi Reservoir may be extend；

Predicted quantities of water and sediment by the Yellow River basin flood control planning and the Xiaolongdi project design are much bigger than those measured in years from 2000 to 2010, that data of water and sediment measured in early stage can not have property of to return again. They must be revised according to variation of underlying surface, so that the data revised just have return property. Analyzing data revised predict future hydrological process, that they just can bases used for river harnessing planning, project design and operation, consequently revise data of water and sediment are new study task of urgent and significant for harnessing the Yellow River

Key words: middle Yellow River; water and soil conservation; variation of underlying surface; revise data of water and sediment; return property

新时期许多江河治理都需要研究修正水沙资料[*]

平原冲积河流的形成和演变决定于流域的产水产沙情况，水少沙多，河床持续淤积，是形成游荡型河道的基本原因，输沙平衡是保持河道稳定的基本条件。黄河、长江河型不同的主要原因就是流域产水产沙条件的差异，水沙量及其过程是河流开发治理的基本依据。洪峰太大，威胁防洪安全。发电、灌溉、城乡供水、航运、生态环境等都需要一定的水量。维持河道的冲淤平衡和河口海岸的相对稳定也需要搭配一定数量的泥沙，水沙量及其过程的趋势性变化，将会引起河道演变特性的变化。水土保持是减少进入河流泥沙的根本措施，干支流水利枢纽工程，拦沙和调节水沙过程是河流开发治理除害兴利的主要措施，这两种措施的正确使用，对于根治黄河有极重要的意义；对于已经达到准平衡的长江，将引起河道通过冲刷，重新建立平衡的演变过程。流域来沙量的减少还有利于三峡、小浪底等枢纽工程的管理运行，增加其综合效益。凡是下垫面（包括流域地面和干支流河道）发生较大变化的河流，其开发治理，都应按观测期和预测期下垫面状况的对比修正水沙资料。

1 中国主要河流近年水沙量变化

1.1 流域下垫面的变化

中华人民共和国成立以来，特别是改革开放以来，全国的水土保持工作持续并逐步加大力度地进行，已取得一定成效，不但改善了生态环境，而且减少了进入河流的水沙量。整理分析第一次全国水利普查的资料可知，全国水力侵蚀面积 $1293246km^2$，其中侵蚀程度最重的极强烈和剧烈的侵蚀面积为 $105541km^2$（依据侵蚀强度的不同，将水力侵蚀分为轻度、中度、强烈、极强烈和剧烈 5 级），风力侵蚀面积为 $1655916km^2$，水力、风力侵蚀面积共 $2949162km^2$。全国水土保持面积为 $991619.6km^2$，其中工程措施面积为 $200297.2km^2$，植物措施面积为 $778478.8km^2$，其他措施面积为 $12843.6km^2$，水土保持措施面积已达水力、风力侵蚀总面积的 33.6%，达水力侵蚀面积的 76.7%，达水力极强烈和剧烈侵蚀面积的 9 倍多[1]。由于水土保持面积中包括一部分单纯防风蚀的面积，统计中未与分开，审视上述比例时应考虑此因素。水力侵蚀面积最大的为四川、云南、内蒙古、新疆、甘肃、黑龙江、陕西、山西等省（自治区），水力侵蚀极强烈和剧烈面积最大的为四川、云南、甘肃、黑龙江、广西、重庆、陕西、山西等省（自治区、直辖

---

* 彭瑞善. 新时期许多江河治理都需要研究修正水沙资料［J］. 水资源研究，2015，4（4）.

市）。水土保持面积最大的为内蒙古、四川、云南、甘肃、陕西、山西等省（自治区），详见表1。

表1   各省（自治区、直辖市）水力、风力侵蚀面积及水土保持面积

省份	水力侵蚀面积/km²				风蚀面积/km²	水风蚀面积/km²	水保面积/km²
	总面积	极强烈	剧烈	极、剧合计			
	A_1	A_2	A_3	A_4	A_5	A_6	A_7
合计	1293246	76272	29242	105514	1655916	2949162	991619.6
北京	3212	70	14	84		3212	4630
天津	236	6	3	9		236	784.9
河北	42135	1464	622	2086	4961	47096	45311.4
山西	70283	4277	1058	5335	63	70346	50482.4
内蒙古	102398	2923	577	3500	526624	629022	104256.3
辽宁	43988	2769	783	3552	1947	45935	41714.3
吉林	34744	2777	1284	4061	13529	48273	14954.5
黑龙江	73251	5459	1631	7090	8687	81938	26563.6
上海	4	0	0	0		4	3.6
江苏	3177	133	14	147		3177	6491.4
浙江	9907	177	159	336		9907	36013.1
安徽	13899	660	154	814		13899	14926.7
福建	12181	428	268	696		12181	30643.1
江西	26497	776	109	885		26497	47109
山东	27253	1727	424	2151		27253	32796.8
河南	23464	1444	368	1812		23464	31019.5
湖北	26903	1573	689	2262		26903	50251.1
湖南	32288	1019	452	1471		32288	29337.4
广东	21305	1629	330	1959		21305	13033.8
广西	50537	4804	1334	6138		50537	16045.4
海南	2116	45	44	89		2116	662.9
重庆	31363	4356	1654	6010		31363	24264.4
四川	114420	9748	4765	14513	6622	121042	72465.8
贵州	55269	2960	2241	5201		55269	53045.3
云南	109588	8963	5125	14088		109588	71816.1
西藏	61602	2084	1302	3386	37130	98732	1865.2
陕西	70807	4569	1214	5783	1879	72686	65059.4
甘肃	76112	5407	2121	7528	125075	201187	69938.2
青海	42805	2179	202	2381	125878	168683	7636.9
宁夏	13891	526	203	729	5728	19619	15964.7
新疆	87621	1320	98	1418	797793	885414	9550.5

截至 2011 年底，全国江河已建水库 97246 座，总库容 8104.10 亿 m³，在建水库 756 座，总库容 1219.02 亿 m³[2]。

1.2 水沙量变化

水土保持措施和干支流水利枢纽的修建，相当大地改变了各江河流域下垫面的状况，从而引起各江河水特别是泥沙量的大幅度减少，统计分析了长江、黄河、淮河、海河、珠江、辽河、闽江、松花江、钱塘江、塔里木河和黑河 11 条中国主要河流代表水文站的实测水沙资料得出，2003—2011 年的均值与 1950—2000 年的均值相比，这些河流年径流量减少 9.2%～76.4%（黑河因从外流域引水除外），按 10 条江河的百分比平均减少 26.0%，年输沙量，除松花江只减少 2.6%以外，其余 10 条江河减少 28.2%～99.0%，按百分比平均减少 66.1%，海河、辽河均减少 90%多，黄河减少 78%，长江、珠江减少 67%、淮河减少 64%，沙量的减少明显大于水量的减少，详见表 2 和表 3。

表 2　　　　　　　　　中国主要河流代表水文站近年年径流量变化　　　　　　单位：亿 m³

河流	长江	黄河	淮河	海河	珠江	辽河	闽江	松花江	钱塘江	塔里木河	黑河
代表 水文站	大通	潼关	蚌埠＋ 临沂	石匣里＋ 响水堡＋ 张家坟＋ 下会	高要＋ 石角＋ 博罗	铁岭＋ 新民	竹岐＋ 永泰	佳木斯	兰溪＋ 诸暨＋ 花山	阿拉尔＋ 焉耆	莺落峡
控制流域 面积/ 万 km²	170.54	68.22	13.16	5.22	41.52	12.76	5.85	52.83	2.3	15.04	1.00
2000 年	9266	186.0									
2001 年	8250	159.0	92.12	3.51	3385	4.3					
2002 年	9926	174.7	228.92	2.013	3131	5.19					
2003 年	9248	261.4	671.6	3.369	2370	4.66	299.33	536.1	172.5	64.95	19.01
2004 年	7884	197.3	241.8	5.465	2135	13.77	322.07	413.8	113.5	47.62	15.10
2005 年	9015	230.8	481.6	4.849	2502	33.80	683.7	596.5	201.2	78.13	18.18
2006 年	6886	233.4	245.5	4.625	2889	11.50	715.1	425.3	177.7	79.61	18.14
2007 年	7708	250.4	410.4	2.793	2258	9.989	432.4	270.0	140.0	52.40	20.92
2008 年	8291	204.8	305.6	5.072	3642	23.94	442.0	248.1	153.9	53.20	19.44
2009 年	7819	206.5	177.8	2.402	2098	12.54	390.9	510.6	160.9	34.08	20.93
2010 年	10220	262.5	329.2	3.567	2621	56.79	886.9	621.3	316.0	101.8	17.26
2011 年	6671	259.6	112.7	3.698	1773	17.24	320.6	449.0	148.3	82.58	18.57
1950—2000 年 （A）	9051	364.7	285.4	16.904	2864	35.02	577.1	675.2	202.7	72.75	15.64
2003—2011 年 （B）	8194	234.1	330.7	3.982	2454	20.47	510.3	452.3	176.0	66.04	18.62

续表

河流	长江	黄河	淮河	海河	珠江	辽河	闽江	松花江	钱塘江	塔里木河	黑河
$(B/A)\times100\%$	90.5	64.2	115.9	23.6	85.7	58.5	88.4	67.0	86.8	90.8	119.0
$[(B-A)/A]\times100\%$	−9.5	−35.8	15.9	−76.4	−14.3	−41.5	−11.6	−33.0	−13.2	−9.2	19.0
2001—2011年(C)	8356	211.9	299.8	3.760	2600	17.61					
$(C/A)\times100\%$	92.3	60.8	105	22.2	90.8	50.3					
$[(C-A)/A]\times100\%$	−7.7	−39.2	5.0	−77.8	−9.2	−49.7					

表3　　中国主要河流代表水文站近年年输沙量变化　　单位：万t

河流	长江	黄河	淮河	海河	珠江	辽河	闽江	松花江	钱塘江	塔里木河	黑河
代表水文站	大通	潼关	蚌埠+临沂	石匣里+响水堡+张家坟+下会	高要+石角+博罗	铁岭+新民	竹岐+永泰	佳木斯	兰溪+诸暨+花山	阿拉尔+焉耆	莺落峡
控制流域面积/万 km²	170.54	68.22	13.16	5.22	41.52	12.76	5.85				
2000年	33900	34100									
2001年	27600	34230	35.9	57.323	6531	68.86					
2002年	27500	44960	493	103.12	5739	60.98					
2003年	20600	61790	809.4	84.1	1877	91.84	86.2	1270	95.1	1306.8	108
2004年	14700	29930	417.7	45.07	2097	73.8	53.35	832	73.96	784.3	12.1
2005年	21600	32800	847	6.16	3630	261	737	2430	171	2230	3.69
2006年	8480	24700	223	32.5	4530	62.0	717	1590	144	2210	48.9
2007年	13800	25400	526	4.11	1510	58.3	138	341	169	980	18.6
2008年	13000	13000	445	15.4	4460	109	45.0	263	178	1060	131
2009年	11100	11200	177	0.203	1610	27.6	44.8	1940	143	448	12.2
2010年	18500	22700	605	3.01	2500	458	1180	1670	507	3070	7.90
2011年	7180	13200	30.8	3.11	1270	71.1	49.7	793	407	2680	43.2
1950—2000年(A)	43300	118500	1241	2060	7990	1868	695.7	1270	292.3	2403.9	240
2003—2011年(B)	14329	26080	453.3	21.52	2609	134.7	339.0	1237	209.8	1641.0	42.84
$(B/A)\times100\%$	33.1	22.0	36.5	1.0	32.7	7.2	48.7	97.4	71.8	68.3	17.9

续表

河流	长江	黄河	淮河	海河	珠江	辽河	闽江	松花江	钱塘江	塔里木河	黑河
$[(B-A)/A]$ $\times100\%$	−66.9	−78.0	−63.5	−99	−67.3	−92.8	−51.3	−2.6	−28.2	−31.7	−82.1
2001—2011年 (C)	16733	28537	419.0	32.19	3250	122.0					
$(C/A)\times100\%$	38.6	24.1	33.8	1.6	40.7	6.5					
$[(C-A)/A]$ $\times100\%$	−61.4	−75.9	−66.2	−98.4	−59.3	−93.5					

大量研究表明，河流的输沙率 Q_s（t/s）与流量 Q（m³/s）存在下式关系：

$$Q_s = QS = KQ^a$$

式中：S 为含沙量，kg/m³；K 为系数；a 为指数，多数河流 a 在 2 附近变化。

令 $a=2$，则 $K=S/Q$，S/Q 为来沙系数，在一定程度上反映来沙情况与河流输沙能力的比值，表 4 为中国主要河流代表水文站近年来水来沙量与来沙系数的变化。

表 4　　　　　中国主要河流代表水文站近年来水来沙量与来沙系数的变化

河流	代表水文站	1950—2000 年			2003—2011 年			比值
		$Q_1/$ (m³/s)	$S_1/$ (kg/m³)	$S_1/Q_1/$ [m⁶/(s·kg)]	$Q_2/$ (m³/s)	$S_2/$ (kg/m³)	$S_2/Q_2/$ [m⁶/(s·kg)]	$S_2Q_1/$ S_1Q_2
长江	大通	28701	0.48	0.000017	25982	0.17	0.000007	0.404
黄河	潼关	1156.5	32.5	0.028097	742.3	11.1	0.015011	0.534
淮河	蚌埠+临沂	905	0.43	0.00048	1048.8	0.14	0.000131	0.272
海河	石匣里+响水堡+张家坟+下会	53.6	12.2	0.22735	12.6	0.54	0.042789	0.188
珠江	高要+石角+博罗	9081.7	0.28	0.000031	7782.3	0.11	0.000014	0.445
辽河	铁岭+新民	111	5.33	0.04803	64.9	0.66	0.010141	0.211
闽江	竹岐+永泰	1830	0.012	0.0000659	1618.2	0.07	0.000041	0.623
松花江	佳木斯	2141	0.19	0.0000879	1434.3	0.27	0.000191	2.17
钱塘江	兰溪+诸暨+花山	642.8	0.14	0.000224	558.1	0.12	0.000214	0.952
塔里木河	阿拉尔+焉耆	230.7	3.3	0.014323	209.4	2.48	0.011865	0.828
黑河	莺落峡	49.6	1.53	0.030942	59	0.23	0.003899	0.126

注　Q_1、S_1 分别为 1950—2000 年的平均流量和平均含沙量；Q_2、S_2 分别为 2003—2011 年的平均流量和平均含沙量。

从表 4 可知，2003—2011 年均值与 1950—2000 年均值相比，除松花江的来沙系数增大以外，其余 10 条江河的来沙系数均有不同程度的减少，长江、黄河减少 50％左右，辽河减少近 80％，表明这些江河均有可能由淤积或准平衡转变为冲刷，并趋向新的冲淤平衡。

2　长江干流近年水沙量变化

2.1　流域下垫面的变化

整理分析第一次全国水利普查的资料，长江流域青海、西藏、四川、重庆、云南、贵州、湖北、湖南、安徽、江西等省（自治区、直辖市）总计的水土保持工程面积为极强烈和剧烈水力侵蚀面积的 1.6 倍，水土保持合计面积为水力侵蚀合计面积的 71％。青海、西藏、四川、重庆、云南、贵州为进入三峡水库的流域，前述两项数值分别为 107.8％和 55.7％，水力侵蚀最严重的为四川、云南两省，其水力侵蚀面积分别为 114420km² 和 109588km²，其中极强烈和剧烈水力侵蚀面积分别为 14513km² 和 14088km²，都是各省（自治区、直辖市）中最大的，特别是四川省为长江流域产水产沙最多的省，其水土保持工程措施面积已达极强烈加剧烈水力侵蚀面积的 112.5％（上述各项面积中均包括部分不属于长江流域的面积）[1]。

长江流域已建大型水库 217 座，中型水库 1259 座，干流修建的三峡、葛洲坝、溪落渡、向家坝等大型水利枢纽工程，具有相当大的拦截泥沙和调节水沙的功能。

2.2　水沙量变化

流域地面的各种水土保持措施和干支流河道上修建的水利枢纽工程，相当大地改变了流域下垫面的状况，使进入长江的沙量明显减少。统计分析实测水沙资料得出，2002—2012 年均值与 1950—2010 年均值相比，年输沙量，长江干流寸滩站减少 52.8％，宜昌站减少 85.1％，大通站减少 59.8％；年径流量，寸滩站减少 4.3％，宜昌站减少 9.3％，大通站减少 5.0％。2002—2012 年均值与 1950—2000 年均值相比，年输沙量，寸滩站减少 55.2％，宜昌站减少 87.1％。三峡水库 2003 年 6 月开始蓄水运用，长江朱沱、嘉陵江北碚和乌江武隆三站为入库站，2002—2012 年均值与 1954—2000 年均值相比，年输沙量，朱沱站减少 44.4％，北碚站减少 77.0％，武隆站减少 76.3％，三站合计减少 55％，年径流量三站合计减少 7.3％。据 2013 年 10 月，新华社记者采访中国长江三峡集团公司的报道，"自 2003 年三峡工程开始蓄水以来，由于长江上游水库拦沙、水土保持等原因，三峡水库年均入库沙量为 1.9 亿 t，较初步设计值 5.09 亿 t 减少 62.7％，而随着上游多座水库逐步投运，三峡水库的年均入库泥沙量还将进一步减少。三峡水库蓄水以来，年均淤积量为论证阶段预测值的 42％"[3]。另据 2012 年 8 月 23 日和 24 日（央视网消息），"长江上游的生态状况发生了巨大变化，20 世纪 80 年代遥感显示，长江流域当时曾是我国七大江河中水土流失最严重的，如今，作为长江重要水源涵养地，四川森林覆盖率由 2000 年的 25％提高到 35％，四川境内输入长江的泥沙减少了 46％"。

3　黄河近年水沙量变化

3.1　流域下垫面变化

黄河流域黄土高原面积为 64 万 km²，其中水土流失面积 45.4 万 km²（水力侵蚀面积 33.7 万 km²，风力侵蚀面积 11.7 万 km²）。黄河泥沙主要来自黄河中游河口镇至三门峡区间，按 1919—1960 年统计，该区间年输入黄河的泥沙约 14.5 亿 t，占全河年输沙量 16 亿 t 的 90.6%，河口镇至龙门区间的 18 条支流，泾河的马莲河上游和蒲河，以及北洛河的刘家河以上为多沙粗沙区，面积 7.86 万 km²，年均输入黄河的泥沙为 11.8 亿 t，占全河年沙量的 63%，粗沙（粒径大于 0.05mm）量占全河粗沙总量的 73%[4]。截至 2004 年，黄河流域已建淤地坝 11.2 万座，造林、种草和基本农田面积共计约 18 万 km²，水土保持措施面积累计达 20 万 km²[5]。整理分析截至 2011 年的全国水利普查资料，黄河流域的青海、甘肃、宁夏、内蒙古、陕西、山西、河南七省（自治区）总计水力侵蚀面积近 40 万 km²，其中极强烈和剧侵蚀面积 2.7 万 km²，水土保持措施合计面积约 34.4 万 km²，占水力侵蚀面积的 86.1%。黄河中游主要产沙的内蒙古、陕西、山西三省（自治区）合计水力侵蚀面积约 24.3 万 km²，水土保持措施合计面积近 22 万 km²，占水力侵蚀面积的 90%（上述各项面积中均包括部分不属于黄河流域的面积）[1]。

黄河上游干流已建龙羊峡、刘家峡两座大型调节水库及 10 多座电站、引水枢纽工程。直接影响黄河下游洪水泥沙的黄河中游干流已建万家寨、龙口、天桥、三门峡、小浪底、西霞院等水利枢纽工程，支流建有渭河宝鸡峡、汾河、伊川陆浑、洛河故县、沁河河口村等水库[6]。其中小浪底、三门峡、万家寨等水库和支流水库都具有一定调节水沙的能力，在拦沙库容淤满以前还具有拦截粗泥沙的作用。

3.2　水沙量变化

水土保持措施和水利枢纽工程相当大地改变了黄河流域下垫面的状况，黄土高原水土流失减少和水库拦沙等原因，使进入下游河道的水，特别是泥沙显著减少[7-8]，统计小浪底水库建成前后进入黄河下游（花园口站）的水沙量，2000—2013 年均值与 1950—2000 年均值相比，年径流量约减少 36%，年输沙量减少 90%，含沙量减少 84%，来沙系数减少了 75%，因而使黄河下游河道由持续淤积转变为持续冲刷。依据过去观测的水沙资料，规划预测小浪底水库运用 10 年后，下游河道即开始回淤，实际上小浪底水库运用 14 年后下游河道的冲刷仍在发展，1999 年 10 月至 2013 年 10 月的 14 年，黄河下游河槽共冲刷泥沙 18.488 亿 m³，平均每年冲刷 1.32 亿 m³，其中高村以上冲刷 12.355 亿 m³，平均年冲刷 0.882 亿 m³，高村以下冲刷 6.133 亿 m³，平均年冲刷 0.438 亿 m³，小浪底建库前的 1951 年 10 月至 1999 年 10 月的 48 年，黄河下游共淤积泥沙 55.24 亿 m³，平均年淤泥 1.15 亿 m³，其中超过一半淤积在滩地上。依据过去观测的水沙资料，规划预测小浪底水库拦沙 20 年，实际上，水库运用 14 年后，淤积量只占拦沙库容的 40%。

4　修正水沙资料是新时代许多江河开发治理新的研究课题

4.1　修正水沙资料的必要性

进入河道的水沙径流是降雨与流域下垫面相互作用所产生的，下垫面遭遇降雨以后，在自身发生变化的过程中，对雨水的去向进行分配，即多少水保留在原地附近储存、入渗、蒸发，多少水沙形成地表径流，由沟道汇入支流、干流河道。对雨水的分配状况（产流）和自身变化的程度（产沙）决定于降雨的数量、强度、过程，持续时间和下垫面的条件（地形、植被、土质类型、结构、密实度、含水量等）及气候日照等因素[5]。当降雨条件相同时，下垫面的条件就是流域产流产沙的决定性因素。

水沙观测资料的系列年限越长，预测今后的水沙条件越接近实际，这是公认的理念，但由于近年江河流域下垫面的巨大变化，在发生与过去相同的降雨，进入各河段的水沙（特别是泥沙）量及其过程将与过去实测的水沙资料存在相当大的差异，按常规用过去观测的水沙资料，分析预测以后的水沙条件，将产生很大偏差[9]。

近年发生与过去相同的降雨，引起进入下游河道水沙变化的主要原因有二：一是水土保持措施改变了流域地面对降雨的产流产沙特性，从而引起进入河道水沙量及其过程的变化；二是干支流水库拦沙及调节水沙，使出库进入下游河道的水沙量及其过程与入库的水沙量及其过程不同，其差异决定于水库的库容和运用方式，本文不具体讨论。对于流域地面变化引起的产流产沙变化，则需根据观测期和预测期流域下垫面条件的对比，分时段分原因进行修正，才能恢复其重现的性质[10]。

河流开发治理的基本目标是除害兴利，即保障防洪（包括防凌）安全，城乡供水（包括灌溉）、发电、航运、生态环境等，开发治理的主要措施是水土保持、修建水利枢纽工程、堤防、河道整治工程等，以及采取各种有利于实现上述目标的非工程措施。来水来沙的数量、搭配及其过程是实现开发治理目标，选择治理措施最基本的依据。供水、航运、生态环境都要求一定的流量过程和平衡稳定的河道，以及发电的功率决定于流量与落差的乘积，以上4项都是水量越大，流量均匀可调节则效益越大，防洪也要求水库调节洪峰与河道平衡稳定，而水库淤积、河道的平衡稳定均与来水来沙的数量、水沙搭配及过程有关。中华人民共和国成立以来，黄河治理工作取得很大成绩，但也存在一些失误，失误的主要原因是对流域进入河道的泥沙数量预测错误。修建三门峡水库时，由于对来沙量预测过少，一开始蓄水运用，即遭遇库区严重淤积，潼关河床迅速抬高，以致威胁渭河乃至西安市的防洪安全，三门峡水库被迫改建并改变运用方式，效益大大减少；近年，又根据过去观测的水沙资料，对进入小浪底水库的泥沙量预测过多，算得小浪底水库的拦沙年限为20年，下游河道在水库运用10年后即开始回淤，因而继续采取对滩区人民不利的"宽河固堤"的下游河道治理方略，结果是预测值与实际发生的情况相差悬殊。对来沙量预测的"一少一多"，使治黄工作遭受损失[11]。按照过去观测的水沙资料，分析预测长江三峡水库的入库沙量和水库淤积量，均与近年实测的成果相差很大，入库沙量较初步设计值减少约6成，水库淤积为预测值的42%，四川省输入长江的泥沙减少了46%。由此可见，来沙量预测的准确性，对江河开发治理是非常重要的。

在大力推进生态文明建设的新时代，许多江河流域的下垫面都会发生不同程度的变化，不单中国，全球都已重视改善生态环境，"在过去半个世纪里……全世界河流每年输送到海洋的泥沙已经从大约 400 亿 t 降低到 190 亿 t，密西西比河减沙 70%～80%，尼罗河减沙 90% 以上"[12]。对于下垫面发生较大变化的河流，过去观测的水沙资料，已经丧失或改变了其再重现的性质，不能直接用于分析预测未来的水沙条件，必须根据观测期与预测期下垫面状况的对比进行修正，因此，修正水沙资料是新时代许多江河开发治理的基础性研究课题。

修正水沙资料是一项新的研究课题，必须根据各条江河、各个河段在各个时期流域下垫面变化的具体情况，考虑影响流域产流产沙各种因素的变化进行修正。利用修正后的水沙资料进行江河的规划治理，将会取得明显的效益，例如，对进入黄河中游的水沙资料修正后，就能较准确地计算出小浪底水库的拦沙可以延长多少年，黄河下游将会由沿程冲刷趋向冲淤交替的准平衡状态，持续淤积的情况不会再发生。因而可将黄河下游治河方略中的"宽河固堤，政策补偿"修改为"关注滩区、两岸引水和滞洪区"。按一定的防洪标准，合理完善地修建生产堤，以改善滩区人民的生产生活条件，逐步建成小康社会，并尽快修建古贤水库和东庄水库（均属国务院部署的 172 项重大水利工程项目），坚持加强黄土高原的水土保持工作，把黄河治理成中国第二条长江——北方长江的愿望是可以实现的[10]。

4.2 修正水沙资料与水土保持成果的关系

修正水沙资料是联系水土保持成果和江河开发治理工作之间的一座"桥梁"，水土保持成果通过这座"桥梁"就能输送到江河开发治理的各项工作中去，水土保持工作成果对江河治理规划，工程设计和管理运用的影响，只有通过修正水沙资料才能在规划设计和管理运用的具体工作中体现出来，才能使预测的水沙条件更接近实际，使规划设计方案经得起实践的检验，才能提高工程管理运用的综合效益。

修正水沙资料的依据和前提是水土保持工作改善流域下垫面的状况。新时代，大力推进生态文明建设，水土保持工作必然会继续进行并加强。在水土保持工作还处于巩固扩展阶段，即下垫面还处于变化过程中，修正水沙资料也是阶段性的，随着水土保持工作的逐步发展，一段时间后，水沙资料也需要再做相应的修正，直到流域下垫面修复完善并长期巩固稳定，才能完成最后一次修正并长期使用。需要强调指出，一旦水土保持成果遭到破坏，水沙资料将进行反向修正（泥沙大量增加），江河开发治理工作成果将遭受重大损失，所以，巩固水土保持成果是维护江河开发治理效益的基础。

参 考 文 献

[1] 水利部. 第一次全国水利普查水土保持情况公报 [URL]. 2013. http：//www.mwr.gov.cn/zwzc/hygb/zgstbcgb/201305/po20130530309603825800.pdf-Windows Internet
[2] 水利部，国家统计局. 第一次全国水利普查公报 [M]. 北京：中国水利水电出版社，2013.

［3］ 刘紫凌，梁建强. 三峡蓄水十年泥沙比预期减少约 6 成［URL］. 2013. file；///D：/My％2OD0cuments/三峡十年泥沙减 6 成.

［4］ 李国英. 黄河问答录［M］. 郑州：黄河水利出版社，2009：86 - 87.

［5］ 彭瑞善. 黄河综合治理思考［J］. 人民黄河，2010，32（2）：1 - 4.

［6］ 《中国河湖大典》编纂委员会. 中国河湖大典黄河卷［M］. 北京：中国水利水电出版社，2014：367 -371.

［7］ 王万忠，焦菊英，魏艳红，等。近半个世纪以来黄土高原侵蚀产沙的时空分异特性［J］. 泥沙研究，2015（2）：9 - 16.

［8］ 何毅，穆兴民，赵广举，等. 基于黄河河潼区间输沙量过程的特征性降雨研究［J］. 泥沙研究，2015（2）：53 - 59.

［9］ 彭瑞善. 修正水沙资料是当前治黄的基础性研究课题［J］. 人民黄河，2012，34（8）：1 - 5.

［10］ 彭瑞善. 适应新的水沙条件加快黄河下游治理［J］. 人民黄河，2013，35（8）：3 - 9.

［11］ 彭瑞善. 对近期治黄科研工作的思考［J］. 人民黄河，2010，32（9）：6 - 9.

［12］ 王兆印. 三门峡水库的功过和未来展望［URL］. 2014. http：//www. yellowriver. gov. cn/hdpt/wypl/201412/t20141225-149383. html

修正水沙资料系列初探[*]

1 引言

　　水沙条件是影响江河演变和决定江河治理方案的基本因素,黄河难治的根源是水少沙多,河床持续淤积抬高。由于长时间大规模水土保持工作的成效,从黄土高原进入黄河的泥沙已大量减少,随着生态文明建设的推进,泥沙减少的趋势是不可逆转的,用早期观测的水沙资料来预测未来的水沙条件肯定是不符实际的,必须根据下垫面的变化对早期观测的水沙资料进行修正,修正后的水沙资料才能作为黄河治理规划的依据。修正水沙资料是一项新的非常复杂的研究课题,必须摸索进行。河口镇(头道拐)至龙门是黄河产沙最多的河段,也是水土保持工作成效最显著的河段,修正该河段流域进入黄河的水沙(特别是泥沙)资料,对于黄河中下游的开发治理具有重要意义。在倡导生态文明建设的新时代,许多江河的开发治理,都需要首先研究并修正水沙资料[1]。

2 修正水沙资料的必要性和可行性

2.1 水沙径流的产生

　　水沙径流是降水和流域下垫面相互作用的产物,降水是主动作用因素,当流域地面遭遇降水,雨水(包含水体和水能)冲击地面带来的后果主要有两个方面:一是地面的变化,二是雨水的去向。各种地貌形态对雨水的作用产生不同的响应,由于承受雨水作用的能力不同,地面变化的程度和对雨水去向的安排也不相同[2]。坡耕地在大雨暴雨的冲击和重力作用下,会发生大量水土流失,坡度陡的会形成高浓度的挟沙水流甚至泥石流下泄,也会有少部分雨水渗入地下。当坡耕地改为梯田后,一般中大雨主要起浇地保墒作用,有利于作物生长,大雨暴雨可以在排水沟道形成高速水流,但地面的流速一般不会太大,水流带走的泥沙较少;当坡地有茂密的林草植被时,雨水很难直接冲击地面,大多是经过林草枝叶消能后才能接触地面,对地表的冲刷能力大大降低,地面的变化较小,停留蒸发下渗的水量增多,产生的径流减少,产沙量更少;城镇建设所形成的硬化地面,能抗衡暴雨的冲击而不变化,雨水除湿润地表蒸发以外,接触不到泥土,因而无泥土流失,几乎无水下渗,其余的雨水全部转化为地表径流,超过城市原设计的排水能力,从而加重内涝。遭遇特大暴雨时,除硬化地面以外,各种地貌形态的水土流失都可能大幅度增加,具体增加

---

　　* 彭瑞善. 修正水沙资料系列初探 [J]. 水资源研究,2016,5 (4).

的数量，取决于水土保持措施的设计标准，施工质量和管理水平。降水和流域下垫面相互作用所产生的水沙径的数量和过程，决定于降水特性（降水量、降水强度、降水过程、持续时间和降水地区等）和下垫面的状况（地形、地质、地貌、土壤种类、密实度、含水量、植被的种类、生长情况、覆盖率及各种人工措施等诸多因素），情况非常复杂。雨水的去向一般为就地停留、蒸发、下渗、挟带一些固体物质（泥土、树草枝叶及地面零散物等）形成挟沙水流，汇入沟壑、支流、干流河道，在输送过程中，会有部分水流储存在池塘、洼地、湖泊和水库[3]。

2.2　水沙条件是江河演变和开发治理的基本依据

平原冲积河流的河型及演变均决定于来水来沙条件，来沙量的大幅度减少可能引起河床冲淤性质上的变化甚至河型转换。河流开发治理规划、水利枢纽工程设计和管理运用，都要以水沙条件为基本依据。预测水沙条件的准确性对做好江河治理规划和工程设计十分重要。1955年的黄河流域综合治理规划，由于对黄河中游流域水土保持成效估计过高、预测进入黄河的沙量过少，因而把三门峡水利枢纽设计成蓄水拦沙运用的高坝大库，并认为下游河道主要是防御冲刷，故在黄河下游规划了7座低水头水利枢纽工程。1960年三门峡水库投入运用后，库区发生严重淤积，潼关河床迅速抬高，渭河的防洪标准下降，以致威胁西安市的防洪安全，三门峡水库被迫改建，降低蓄水位并改变运用方式，投资增大、效益减少。下游河道建成的花园口水利枢纽、位山水利枢纽相继破坝恢复原河道，已施工了部分建筑物的泺口水利枢纽和王旺庄水利枢纽半途而废；近年，又直接引用过去观测的水沙资料，预测中游流域进入黄河的沙量过多，算得小浪底水库运用10年后下游河道即开始回淤，因而仍然把防止下游河道淤积作为主要任务，继续采用"宽河固堤"治河方略，滩地随时都可能上水，使居住在下游滩地的190万人民不能搞基本建设，生产生活十分困难。

近15年的实测资料表明，来沙量远小于预测值，下游河道仍是冲刷发展的趋势，持续淤积的情况不可能再发生，黄河已进入规划根治的新时代[4]。来沙量的减少，对水利枢纽工程的设计和运用都比较有利，不但可以延缓水库的淤积，而且可以考虑调整水库运用方式，以增加水库的综合效益，更是为多沙河流的根治创造了条件，河道由持续淤积转变为持续冲刷，直到冲淤基本平衡，通过整治，可以使游荡型河道转变为稳定的弯曲型河道。

2.3　修正水沙资料是必要和可行的

预测未来水沙条件的常规方法是利用已有的水沙观测资料及调查考证搜集的参考资料，进行数理统计分析，把设想的降水周期性变化转化为水沙的周期性变化，因而认为观测资料系列的时间越长，预测的成果越可靠。由于水沙径流量和过程是降水和下垫面相互作用的产物，降水和下垫面任何一方发生变化都会改变水沙条件重现的性质[5]。降水决定于气象条件，现时还很难准确预报未来甚至当年的降水状况，因此，降水应属于不确定因素，而下垫面现时和未来一段时间的状况基本上是确定的，可根据需要和技术经济条件去测量、规划和表述。所以，按照下垫面的变化修正水沙资料是合理的、可行的。

中华人民共和国成立后所实施的水土保持工作、退耕还林还草、生态文明建设和江河开发治理工程，已经极大地改变了黄河流域下垫面的状况，根据生态文明建设的要求，下垫面还将向绿水青山的方向变化，过去观测的严重水土流失所形成的大沙年资料，今后很难甚至不可能再现。用将来不可能出现的水沙条件作为江河治理规划和工程设计的依据是不合理的，因而修正水沙资料是非常必要的。当前全球的气候正在发生变化，人们也正在研究和采取控制变化的措施，待气候变化的规律研究确定之后，还需要根据黄河流域气候变化的特征，修正前期观测的水沙资料。

3 修正水沙资料的方法与成果

3.1 修正水沙资料的基本方法

修正水沙资料的理想方法是分别对比近期和早期各降雨地区下垫面的变化，把各种水土保持措施（梯田、淤地坝、植树种草等）的实施情况，降水特征与水沙量的变化建立定量关系，以便根据未来各时段水土保持工作的进展情况，计算出相应的水沙量。这需要做大量调查、测量、考证、搜集资料、分析计算和试验研究工作[5]。

另一种比较简要概括的方法，是在确认水土保持工作逐步进展的基础上，直接利用降水量、径流量、输沙量等资料，分别计算出各时段汛期平均、非汛期平均的径流系数、产沙系数，用近期与早期各时段径流系数和产沙系数的比值，作为对早期各时段水沙量的初步修正系数，再考虑近期和早期各时段之间降水强度和降水地区差异的影响，选择一组暴雨地区系数，该系数与早期相应时段汛期初步修正系数的乘积，构成该时段汛期水沙量的修正系数。时段的长短，可以是一年、多年，也可以是一个汛期或一次洪峰，根据需要和资料情况确定。降水量是产生水沙径流的基本因素。径流系数是单位降水量所产生的径流量，即通过降水与下垫面的相互作用，降水量中除储存、下渗和蒸发以外的水量与降水量的比值，其实质是水体的转化。增加雨水在当地和流经地带的储存和下渗，径流系数就会减小。产沙系数是单位降水量所产生的输沙量，即降水量中接触地面水体的动能冲刷土壤并挟带走的泥沙量与降水量的比值，主要是能量的转化。尽可能增加雨水接触地面前动能的消耗，使雨水与地面和缓相遇，并增强地面土壤的抗冲能力，减缓地表径流汇集的速度并途中拦沙，就可减小产沙系数。径流系数和产沙系数的减小，基本与流域下垫面的生态修复相对应，正是水土保持工作成效的反映。

3.2 修正水沙资料河段选择

黄河是世界上输沙量最多的河流，河口镇（头道拐）至龙门是黄河产沙最多的河段，流域面积为 13 万 km²，占黄河流域面积 17%，平均年产沙量 8.29 亿 t，占潼关年输沙量 13.79 亿 t 的 60%，平均年水量 61 亿 m³，占潼关年径流量 414 亿 m³ 的 15%（1950—1985 年）。是黄河下游三大洪水来源区之一，龙门最大洪峰流量 21000m³/s（1967 年），峰型高瘦。河龙段长 735km，落差 608m，比降 8.3/万，有集水面积在 1000km² 以上的一级支流窟野河、无定河、延河等 21 条。黄河从三湖河口东流至河口镇，前方受吕梁山脉阻挡折转南流，切开黄土高原，形成黄河最长的一段峡谷。基岩主要是砂页岩，由于坡陡流急，水势集中，河宽较小，大多为 200～400m，只有河曲、保德、府谷三处河谷较宽。两岸黄土岸壁陡峻，高出水面数十米至百余米。两岸支流深切黄土层，汛期遭遇暴雨冲击，水土大量流失，由地面汇入沟壑、支流、干流河道，形成高浓度挟沙水流。该河段流域有多处多沙粗沙区，因而是黄土高原水土保持的治理重点地区，也是治理成效最显著的地区，修正该河段的水沙（主要是泥沙）资料，对于黄河中下游的开发治理具有重要意义。

中华人民共和国成立以后，黄土高原的水土保持工作受到重视，在当时的社会环境下，只是无规划的零星开展，一时轰动，一时冷落，有时还存在一边建设一边破坏的现象，20 世纪 70 年代以后，才逐渐走上正轨，有计划的治理多沙粗沙区，并摸索出一套以小流域为单元，以淤地坝为主的综合治理措施。进入 21 世纪以后，有规划地开展退耕还林还草，坡耕地改梯田，并注重淤地坝的维修保护和改进，因而成效更好。

3.3　修正水沙资料的初步成果

年径流量、年输沙量是反映河流水沙条件的基本物理量。为了修正黄河河口镇至龙门区间（简称河龙区间）流域进入黄河的水沙量，利用文献［6］整理的水沙资料，计算出各个时段年平均、汛期平均、非汛期平均及汛期 7—10 月各月平均的径流系数、产沙系数见表 1～表 4。根据前述情况，认为 1956—1969 年时段为水土保持治理前的天然状态，其径流系数、产沙系数与以后各时段的比值，可粗略反映水土保持的治理成效（未考虑降水强度和降水地区差异的影响）。以 2000—2010 年时段代表近期的情况，分别以近期与此前各时段径流系数、产沙系数的比值，作为对此前各时段水沙资料的初步修正系数。表 1 为河龙区间不同时段年平均降水量及其产流产沙量变化。

表 1　　　　　　　河龙区间不同时段年平均降水量及其产流产沙量变化

时　段	代表符号	降水量/mm	径流量/亿 m³	输沙量/亿 t	径流系数/(万 m³/mm)	产沙系数/(万 t/mm)	含沙量/(kg/m³)
1956—1969 年	A	477.2	69.3	10.25	1452.2	214.8	147.9
1970—1979 年	B	428.4	51.4	7.54	1199.8	176.0	146.7
1980—1989 年	C	416.8	37.1	3.72	890.1	89.3	100.3
1990—1999 年	D	403.1	42.9	4.7	1064.2	116.6	109.6
2000—2010 年	E	432.4	32.6	1.63	753.9	37.7	50
1956—1999 年	F	435.6	51.9	6.89	1191.4	158.2	132.8
1956—2010 年	G	434.96	48.04	5.838	1104.4	134.2	116.2
	B/A	0.898	0.742	0.736	0.826	0.819	0.992
	C/A	0.873	0.535	0.363	0.613	0.416	0.678
	D/A	0.845	0.619	0.459	0.733	0.543	0.741
	E/A	0.906	0.470	0.159	0.519	0.176	0.338
	E/B	1.009	0.634	0.216	0.628	0.214	0.341
	E/C	1.037	0.879	0.438	0.847	0.422	0.499
	E/D	1.072	0.760	0.347	0.708	0.323	0.456
	E/F	0.993	0.628	0.237	0.633	0.238	0.377

从表 1 可知：①降水量在 20 世纪后半个世纪呈递减势态，1990—1999 年时段最小，只有 1956—1969 年时段的 85％，进入 21 世纪以后，降水量回升，2000—2010 年时段降水量为 1956—1969 年时段的 91％，并多于其他三个时段，与 1956—1999 年长时段接近；②径流量、输沙量、径流系数、产沙系数、含沙量都基本呈逐渐减少的趋势，只有 1990—1999 年时段大于 1980—1989 年时段；③2000—2010 年时段与 1956—1999 年长时段的比值，降水量为 0.99，输沙量和产沙系数均为 0.24，径流量和径流系数均为 0.63，含沙量为 0.38。2000—2010 年时段与其前各时段比值的变化范围，降水量为 0.91～1.07，输沙量为 0.16～0.44，产沙系数为 0.18～0.42，径流量为 0.47～0.88，径流系数为 0.52～0.85，含沙量为 0.34～0.50，输沙量和产沙系数的减少远多于径流量和径流系数的减少，表明已实施的水土保持措施对产沙的减少远大于对径流的减少。

表 2 为汛期平均降水量产流产沙量变化，与全年的变化趋势基本一致，2000—2010 年时段与其前各时段比值的变化范围，降水量为 0.87～1.11，输沙量为 0.14～0.41，产沙系数为 0.16～0.37，径流量为 0.43～1.02，径流系数为 0.49～0.92，含沙量为 0.29～0.43。

表 2   **河龙区间汛期平均降水量产流产沙量变化**

时 段	代表符号	降水量/mm	径流量/亿 m³	输沙量/亿 t	径流系数/(万 m³/mm)	产沙系数/(万 t/mm)	含沙量/(kg/m³)
1956—1969 年	A	335.4	39	9.38	1162.8	279.7	240.5
1970—1979 年	B	302.1	26.3	6.91	870.6	228.7	262.7
1980—1989 年	C	263.2	16.4	3.11	623.1	118.2	189.6
1990—1999 年	D	265.1	22.3	3.89	841.2	146.7	174.4
2000—2010 年	E	292.5	16.8	1.27	574.4	43.4	75.6
1956—1999 年	F	295.4	27.3	6.14	924.2	207.9	224.9
1956—2010 年	G	294.82	25.2	5.166	854.8	175.2	195.0
	B/A	0.901	0.674	0.737	0.749	0.818	1.092
	C/A	0.785	0.421	0.332	0.536	0.423	0.788
	D/A	0.790	0.572	0.415	0.723	0.525	0.725
	E/A	0.872	0.431	0.135	0.494	0.155	0.314
	E/B	0.968	0.639	0.184	0.660	0.190	0.288
	E/C	1.111	1.024	0.408	0.922	0.367	0.399
	E/D	1.103	0.753	0.326	0.683	0.296	0.433
	E/F	0.990	0.615	0.207	0.621	0.209	0.336

表 3 为非汛期平均降水量产流产沙量变化：①在 5 个时段中，降水量呈波动变化，1980—1989 年时段为 153.6mm，属最大，1970—1979 年时段为 126.3mm，属最小。

②径流量呈递减势态。径流系数基本呈递减趋势，只是 1990—1999 年时段大于 1980—1989 年时段。输沙量和产沙系数基本上都是递减，只有 1990—1999 年时段大于其前的两个时段。③2000—2010 年时段与 1956—1999 年长时段的比值，降水量为 1，输沙量和产沙系数均为 0.48，径流量和径流系数均为 0.64，含沙量为 0.75。2000—2010 年时段与其前各时段比值的变化范围，输沙量为 0.41~0.59，产沙系数为 0.42~0.65，径流量为 0.52~0.77，径流系数为 0.53~0.84，含沙量为 0.58~0.91。

表 3　　　　　　　　　　河龙区间非汛期平均降水量产流产沙量变化

时　段	符号	降水量/mm	径流量/亿 m³	输沙量/亿 t	径流系数/(万 m³/mm)	产沙系数/(万 t/mm)	含沙量/(kg/m³)
1956—1969 年	A	141.8	30.3	0.87	2136.8	61.3	28.7
1970—1979 年	B	126.3	25.1	0.63	1987.3	49.9	25.1
1980—1989 年	C	153.6	20.7	0.61	1347.7	39.7	29.5
1990—1999 年	D	138	20.6	0.81	1492.8	58.7	39.3
2000—2010 年	E	139.9	15.8	0.36	1129.4	25.7	22.7
1956—1999 年	F	140.6	24.6	0.75	1754.6	53.5	30.5
1956—2010 年	G	140.14	22.84	0.672	1629.8	48.0	28.9
	B/A	0.891	0.828	0.724	0.930	0.813	0.874
	C/A	1.083	0.683	0.701	0.631	0.647	1.026
	D/A	0.973	0.680	0.931	0.699	0.957	1.369
	E/A	0.987	0.521	0.414	0.529	0.419	0.794
	E/B	1.108	0.629	0.571	0.568	0.516	0.908
	E/C	0.911	0.763	0.590	0.838	0.648	0.773
	E/D	1.014	0.767	0.444	0.757	0.438	0.579
	E/F	0.998	0.642	0.48	0.644	0.481	0.747

表 4 为汛期各月平均降水量产流产沙量变化：①各时段与 1956—1969 年时段相比，各月的降水量均呈波动减少的势态，只有 2000—2010 年时段 9 月的降水量超过 1956—1969 年时段，比值为 1.12，相应径流系数的比值为 0.69，产沙系数的比值为 0.21，表明在雨量增多的情况下，径流系数，特别是产沙系数仍大幅度减少；②汛期各月的降水量和产沙系数都是 8 月最大，7 月第 2、10 月最小，径流系数 10 月最大、8 月第 2、7 月最小；③2000—2010 年时段与其前各时段比值的变化范围，径流系数，7 月为 0.51~1.02，8 月为 0.34~0.64，9 月为 0.49~1.76，10 月为 0.57~1.33；产沙系数，7 月为 0.16~0.44，8 月为 0.15~0.34，9 月为 0.21~0.45，10 月为 0.20~0.64。以上分析表明，进入 21 世纪的十余年与 20 世纪后半个世纪各时段相比，汛期 7 月、9 月、10 月的径流系数有时加大，有时减小，8 月都是减小，总的大约减小 30% 多，产沙系数都是减小，总的大约减小 80%。

表4 河龙区间汛期各月平均降水量产流产沙量变化

代表符号	时段	7月			8月			9月			10月		
		降水量/mm	径流系数/(万m³/mm)	产沙系数/(万t/mm)	降水量/mm	径流系数/(万m³/mm)	产沙系数/(万t/mm)	降水量/mm	径流系数/(万m³/mm)	产沙系数/(万t/mm)	降水量/mm	径流系数/(万m³/mm)	产沙系数/(万t/mm)
A	1956—1969年	110.3	830	340	122.4	1320	363	71.9	860	135	30.8	2400	84
B	1970—1979年	102.1	680	230	111	970	334	62.8	940	107	26.2	1030	76
C	1980—1989年	98.1	420	120	88.7	700	161	53.1	340	64	23.3	1850	60
D	1990—1999年	103.3	540	140	92.5	810	200	44.3	1220	120	22.3	1610	27
E	2000—2010年	79.3	430	54	103.4	440	54	80.6	600	29	29.2	1370	17
F	1950—1999年	104.1	640	220	105.9	1020	284	59.3	840	111	26.1	1840	65
G	1950—2010年	99.1	600	188	105.4	900	238	63.6	790	95	26.7	1750	56
B/A		0.926	0.81	0.678	0.907	0.735	0.921	0.873	1.09	0.791	0.851	0.429	0.904
C/A		0.889	0.501	0.364	0.725	0.528	0.444	0.739	0.393	0.475	0.756	0.768	0.712
D/A		0.937	0.65	0.403	0.778	0.611	0.55	0.616	1.416	0.887	0.724	0.672	0.319
E/A		0.719	0.514	0.161	0.845	0.336	0.149	1.121	0.691	0.212	0.948	0.57	0.203
E/B		0.777	0.634	0.238	0.932	0.457	0.162	1.283	0.634	0.267	1.115	1.329	0.224
E/C		0.808	1.026	0.443	1.166	0.636	0.336	1.518	1.757	0.446	1.253	0.742	0.285
E/D		0.768	0.791	0.4	1.086	0.55	0.271	1.819	0.489	0.239	1.309	0.849	0.636
E/F		0.762	0.666	0.245	0.976	0.436	0.191	1.359	0.706	0.256	1.119	0.745	0.263

表 5 为水沙特征值汛期与非汛期比值。2000—2010 年时段与 1956—1969 年时段比较，汛期与非汛降水量比值减小 12%，径流系数比值减小 6%，而产沙系数比值减小 63%。表明水土保持治理后，径流系数汛期与非汛期的比值变化较小，而产沙系数汛期减少的幅度远大于非汛期，因而汛期与非汛期的差距缩小。再从表 2、表 3 中可以看出，2000—2010 年时段汛期的产沙系数 43.24 万 t/mm，已经小于其前三个时段非汛期的产沙系数，即 1956—1969 年时段 61.35 万 t/mm，1970—1979 年时段 49.88 万 t/mm，1990—1999 年时段 58.70 万 t/mm，相应于此 3 个时段非汛期的降水量分别为 141.8mm、126.3mm、138.0mm，远小于 2000—2010 年时段汛期降水量 292.5mm。

表 5　　　　　　　　　河龙区间水沙特征值汛期与非汛期比值

符　号	时　段	降水量/mm	径流系数/(万 m³/mm)	产沙系数/(万 t/mm)
A	1956—1969 年	2.38	0.544	4.56
B	2000—2010 年	2.09	0.509	1.69
C	1956—2010 年	2.1	0.524	3.65
B/A	—	0.88	0.94	0.37

根据以上分析成果，粗略认为各时段之间降水强度、降水地区差异对汛期产沙的影响较大；对汛期产水量的影响尚不明显，暂不考虑。参考各时段汛期的洪水泥沙情况及有关研究成果[6-10]，初步选定各时段的水沙修正系数及暴雨地区系数，见表 6。

表 6　　　　　　　　河龙区间各时段径流量、输沙量修正系数

时　段	径　流　量		输　沙　量			
	非汛期	汛期	非汛期	汛期	暴地系数	汛期（暴地）
1956—1969 年	0.53	0.49	0.42	0.16	2	0.32
1970—1979 年	0.57	0.66	0.52	0.19	1.6	0.3
1980—1989 年	0.84	0.92	0.65	0.37	1	0.37
1990—1999 年	0.76	0.68	0.44	0.3	1.2	0.36

汛期径流量、非汛期径流量和输沙量的修正系数均直接采用 2000—2010 年时段与早期各时段径流系数、产沙系数的比值，只有汛期输沙量用该比值再乘以相应的暴雨地区系数作为修正系数。用此方法对龙门年输沙量大于 16 亿 t 的 8 个大沙年河龙区间的年径流量、年输沙量的修正成果见表 7、表 8。

表 7　　　　　　　　河龙区间大沙年径流量修正成果　　　　　　　　单位：亿 m³

年份	河　口　镇			龙　门			河　龙　间			河龙间（修正后）		
	汛期	非汛期	全年	汛期	非汛期	全年	汛期	非汛期	全年	汛期	非汛期	全年
1953	133.9	86.4	220.3	178.3	122.7	301	44.4	36.3	80.7	21.76	19.24	41
1954	160.1	123.5	283.6	220.7	160.5	381.2	60.6	37	97.6	29.69	19.61	49.3
1958	186.9	112.6	299.5	254.1	144	398.1	67.2	31.4	98.6	32.93	16.64	49.57
1959	147.5	58	205.5	220.8	89.3	310.1	73.3	31.3	10.6	35.92	16.59	52.51
1964	239.1	110.1	39.2	294.9	142.2	436.1	55.8	31.1	86.9	27.34	16.48	43.82

续表

年份	河 口 镇			龙 门			河 龙 间			河龙间（修正后）		
	汛期	非汛期	全年	汛期	非汛期	全年	汛期	非汛期	全年	汛期	非汛期	全年
1966	178.9	142.9	321.8	215.8	167.9	383.7	36.9	25	61.9	18.08	13.25	31.33
1967	292.3	151.8	444.1	367.6	184.1	551.7	75.3	3.3	107.6	36.9	17.12	54.02
1977	85	76	161	132	103.8	235.8	47	27.8	74.8	31.02	15.85	46.87

表8　　　　　　　　　　　　河龙间大沙年输沙量修正成果　　　　　　　　单位：亿t

年份	河 口 镇			龙 门			河 龙 间			河龙间（修正后）		
	汛期	非汛期	全年	汛期	非汛期	全年	汛期	非汛期	全年	汛期	非汛期	全年
1953	0.77	0.21	0.98	14.87	1.56	16.43	14.1	1.35	15.45	4.51	0.57	5.08
1954	1.25	0.45	1.7	18.2	1.36	19.56	16.95	0.91	17.86	5.42	0.38	5.8
1958	1.87	0.38	2.25	16.77	1.67	18.44	14.9	1.29	16.19	4.77	0.54	5.31
1959	1.84	0.09	1.93	19.45	0.61	20.06	17.61	0.52	18.13	5.64	0.22	5.86
1964	2.42	0.33	2.75	15.87	0.89	16.76	13.45	0.56	14.01	4.3	0.24	4.54
1966	1.69	0.8	2.49	15.9	1.51	17.41	14.21	0.71	14.92	4.55	0.3	4.85
1967	2.33	0.54	2.87	23.01	1.22	24.27	20.68	0.68	21.36	6.62	0.29	6.91
1977	0.4	0.14	0.54	15.5	0.59	16.09	15.1	0.45	15.55	4.53	0.23	4.76

4　结语

（1）水沙径流是降水和下垫面相互作用的产物，降水和下垫面任何一方发生变化都会改变水沙径流重现的性质。现时较过去，黄河中游流域的下垫面已发生巨大变化，随着生态文明建设的推进，下垫面还会继续改善，仍用早期观测的水沙资料来预测未来的水沙条件，肯定是脱离实际的，必须对早期观测的水沙资料按下垫面的变化进行修正。降水决定于气象条件，现时还很难准确预测未来的降水状况，属于不确定因素，具有随机性。而现时和未来一定时期的下垫面状况基本上是确定的，可根据需要和技术经济条件去测量、规划和表述。所以，按下垫面变化修正水沙资料不但必要，而且可行。

（2）修正水沙资料的理想方法就是交换下垫面，降水条件不变，把观测期的下垫面转换为预测期的下垫面，用此时所产生的水沙径流替换原来观测的水沙径流，以恢复早期观测水沙资料再重现的性质。把各种水土保持措施的实施情况，降水特征与水沙量的变化之间建立定量关系，以便根据规划未来水土保持工作的进展情况，计算出相应的水沙量，这需要做大量调查、测量、考证、搜集资料、分析计算和试验研究工作。

（3）降水量是产生水沙径流的基本因素，降水强度和降水地区对汛期产沙量有重要影响。径流系数是单位降水量所产生的径流量，即通过降水与下垫面的相互作用，降水中除被下垫面储存、下渗和大气中蒸发以外的水量与降水量的比值，其实质是水体的转化，增加雨水在当地和汇集途中的储存和下渗，就会减少径流系数。产沙系数是单位降水量所产生的输沙量，即降水的动能通过对下垫面的冲击作用，其中接触地面的动能冲刷土壤并挟带入江河的泥沙量与降水量的比值，主要是能量的转化，尽可能在雨水接触地面前消耗其动能，使雨水与地面和缓相遇，并增强地面的抗冲能力，减缓地表径流汇集的速度并沿途拦沙，就可以减少产沙系数。植树种草、坡耕地改梯田、淤地坝等水土保持措施就能起到消能、蓄水拦沙、加固地表和减缓径流汇集速度等作用。径流系数、产沙系数的减少正是水土保持工作成效的反映。

　　本次所采用的修正水沙资料的方法是在确认下垫面逐步改善的前提下，直接采用近期与早期各时段径流系数、产沙系数的比值作为对早期各时段汛期、非汛期水、沙量的修正系数，并考虑各时段之间暴雨和降水地区的差异，对汛期沙量的修正系数再乘上一个暴雨地区系数，按此法对 8 个大沙年的水沙量进行了修正。尽管此修正方法是比较简要概括的，但抓住了最主要的影响因素和引起水沙量变化的规律，对于预测未来的水沙量，利用本次修正的成果比直接利用早期观测的水沙资料肯定会更接近未来实际发生的情况。在全球都已重视生态文明建设的新时代，本文提出的修正水沙资料的基本概念和所采用的修正方法，对其他下垫面逐步改善江河的开发治理亦有参考价值。

■ 参 考 文 献 ■

［1］ 彭瑞善. 新时期许多江河治理都需要研究修正水沙资料 [J]. 水资源研究，2015，4（4）：303 - 309.

［2］ 彭瑞善. 黄河综合治理思考 [J]. 人民黄河，2010，32（2）：1 - 4.

［3］ 彭瑞善. 对近期治黄科研工作的思考 [J]. 人民黄河，2010，32（9）：6 - 9.

［4］ 彭瑞善. 修正水沙资料是当前治黄的基础性研究课题 [J]. 人民黄河，2012，34（8）：1 - 5.

［5］ 彭瑞善. 适应新的水沙条件加快黄河下游治理 [J]. 人民黄河，2013，35（8）：3 - 9.

［6］ 尚红霞，彭红，田世民，等. 黄河河口镇—龙门区间近期水沙变化特点分析 [J]. 人民黄河，2014，36（2）：1 - 2.

［7］ 王万忠，焦菊英，魏艳红，等. 近半个世纪以来黄土高原侵蚀产沙的时空分异特征 [J]. 泥沙研究，2015（2）：9 - 16.

［8］ 何毅，穆兴民，赵广举，等. 基于黄河河潼区间输沙量过程的特征性降雨研究 [J]. 泥沙研究，2015（2）：53 - 59.

［9］ 史红玲，胡春宏，王延贵，等. 黄河流域水沙变化趋势分析及原因探讨 [J]. 人民黄河，2014，36（4）：1 - 5.

［10］ 李敏，穆兴民. 黄河河龙区间年输沙量对水土保持的响应机理研究 [J]. 泥沙研究，2016（3）：1 - 4.

第 5 章
黄河的治理

■ 粗谈黄河的治理规划

■ 小浪底水库建成后下游游荡性河道的演变
　趋势和对策

■ 黄河综合治理思考

■ 适应新的水沙条件加快黄河下游治理

■ 新时代黄河治理方向

黄河是中华民族的摇篮，根治黄河是中华民族几千年的夙愿，1952 年毛主席第一次视察黄河，就在人民胜利渠首，发出了"要把黄河的事情办好"的伟大号召。1955 年，第一次全国人民代表大会二次会议，通过了"关于根治黄河水害和开发黄河水利的综合规划"，1957 年动工兴建三门峡水利枢纽，1960 年 9 月开始蓄水。由于对来沙量预测偏少，水库迅速淤积，威胁渭河乃至西安市的防洪安全，被迫进行工程两次改建，并由蓄水拦沙改为蓄清排浑运用方式。改革开放以来，治黄工作在水土保持、水库建设、保障防洪安全、水能开发、引水灌溉等方面均取得很大成效。当前最迫切的重大问题是黄河下游的治理。在绿色发展的新时代和已有治黄成果的基础上，洪水基本得到控制，河床不会再发生持续淤积，黄河下游应该改变"宽河固堤"的治河方略，实施根治，在确保大堤防洪安全的前提下，沿滩地建堤，缩窄河宽，保护滩区居民就地建设家园，并采取各种治河措施，控制河势，稳定主槽，平衡输沙，保证两岸自流引水，保护湿地、水产养殖和生态环境，改善通航条件，让黄河成为造福人民的幸福河。

粗谈黄河的治理规划[*]

黄河规划应和整个流域地区的经济发展规划结合起来，相互适应，采取各种技术经济措施，平衡沿河各地区的利害关系，求得全流域的最大综合经济效益和社会效益。根据全流域的具体情况，在治理开发规划上应强调：上中游，用能节水，水土保持；下游，用水用沙，宽堤固河。

1 上中游，用能节水，水土保持

黄河上中游（特别是青铜峡以上河段）河水含沙量小，水位落差大，并有许多峡谷河段适宜建坝，对开发水能十分有利。黄河干流目前已建龙羊峡、刘家峡、盐锅峡、八盘峡、青铜峡、三盛公、天桥、三门峡等八座水利枢纽和水电站，年发电量 100 多亿 kW·h，对这一地区的经济发展发挥了重要作用。但还有 1000m 水头可供开发，现在这些能量还在每日每夜地白白流逝，相对于全国的严重缺电状态，开发黄河上中游的水能显得更加迫切。黄河流域属于干旱缺水区，水对于沿河人民的生产有重要影响，至今还有一些地区生活用水都十分困难。但也有一些地区用水不够合理甚至存在浪费水的现象，例如历史悠久的河套灌区（包括青铜峡和三盛公灌区），由于各种原因，灌溉用水偏多，排水不畅，引起土地盐碱化。在水土保持工程中，因未布置排水设施，也增加了水量的耗损。另外，从全河的水能开发考虑，也应尽量让水流到下游再引用。同是 $1m^3/s$ 水，在下游引出比在中上游引出可多发 $5000 \sim 8000kW$ 的电力，且有利于沿河的航运和输沙。正在施工和勘测的南水北调东线、中线和西线方案，都要花费大量的人力物力才能将长江水调入黄河以北地区。为了节水，首先要完善灌排工程配套，提高灌区管理水平，改良土壤，推广旱作农业，减少耗水量，并逐步发展先进的节水型灌溉技术（例如喷灌、滴灌等）。在 1987 年国家已审定的 2000 年黄河水资源分配利用方案的基础上，国家可增加对黄河上中游地区的投资（相当于南水北调的投资和多发电力创收的一部分），以扶持其发展节水型工程措施，调动其节约用水的积极性。"开源节流"首先抓好"节流"更为现实。水土保持措施也要强调保土节水，分类总结，改进提高。上中游的规划强调用能节水的理由，概括起来有以下三点：①水能资源丰富，开发条件优越；②农业用水还有不尽合理甚至浪费现象，节水有很大潜力；③上中游节省的水放到下游使用，增大了河道的基流，可以多发电，对于沿河的航运和泥沙输送都有好处。

---

[*] 彭瑞善. 粗谈黄河的治理规划［C］//治黄规划座谈会秘书组. 治黄规划座谈会文件及代表发言汇编. 郑州：黄河水利委员会，1988.

2　下游，用水用沙，宽堤固河

黄河下游河道不单是一条输水道，输送 75 万 km² 的地表径流入海，同时也是一条输沙道，将流域降雨侵蚀的大量泥沙，输送入海造陆，形成 25 万 km² 的华北大平原，近几十年还在为改善油田的开采条件，由海上开采变为陆地开采作贡献。黄河下游洪水具有暴涨暴落的特性，从有利于防洪出发，中华人民共和国成立以来一直采取宽河固堤的方针，保障了防洪安全。

黄河下游的特点是水少沙多，水量不能将全部来沙输送入海，过去是依靠决口改道来维持临背河地面高程的均衡上升。随着两岸人口的日趋稠密，决口改道将给人民带来巨大灾害。因此，必须巩固堤防，束水就范。但带来的新问题是两岸的地面高程不变，而河床日益淤高，形成地上悬河，目前临河滩地一般高出背河地面 3～5m。临背河高差今后还会继续增加。使防洪任务越来越严重。从长远考虑，必须减少河道淤积，才有利于保障防洪安全。所以，防洪、减淤在某种意义上是一回事，都是为了两岸人民当前和未来的安全。

堤防决口不外乎漫决、溃决、冲决三种类型。漫决和溃决是由于堤防高度不够和质量不好所造成的，冲决是由于横河、斜河等河势骤然变化、顶冲平工堤段所造成的。

黄淮海平原属于低产干旱区，工农业和城市生活用水问题日益突出，需要引黄水量越来越大，黄河水流的挟沙能力与流量的平方成比例，两岸分流后必将加重河道的淤积，分流比与分沙比相等是这样，分沙比小于分流比则河道淤积更为严重，从减少河道淤积出发，两岸引水闸不应该采用引水防沙措施，最好是在闸后寻找大面积高效率的沉沙池，以解决引水渠系的淤积问题。从发展航运考虑，要求河床断面窄深稳定。河口油田开发要求输送更多的泥沙入海造陆。

综合防洪、减淤、引水、航运、造陆等各方面的要求，下游河道的规划治理要突出强调用水用沙，宽堤固河。具体包括下列两方面的内容：

(1) 沉沙淤堤，预防漫决和溃决，必须加高加固堤防。为防止引水渠系的淤积，最好是在引水闸后布置沉沙地，将浑水基本沉清后再进入渠系；汛期大水大沙时，引出浑水沉沙后放回河道，可以减轻河道的淤积。综合满足防洪、引水、减淤三方面的要求，就是采取措施，将河水中所挟带的泥沙沉积在大堤附近，用以加宽加高堤防，把沉沙后的清水引出使用或放回河道。具体方法是距大堤 200m 左右平行修筑一堤，并在中间修一隔堤（见图 1）。

根据沿河靠溜情况，间隔 20～30km 建一双向均能过水的闸门（尽量充分利用现有的闸门）由黄河引出的浑水经平行大堤的沉沙条渠后再进入渠系。因沉沙条渠的水面坡降远小于黄河的坡降，故也可在大水大沙时期引水沉沙后，将清水由下一闸门放回河道，这一方面可以增加淤堤泥沙的黏性颗粒，另一方面也可减轻下游河道的淤积。当沉沙条渠淤积到一定高程后，需用泵抽水才能继续发挥沉沙淤堤的作用，具体技术措施尚需进一步研究。

(2) 河道整治和滩区治理，按照一定的治导线，沿大堤或滩地边缘布置整治工程，适

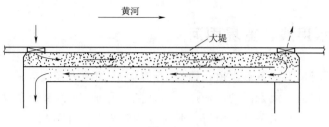

图 1

当缩窄河道，规顺和稳定流路。减少不规则的河道形态阻力，提高河道的输水输沙能力。滩区治理的措施，包括修筑较高的村台，堵塞直通大堤的串沟，布设简易的排灌渠系和道路，使不漫水或漫水较浅时滩区能有种有收，大漫水时能保障居民的人身安全。所有的河道整治工程和滩区治理措施，都不能影响滩地的行洪、滞洪和淤沙特性。以减少其下游河段的洪峰流量和含沙量，确保全下游河道的防洪安全。

小浪底水库建成后下游游荡性河道的
演变趋势和对策[*]

[摘要]　提出并采用平二滩水位的断面分析方法，分析黄河下游资料，得出三门峡水库下泄清水时期，下游游荡性河道展宽、下切与边界控制条件的关系，结合国内外其他河流资料的分析结果，提出配合小浪底水库的修建，应加快游荡性河道整治步伐的建议。文中还论证了用 S^2/Q 表示来沙系数优于通常采用的 S/Q。

[关键词]　游荡性河道；硬边界；小浪底水库

1　游荡性河道的演变特性

河床的演变和河型的形成决定于来水来沙与河床边界的相互作用和强弱对比关系。来水来沙是造床的主动作用因素，河床边界起被动的反作用约束并发生相应的调整变化，水沙作用强而边界约束弱，则河道游荡多变；边界约束强而水沙作用弱，则河道趋向稳定。泥沙冲积形成的边界，称其为软边界（可冲动的），它对水流既起约束的作用，又相应调整自身的形态、组成等；岩石山脉和河道整治建筑物构成河床的硬边界（不可冲动的），对水流主要起约束控导作用，除因泥沙堆积而形成新的边界以外，自身不发生变形。

1.1　平面变化特性

孟津至高村为小浪底水库下游的游荡性河段，长 275km，堤距 5～20km，河槽宽 1～3km，比降 0.0265%～0.0172%，滩槽高差在 2m 以下，曲折系数约 1.15。由于堤距宽，工程少，河岸河槽均为沙土组成，这种极易冲动的边界，对于来沙量大，洪峰暴涨暴落的来水来沙，形成主动作用强而被动反作用约束弱的相对关系，故而造成游荡性河道。从静止的图像上看，河床宽浅，水流散乱，沙滩星罗棋布，河身总的趋向比较顺直，几乎没有成形的弯道；从动态的演变特性看，沙滩移动消长迅速，河道外形经常改变，主槽位置迁徙无常，或切滩裁直，或主汊交替。中华人民共和国成立以来，黄河上中游修建了大量水库及水土保持工程，黄河下游除加固适修了临堤险工以外，还新修了大量护滩控导工程，从而大大改善了河床的边界条件，对保证 47 年防洪安全发挥了重要作用。

---

* 彭瑞善，李慧梅. 小浪底水库修建后下游游荡性河道的演变趋势及对策 [J]. 水利水电技术，1997 (7).

1. 2   冲淤特性

游荡性河段有很宽的滩地，长期以来，滩地与河槽近于平行抬高（生产堤阻止滩地的淤积情况除外），滩槽高差在一个常数附近波动变化。滩槽的冲淤有各自不同的特点，滩面只有淤积，一般不发生冲刷。每遇漫滩洪水，因滩地流速小，均发生不同程度的淤积，其淤积抬高的数量与洪水漫滩的水深、含沙量及持续时间等因素有关，无漫滩洪水的年份，则滩面不发生冲淤变化。河槽的淤积抬高是在冲淤交替变化的过程中形成的，遇漫滩洪水，由于滩槽水沙交换，滩面沉沙后的较清水流回归河槽，造成强烈的冲刷，落峰后的中小水又使河槽逐渐淤高，对于平滩水位以下的流量，河槽的冲淤取决于来水含沙量的大小及河槽前期的冲淤情况，当河槽淤高滩槽高差减少时，则漫滩机遇增多，容易发生漫滩淤积；当滩槽高差增大，漫滩机遇减少，则易引起河槽淤积，这种相互影响、相互制约的关系是维持滩槽高差在一个常数附近波动的基本原因，所以，河槽的抬高过程近似斜向上方的波形线，虽有起伏，但总的趋势是抬高。

1. 3   输沙特性

黄河下游是一条冲淤变化迅速、河床演变剧烈的河道，河床随流域来沙的多少、粗细及洪峰的大小、类型而急剧调整自身的断面形态、河床组成、河势流路、局部河段比降及输沙能力来与之相适应。河道输沙是一个十分复杂的问题，取汛期与非汛期平均值进行分析，有利于认识河道输沙的一般规律及进行冲淤量预报。从三门峡＋黑石关＋小董、花园口、高村、艾山、利津各站的输沙率 Q_s 与流量 Q 的关系，可以得出 Q_s 均与 Q^2 成正比，即含沙量 S 与 Q 成正比：

$$Q_s = SQ = CQ^2 \tag{1}$$

$$C = Q_s/Q^2 = S/Q \tag{2}$$

把 S/Q 作为来沙系数已被广泛应用，但从前述分析可以看出，在黄河下游用 S/Q 表示来沙系数还不够理想，因为 C 值只反映输沙比例常数的偏离幅度，黄河下游本来就存在多来多排多淤的输沙特性，即同样的水流条件，可以输送不同的沙量，故建议用 $S \times S/Q = S^2/Q$ 表示来沙系数，S/Q 反映与水流输沙能力有关的来沙多少，S 反映与水流输沙能力无关的来沙多少，S^2/Q 可以更充分地反映来沙超过或低于挟沙能力的程度。为了比较这两种表示来沙系数的合理性，用黄河下游的实测资料分别点绘三黑小 S^2/Q 和 S/Q 与三门峡至高村河段冲淤量 Δ_S 的关系图，可以看出 $S^2/Q \sim \Delta_S$ 的点群比 $S/Q \sim \Delta_S$ 集中，并可得出如下关系式：

$$\Delta_S = 2.5 + 3.68 \lg \frac{S^2}{Q} \tag{3}$$

2   水库下游河道的变化

2. 1   三门峡水库蓄水运用时期下游游荡性河道的变化

三门峡水库于 1960 年 9 月 15 日开始蓄水运用，下泄清水，洪峰流量减小，中水持续时间延长，水流座湾较死，局部冲刷加大，造成塌滩加剧，工程出险增多，特别是1958年以后新修的树泥草工程，先后均被冲垮。由于水库严重淤积，1962年3月20日开闸泄水，水库改为滞洪排沙运用。分析1960年8月至1962年5月之间的5次实测大断面，可以概括出三门峡水库蓄水运用时期河道冲淤及形态变化的主要特征。

2.1.1　按标准水位、固定河宽法分析

从断面各项特征值的沿程变化可以看出：①全断面面积和河槽面积都是沿程交替变化；②蓄水运用时期，各断面均发生冲刷，一般是上段冲得多，下段冲得少，宽断面冲得多，窄断面冲得少；③蓄水运用过程中，河道冲刷一般是自上向下发展，部分断面持续冲刷，多数断面曾发生过回淤；④滩槽高差沿程交替变化，在冲刷过程中，有些断面滩槽高差增大，有些断面滩槽高差减小，这在一定程度上受固定河宽法的影响。

2.1.2　采用平二滩水位法分析

游荡性河道，河槽的位置和宽度常有变化，采用标准水位、固定河宽法是为了计算各测次之间滩槽的冲淤量，因而确定的河槽宽度较大，把河槽经常变化的范围均包括在内，对于某个测次，不但包括了嫩滩，有时还把一部分二滩也包括在内，二滩被侧向冲塌，本属河槽展宽，但固定河宽法计算的结果变成了河槽刷深，造成误识。为了真正反映河槽展宽与刷深的状况，我们提出并采用平二滩水位的分析方法，分析平二滩水位下，断面各特征值的沿程变化，分析结果表明：①三门峡水库蓄水运用前的1960年8月和改为滞洪排沙运用后的1962年5月的河汊数最多，1961年8月的河汊数最少，多汊与少汊沿程交替变化；②水库下泄清水冲刷以后，河槽面积大多有所增加；③清水冲刷后，多数断面河槽宽度增大，少数断面无明显变化；④从时间上看，1961年11月大多数断面平均水深最大，从位置上看，河势比较稳定的窄断面，经清水冲刷后，水深加大比较明显，而一些河势不稳定的宽断面，在清水冲刷过程中，水深曾出现过减少的现象；⑤在清水冲刷过程中，主河槽（面积最大的一股河汊）宽度大多有所增加，平均水深则有的断面增大，有的断面减小；⑥水库下泄清水后，下游河道是以展宽为主还是以下切为主是一个长期有争论的问题，用河槽 $\sqrt{B/H}$ 的变化，可以定量回答这个问题，各测次河槽 $\sqrt{B/H}$ 沿程变化见图1。

由附图可见，在河势比较稳定的花园口、高村、官庄峪、洛河口等断面，$\sqrt{B/H}$ 减小，河槽以下切为主，而河势摆动较大的柳园口、油坊寨、黑石、花园、孤柏咀等断面，$\sqrt{B/H}$ 增大，河槽以展宽为主，主河槽 $\sqrt{B/H}$ 的变化趋势亦基本相同，从而解决了这些长期有争论的问题。

2.1.3　深泓高程及位置的变化

（1）各断面在各测次之间，深泓高程有升有降，大多是交替变化，但总的趋势是降的幅度大，升的幅度小，降的次数多，升的次数少。

（2）深泓点的摆动，一般是宽断面摆幅较大，最大达4km多，窄断面摆幅较小，最小仅几百米。

（3）深泓纵剖面总的趋势是下降，只有黑石、油坊寨等严重塌滩展宽断面，水流分散，深泓高程出现上升。

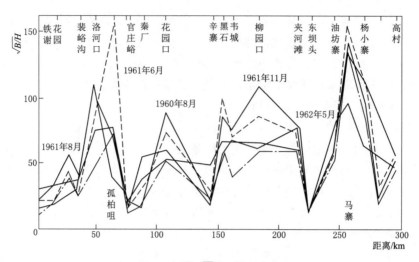

图 1   河槽 $\sqrt{B/H}$ 沿程变化

2.2   官厅水库修建后永定河下游河床的冲刷情况

2.2.1   滩地坍塌

1953 年 8 月，官厅水库开始自然拦洪，1955 年 7 月，水库闭闸蓄水，下泄的沙量减少，中水持续时间延长，永定河开始从淤积变为冲刷，到 1957 年，卢沟桥至梁各庄河段，滩地损失达 44%，凡是河道摆动的地方，冲塌面积就大，1959 年汛期，随着河道再次大摆动，几乎全河老滩坎都出现坍塌趋势，但因事先已修有顺坝和护坎工程，塌滩数量较少。随着滩地的坍塌，两岸滩坎间距迅速展宽，1950—1958 年，卢沟桥至金门闸河段，滩坎平均间距由 790m 扩宽到 1214m，金门闸至石佛寺河段，由 420m 扩展到 655m，从 1956 年到 1958 年，同流量河宽增大 62%，水深及流速分别减少 15% 及 26%。

2.2.2   工程险情

1953 年 8 月，最大流量 993m³/s，下游河道共出现险情 26 次，马庄险工前出现斜河，直冲大堤，造成大堤坍塌长达 290m，1954 年最大流量 611m³/s，出险 31 处，1956 年最大流量 2640m³/s，出险 31 处，麻各庄因河势上提 1000m，造成无护岸工程处发生决口，1958 年最大流量 1340m³/s，1959 年最大流量 710m³/s，均因沿河已修有大量护滩工程，除少量滩坎和一些新修工程发生坍塌外，堤防未出现险情。

2.3   丹江口水库修建后汉江下游河床的冲刷情况

丹江口水库于 1959 年 12 月截流后自然滞洪，1968 年开始正式蓄水运用。水库截流后，下游河道即由淤积转为冲刷，由于汉江中游有山咀、矶头等节点 24 处，硬边界的比例较大，堤距也较黄河小，因而侧向边界的控制作用比黄河强得多，故清水的刷槽能力比刷滩强，河床冲刷以下切为主。护岸工程及崩岸出现以下新特征：

（1）建库前河床宽浅，护岸工程的单位石方量为 2～4m³/m 已能满足稳定要求，蓄水运用后，河床深切，单位石方量增至 10～20m³/m。

（2）河道护岸工程的长度是滞洪期大于建库前，蓄水后大于滞洪期，但崩岸强度蓄水期较滞洪期弱。

（3）崩岸和护岸工程长度的增加是清水下泄，河床刷深，侧蚀加强，以及河势变化的结果。

2.4　科罗拉多河、密苏里河修建梯级水库后，下游河道的冲刷情况及堪萨斯河支流修建水库后对下游干流河道冲刷的影响

这3条河出现的情况均与前述分析的概念一致，即建库后下泄沙量减少，洪峰变平，河床发生冲刷，冲深和展宽的情况决定于两岸边界对水流的控导作用及河岸与河底抗冲能力的对比关系，若侧向边界的抗冲能力比河底强，则河床冲刷以下切为主。反之，则以展宽为主，且两岸高滩被冲蚀后，一般均得不到恢复，使以后的河道整治工作更加困难。

3　小浪底水库对下游游荡性河道的影响

小浪底水库的运用方式考虑过两种类型：一种是照顾发电的综合利用方式，水库在汛初的起调水位为230m，有40.8亿 m³ 平库容，故水库建成初期下泄清水；另一种是以减淤为主的运用方式，汛期的起调水位较低，随着水库淤积，汛期运用水位逐步抬高，故运用初期即有少量细沙下泄，不论采用哪种运用方式，水库运用初期的情况均与三门峡水库蓄水运用时期相近，与官厅水库、丹江口水库及科罗拉多河、密苏里河等修建水库后的情况相类似，下泄水流较清，洪峰变平，中水持续时间延长，引起下游河道冲刷造床。

水库下游河道将由堆积变为冲刷，侧向边界缺乏控制的河段将发生塌滩展宽，且高滩难以恢复，河床变得更加宽浅散乱，使以后整治工程的布置失去依托，施工将更为困难。因此，建议配合小浪底水库的修建，应加快游荡性河道整治的步伐，按规划配套修建整治工程，以加强侧向边界的控制能力，利用水库建成初期有利的水沙条件（沙少峰平是造成弯曲性河道的水沙条件），压缩游荡宽度，促进游荡性河段向工程控制的微弯河型转化。整治后的河道仍为复式断面，以保持滩地的滞洪淤沙特性，并与黄河水流的自然弯曲度相符合，以利于本河段的河势稳定及减轻下游窄河段的淤积和洪水负担。

水库下泄较清水流，游荡性河段将发生普遍冲刷，由于中水持续时间加长，水流顶冲的位置相对比较固定，持续掏刷工程基础，因中水的冲刷能力比枯水强，工程靠溜比洪水紧，故造成的局部冲刷深度较大，再加上普遍冲刷深度，构成建筑物附近总的冲刷深度加大。为确保安全，应事先做好各方面的抢险加固准备，考虑到丁坝附近的局部冲刷是下降水流与正流合成的螺旋流造成的，其冲刷深度与根石坡度有密切关系，故建议在小浪底水库建成前，加抛现有重要坝垛的根石，把根石坡度加缓到 1：1.5 以下，以减少局部冲刷深度，保持坝垛稳定。

4　结语

河型的形成与河道的稳定决定于来水来沙与河床边界（主要指侧向边界）的相互作用和强弱对比关系，小浪底水库建成初期下泄的水沙过程是有利于形成弯曲性河道的水沙条

件。分析三门峡蓄水运用时期及类似河流修建水库后下游河道变化的资料表明：在有硬边界控制、河势比较稳定的河段，河床以下切为主；在边界缺乏控制、河势不稳定的河段，河床以展宽为主，从而提出适应小浪底水库建成后下泄的水沙条件，应加快游荡性河道整治的步伐，压缩游荡范围，促进河道向工程控制下的微弯河型转化。小浪底水库建成后，下游河道整治工程的冲刷深度将有所增加，建议将现在控制性坝垛的根石坡度加缓到 1∶1.5 以下，并做好各方面的抢险加固准备，以确保工程稳定，用 S^2/Q 表示来沙系数较 S/Q 更为合理。

　　"八五"国家攻关项目 85－926－01－03 专题部分内容，详见彭瑞善、李慧梅，小浪底水库修建后已有河道整治工程的适应性研究及不同水沙条件对游荡性河道冲淤及整治影响的研究两报告。

■　参　考　文　献　■

[1]　水科院泥沙所. 官厅水库修建后永定河下游的河床演变 ［M］. 北京：水利电力出版社，1960.

[2]　钱宁，张仁，周志德. 河床演变学 ［M］. 北京：科学出版社，1987.

黄　河　综　合　治　理　思　考[*]

[摘要]　黄河干支流已建大量水库、电站、引水工程，还实施了流域水土保持措施等，极大地改变了进入河道的水沙过程，引起了河道淤积萎缩。宁蒙河段的治理主要是缩窄河槽、稳定流路，以提高中枯水河槽的挟沙能力，治河措施可兼顾保水作用。龙潼河段的滩地堆沙和控导河势等综合治理须与古贤水库的规划设计紧密结合。黄河下游河道整治的基本要求是保持河道的纵向输沙平衡和平面上的河势稳定，根据水沙减少的情况修订规划，沿程整治河宽应随比降的减小而减小。水库的调水调沙运用须与河道整治相互配合，才能更有效地发挥冲深河槽、稳定流路、输沙入海的作用。考虑到流域下垫面的变化及水库的调节作用，建议利用过去的降水资料重新推算产生的水沙过程，以修正水沙系列和洪水频率。

[关键词]　综合治理；水沙减少；下垫面变化；校正水沙径流量；黄河

黄河的水沙特征是水少沙多、水沙异源。黄河清水主要来自兰州以上，宁蒙河段为干旱耗水区，河口镇至潼关为黄土高原水土流失区，大量泥沙汇入黄河，使下游堆积成地上悬河。黄河上中游峡谷河段的治理，应以改善下游河道防洪条件和开发水能资源为主，已在地形地质条件优越的三门峡、小浪底、刘家峡和龙羊峡修建了调节水库和水电站。在中游黄土高原水土流失区开展水土保持工作，对下游河道加高培厚大堤并自下而上地进行河道整治。同时，全河修建了大量引水工程，随着流域经济的发展，引用水量大幅度增加，加之1986年以后来水偏枯，当今的黄河治理需要考虑上述新情况。

1　黄河上中游河道概况及开发治理[1]

黄河上游从玛多至龙羊峡，河道长1417km，平均比降1/800，有多石峡、拉干峡等多处峡谷。在峡谷河段，山高谷深，坡陡流急，蕴藏着丰富的水力资源可供开发，但河谷出露的基岩多为砂岩、页岩、板岩和千枚岩，岩性软弱，裂隙断层发育，建坝时须解决好工程地质问题。龙羊峡至青铜峡，河道长916km，落差1317km，平均比降1/700，河段内有19个较大峡谷和17个较大川地，峡谷长度占河段总长的40%以上，峡谷一般谷深且窄，许多峡谷都由花岗岩或古老变质岩组成，抗压强度高，防渗性能好，地形地质条件均适宜建坝。龙羊峡多年平均水量为202亿m³，含沙量在1kg/m³以下，本河段水多沙少，坡陡流急，建坝条件优越，是黄河水力资源开发建设的重点地区。黄河上游已建成、在建的和拟于近期建设的约有20座水库、电站均在此河段。黄河出青铜峡流经银川和内

---

　*　彭瑞善. 黄河综合治理思考 [J]. 人民黄河，2010，32 (2).

蒙古两大平原至河口镇，流域面积为9.3万km²，大部属于干旱地区，降水稀少，蒸发量大，部分河道两岸沙丘起伏，春季大风移动流沙，侵入河道。这段河道长858km，平均比降为1/6000，河道多是砂卵石河床，河槽宽500～3000m，水流平缓，沙洲较多，沿岸30～50km范围内，是黄河流域的古老灌区。由于蒸发渗漏损失和两岸大量引水，因此黄河经过这段河道，水量不但不增，反而减少了80亿～100亿m³。有关研究表明[2-3]，三盛公至河口镇河段属冲淤交替的微淤河道，1968年刘家峡水库开始运行，特别是1986年龙羊峡水库运行以来，年水量、汛期水量和洪峰流量均明显减少。这造成河槽严重淤积，2003年三湖河口1460m³/s流量的水位1019.99m，比1981年5500m³/s的水位高2cm，三盛公至蒲滩拐（头道拐下游18km）河段，年均淤积0.585亿t，引起同流量水位的抬高。头道拐站汛期各级流量年均天数见表1，巴彦高勒站不同时期年均水沙量见表2。

表1   头道拐站汛期各级流量年均天数[2]   单位：d

时　段	<500m³/s	500～1000m³/s	1000～1500m³/s	1500～2000m³/s	>2000m³/s
1954—1968年	5.9	28.8	27.4	29.1	31.7
1969—1986年	27.3	36.1	23.5	14.4	21.4
1987—2003年	67.2	39.2	12.6	1.4	2.6

表2   巴彦高勒站不同时期年均水沙量[2]

时　段	水量/亿m³			沙量/亿t		
	非汛期	汛期	全年	非汛期	汛期	全年
1920—1968	105.6	178.1	283.7	0.307	1.475	1.783
1969—1986	110.2	124.5	234.8	0.220	0.630	0.851
1987—2003	96.9	54.9	151.8	0.272	0.395	0.667

根据现时用得较多的挟沙能力公式和曼宁阻力公式为

$$S = K \frac{\gamma'}{\gamma_s - \gamma'} \frac{V^3}{gh\omega'} \tag{1}$$

$$V = \frac{1}{n} h^{\frac{2}{3}} J^{\frac{1}{2}} \tag{2}$$

式中：S为挟沙能力；K为系数；γ'为浑水容重；γ_s为泥沙容重；V为流速；ω'为泥沙在浑水中的沉速；g为重力加速度；h为水深；n为糙率；J为比降。

假设浑水容重（r'）、沉速（ω'）等因素不变的情况下，可导得

$$S = k \frac{J^{\frac{3}{2}}}{n^3} h \tag{3}$$

其中

$$k = \frac{K\gamma'}{(\gamma_s - \gamma')g\omega'}$$

当流量减少后，水深相应减少，挟沙能力降低，河槽淤积。只有缩窄河宽，增加水深，才能恢复河道的挟沙能力，并与减少后的流量相适应。因此，宁蒙河段的治理主要是防淤、固河、固沙、节水，即通过工程措施，缩窄河槽，固定流路，集中水流，以提高河槽的挟沙能力。治河工程除采用土石结构以外，还可参考永定河植树治河经验，在滩地沿

堤种植林木及活柳护坎防冲等。对沿河沙丘要加强固沙措施，采用先进的灌溉技术，减少水分的蒸发渗漏，减少引用水量。从河口镇至禹门口，河段长 735km，落差 608m，平均比降约为 8/10000，穿流于晋陕峡谷之中，除河曲、保德、府谷 3 处河谷较宽外，绝大部分河宽为 200～400m，岸壁陡峻，高出水面数十米至 100 余 m，其上覆盖着黄土层，两岸众多支流深切黄土高原，形成千沟万壑。每遇暴雨，洪水泥沙俱下，该河段是黄河的主要产沙区，也是黄河下游洪水来源区之一。开发水能资源和水土保持是本段流域的重要任务。为预防暴雨冲垮淤地坝，可试验在淤地坝接近淤满之前，在坝顶采取防护措施，以避免泥沙"零存整取"的现象发生。黄河出晋陕峡谷，进入开阔段，从禹门口至潼关，河长约 126km，落差 52km，比降约为 1/2500，河谷宽 3～15km，平均宽约 8km，河床宽浅散乱，摆动塌滩严重。滩地面积约为 600km²，总淤沙容积为 80 亿 m³，此河段的治理应把堆放晋陕黄土高原的来沙（特别是粗沙）、稳定河势，以及与古贤水库的建设结合起来进行综合规划。

2 黄河下游河道整治

河型的形成和河床的演变特性决定于来水来沙与河床边界的相互作用和强弱对比关系，来水来沙是造床的主动作用因素，河床边界起被动的反作用并对水流产生一定程度的约束，软（可冲动的）边界对水流的约束作用是在相应调整自身的形态、组成等过程中变化的；硬（不可冲动的）边界对水流的约束控导作用是不变的，除因泥沙堆积，在其附近形成新的约束水流的软边界以外，自身不发生变形。来水来沙的冲积物构成河床的软边界，岩石山脉和河道整治建筑物构成河床的硬边界。河道整治的基本途径是依据河床演变的规律，调节水沙，选配河床的边界形式并建造整治建筑物和采取生物措施等，实现平面上河势稳定和纵向输沙平衡，以满足人类对河流的合理要求。

2.1 河道概况

黄河下游河道的基本特征是平面上上宽下窄，纵比降上陡下平，河床组成上粗下细（出峡谷附近为砂卵石，往下为沙质河床，高村以下黏性土含量逐渐增多），洪峰流量上大下小，峰型上尖下缓，含沙量上大下小，河床沿程淤积，河口延伸引起的溯源淤积对下游窄河段有一定的影响。河道整治工程的修建是从下段逐渐向上段扩展，先整治了泺口以下河段，然后扩展到高村，甚至东坝头。在防洪安全方面，上段防冲决的问题相对比较尖锐，下段窄河道防漫决、溃决的问题更为突出，因而要特别防止河槽淤积。黄河下游河型可划分为三种河段。

（1）孟津至高村为游荡型河道。河道长 275km，堤距 5～20km，河槽宽 1～3.5km，纵比降为 2.65/10000～1.72/10000，曲折系数约 1.15。堤距宽、工程少，河岸河槽均为沙土组成，这种容易冲动的边界相对于来沙量大，洪峰陡涨陡落的来水来沙条件，形成水流作用强而边界约束作用弱的对比关系，故而形成河床宽浅散乱、变化快、变幅大的游荡型河道。近些年，在东坝头至高村河段修建了大量工程，其河势已得到初步控制。

（2）高村至陶城埠为工程初步控制的弯曲型河道。河道长 165km，堤距缩窄到 1～

8.5km，河槽宽 0.5～1.6km，纵比降约为 1.5/10000，曲折系数约 1.33，滩岸黏性土含量增多，并有一些较难冲动的胶泥嘴，河道向弯曲发展。受修建工程时机和河势衔接的影响，弯道发育很不均衡，充分发育的陡弯弯曲半径仅 500m；平顺的河湾弯曲半径可达 8000m；一般为 1000～3000m。1970 年以后，大量工程逐步增修，边界对水流的约束控导作用进一步增强，河势已得到初步控制。

（3）陶城埠至前左为受工程控制的微弯型河道。河道长 318km，堤距进一步缩窄到 0.45～5.00km，河槽宽 0.3～0.8km，纵比降约为 1/10000，滩岸黏性土含量较以上河段更多，两岸为较平顺的河湾工程（或山脚）对应衔接，河槽窄深稳定，河湾不能自由发展，曲折系数仅 1.21，不仅比国内外典型的弯曲性河道小得多，而且小于高村至陶城埠河段。可见，工程和山脚构成的硬边界对这段河道的河型和演变起了相当重要的作用。

（4）前左以下为河口段。河道长约 70km，两岸急剧扩宽，河床演变受上游来水来沙和海域的潮汐波浪共同作用，淤积、延伸、摆动交替变化。近些年，来水来沙大量减少和河口油田开发的要求，已修堤控制，流路相对较稳定。

2.2 来水来沙的变化及河道整治规划的修订

来水（水量、洪峰流量、峰型等）来沙（总沙量及含沙量过程等）是形成河流，塑造河床的基本要素，没有来水就没有河流，不同的来水来沙就形成不同河型的河流，来水多就形成大河，来水少就形成小河，一般是含沙量大，河床宽浅，含沙量小河床窄深。1960 年 9 月，三门峡水库投入运用，引起进入黄河下游的水沙过程发生变化，下游河床曾一度由淤积变为冲刷。特别是 1968 年 10 月、1986 年 10 月和 1999 年 10 月，刘家峡、龙羊峡和小浪底等大型水利枢纽先后投入运用，以及在干支流和水土流失区兴建的大量水利水保工程等，极大地改变了进入黄河下游的水沙量及其过程。花园口站不同时期年平均及汛期、非汛期水量沙量的变化，见表 3。

表 3　　　　　　　　花园口站不同时期年平均及汛期、非汛期水量沙量的变化

项　　目	1950—1959 年	1960—1964 年	1965—1973 年	1974—1985 年	1986—1999 年	2000—2005 年
年平均水量/亿 m³	472.20	525.64	423.28	437.99	276.24	206.80
年平均沙量/亿 t	14.89	8.33	14.17	10.78	6.8	1.26
年平均流量/m³/s	1497.3	1666.8	1342.2	1388.9	876.0	655.8
年平均含沙量/(kg/m³)	31.53	15.85	33.48	24.61	24.62	6.09
汛期平均水量/亿 m³	294.05	297.99	230.08	266.74	130.93	84.49
汛期平均沙量/亿 t	12.60	6.09	11.37	9.63	5.78	0.89
汛期平均流量/(m³/s)	2767	2804	2165	2510	1232	795
汛期平均含沙量/(kg/m³)	42.86	20.45	49.40	36.09	44.12	10.52
非汛期平均水量/亿 m³	178.14	227.70	193.20	171.24	145.32	122.32
非汛期平均沙量/亿 t	2.29	2.23	2.80	1.16	1.02	0.37
非汛期平均流量（m³/s）	852	1089	924	819	695	585

续表

项　　目	1950—1959 年	1960—1964 年	1965—1973 年	1974—1985 年	1986—1999 年	2000—2005 年
非汛期平均含沙量/(kg/m³)	12.85	9.80	14.49	6.76	7.03	3.03
汛期水量/年水量/%	62.27	56.69	54.36	60.90	47.40	40.85
汛期沙量/年沙量/%	84.63	73.20	80.24	89.27	84.94	70.57
汛期含沙量/年含沙量	1.359	1.290	1.476	1.466	1.792	1.727
非汛期水量/年水量/%	37.73	43.31	45.64	39.10	52.60	59.15
非汛期沙量/年沙量/%	15.37	26.80	19.76	10.73	15.06	29.43
非汛期含沙量/年含沙量	0.408	0.618	0.432	0.275	0.286	0.498
A_1/%	100.00	111.33	89.64	92.75	58.50	43.80
A_2/%	100.00	55.90	95.12	72.42	45.67	8.46
A_3/%	100.00	50.27	106.18	78.05	78.08	19.31
A_4/%	100.00	101.34	78.24	90.71	44.52	28.73
A_5/%	100.00	48.35	90.18	76.38	45.83	7.05
A_6/%	100.00	47.71	115.26	84.20	102.94	24.55
A_7/%	100.00	127.82	108.45	96.13	81.58	68.67
A_8/%	100.00	97.38	122.27	50.66	44.54	16.16
A_9/%	100.00	76.26	112.76	52.61	54.71	23.58

注　表中数据系根据文献 [4] 中的图表资料加工得出；A_1 为各时段年均水量/1950—1959 年年均水量；A_2 为各时段年均沙量/1950—1959 年年均沙量；A_3 为各时段年均含沙量/1950—1959 年年均含沙量；A_4 为各时段平均汛期水量/1950—1959 年平均汛期水量；A_5 为各时段平均汛期沙量/1950—1959 年平均汛期沙量；A_6 为各时段平均汛期含沙量/1950—1959 年平均汛期含沙量；A_7 为各时段平均非汛期水量/1950—1959 年平均非汛期水量；A_8 为各时段平均非汛期沙量/1950—1959 年平均非汛期沙量；A_9 为各时段平均非汛期含沙量/1950—1959 年平均非汛期含沙量。

从表 3 可以看出，1986—1999 年和 2000—2005 年较三门峡建库前的 1950—1959 年，年水量减少了 41％和 56％，年沙量减少了 54％和 91％。汛期水量减少了 55％和 71％，洪峰流量减少更多。河工谚语用"小水坐弯，大水趋直"来表述溜势随流量变化的关系。水流动力轴线的走向，取决于惯性动量 $\rho v Q$（ρ 为水流的密度，v 为流速，Q 为流量）与边界阻抗的强弱对比关系[5]。黄河下游河道，一般流速随流量的增大而增大，因此惯性动量随流量的增大而显著增大。惯性动量大，则水流克服边界阻力（边界阻力与原有河槽的状况，泥沙运动和横向环流的作用等因素有关）、保持水流原有流动方向的能力强，要求与水流动力轴线相适应的河湾半径大，出湾保持直线流动的距离长，河道的尺寸也大。相反，流量减小，则惯性动量亦明显减小，水流克服边界阻力保持原有流动方向的能力减弱，与其相适应的河湾半径小，出湾保持直线流动的距离短，河道的尺寸也相应减小。1986 年，特别是 2000 年以来，进入黄河下游的流量大幅度减小，一些弯曲半径大的河湾，控制不住河势，主流不按规划的流路走，过渡段长的对应河湾，流势不能正常衔接，而造成治导线上的工程脱溜，要求新修工程或对原有的工程上接或下延建坝。马渡至黑石河段就是一个例子，因来童寨大坝送溜至武庄不到位，使赵口下延建坝也管不住溜，造成毛庵脱河，九堡不断下延建坝还是管不住溜，这些都是因为流量大幅度减小所造成的。建议首先预估出今后流量减少的状况，并据此对规划治导线进行修订。修订规划应尽可能充分利用已有的工程，采用潜水丁坝等新材料、新结构缩窄河槽，使河湾半径和对应弯道之间的过渡段长度，均随流量的减少而相应减小。整治后河槽的挟沙能力应该与中水流量的含沙量相一致，为保持纵向输沙平衡，宽窄河段的整治河宽应随比降的减小而缩窄，以利于把中水的泥沙输送入海。宽河段滩地的滞洪淤沙作用仍应保留，但面积可适当减少。

$$B = K \frac{QJ}{n^2 h^{2/3} \omega' S} \tag{4}$$

式中：B 为整治河宽；Q 为流量；J 为比降；n 为糙率；ω' 为沉速；h 为水深；K 为常数；S 为含沙量（挟沙能力）。

2.3 调水调沙问题

黄河下游大量的实测资料证明，河道的输沙能力 Q_s 近似与流量 Q 的平方成正比，即

$$Q_s = KQ^2 \tag{5}$$

式（5）表明，同样的水量，施放的流量越大其输送的泥沙越多。大水漫滩后，滩地糙率大，水浅流速小，大量泥沙沉积在滩面上，宽河段滩地的滞洪淤沙作用是保障窄河段防洪安全的重要因素。小浪底水库建成后，为了冲刷更多的泥沙入海，并有利于改善水库的淤积状态和异重流排沙，从 2002 年开始，联合万家寨、三门峡等水库，实施了调水调沙试验并转入生产运用，至今已进行了 9 次。随着冲刷次数的增加，河床粗化，冲刷效率将逐渐降低[6]。

根据曼宁公式和连续方程可导得

$$Q = \frac{1}{n} B h^{5/3} J^{1/2} \tag{6}$$

式中：Q 为流量；n 为糙率；B 为河宽；h 为水深；J 为比降。

从式（6）和式（5）可知，相同的断面积，窄深河槽比宽浅河槽具有更大的输水输沙能力。对三门峡水库蓄水运用时期下游河道变化的分析表明[7]，1961 年三门峡水库下泄清水，下游游荡型河段普遍发生冲刷，在工程控制较好、河势比较稳定的部位，河槽以下切为主，断面向窄深方向发展；而河势摆动的部位，河槽以展宽为主，断面向宽浅方向发展。为提高河道的输水输沙能力和保障防洪安全及引水，需要加强河道整治工作，以稳定河势。因此，水库的调水调沙运用，应该与河道整治相互配合，才能更有效地发挥冲深河槽，稳定流路，输沙入海的作用。

3 黄河水沙量的变化及对各种洪水频率和水沙系列的修正

根据文献［4］稍做补充得出表 4。

表 4　　　　　　　不同时期黄河年平均水量、沙量的空间分布及变化过程

项　目	1950—1959 年	1960—1972 年	1973—1985 年	1986—1998 年	1999—2005 年
黄河年平均总水量/亿 m³	625.02	665.78	652.57	501.90	454.90
水土保持减水量/亿 m³	7.28	11.93	27.02	27.99	27.99
支流引水耗水量/亿 m³	18.50	30.41	47.00	41.58	41.58
干流引水耗水量/亿 m³	135.54	166.25	241.26	278.39	279.22
河口年入海水量/亿 m³	463.70	457.18	337.29	153.94	106.11
黄河年平均总沙量/亿 t	20.63	21.36	17.00	16.20	11.70
水土保持减沙量/亿 t	0.32	1.86	3.30	4.43	4.43
各支流分布沙量/亿 t	0.39	1.10	1.03	0.85	0.85
干流水库拦沙量/亿 t	0.00	2.93	0.48	1.11	3.61
干流引水引沙量/亿 t	1.95	1.70	2.74	2.36	1.41
干流放淤固堤沙量/亿 t	0.24	0.07	0.33	0.17	0.16
干流河槽冲淤量/亿 t	2.04	3.89	0.00	3.08	−0.31
干流滩地冲淤量/亿 t	2.49	−0.25	0.86	0.17	0.06
河口年入海沙量/亿 t	13.20	10.04	8.27	4.03	1.48
S_1/%	100.00	106.52	104.41	80.30	72.78
S_2/%	100.00	10.3.54	82.40	78.53	56.71
S_3/%	100.00	98.59	72.74	33.20	22.88
S_4/%	100.00	76.06	62.65	30.53	11.21

注　S_1 为各时段年平均总水量/1950—1959 年年平均总水量；S_2 为各时段年平均总沙量/1950—1959 年年平均总沙量；S_3 为各时段年平均入海水量/1950—1959 年年平均入海水量；S_4 为各时段年平均入海沙量/1950—1959 年年平均入海沙量。

　　从表 4 可以看出，1986 年以后黄河各时段年平均总水量约为三门峡建坝前 1950—1959 年的 73%~80%。这可能是进入枯水期和气候变化等多种因素的复杂组合所造成的，估计今后会有所增加，但存在一些不确定因素的影响，准确预报是困难的。年平均入海水量减少更多，只有 23%~33%，主要是干支流引水量和水土保持减水量增加所造成的。近年来，国家对水量引用实行了严格的控制，今后主要是水土保持减水量还可能增加。年平均总沙量为 57%~79%，1986—1998 年时段，沙量减少与水量减少的比例较接近，而1999—2005 年沙量减少比水量多减少约 16 个百分点。这反映出水土保持措施在大暴雨较少的时段所取得的成效。加上小浪底水库拦沙，1999—2005 年入海沙量只有 1950—1959 年的 11%，今后受水保工程和拦沙水库的继续兴建，进入黄河的总沙量和入海沙量都是减少的趋势。但是，受水库淤满排沙或出现丰水期等因素的影响，总沙量和入海沙量会有波动。水土保持方面的专家认为，"作为黄土高原综合治理的基本指导思想[8]，黄土高原国土整治的'28 字方略'，其核心是'全部降水就地入渗拦蓄'，本质是通过'截、渗、汇、蓄、用'径流调控的综合手段。恢复重建黄土高原土壤水库的巨大蓄水功能，持续高效利用水土资源，以同时解决水土流失和干旱缺水两大问题"。有关黄河水土保持措施减

洪减沙作用的研究成果表明[9]："截至 2004 年，黄河流域共建设水土保持治沟骨干工程 1800 多座，淤地坝 11.2 万座，营造水土保持林 887 万 hm²，人工种草 267 万 hm²，建设基本农田 647 万 hm²，修建各类小型水利水土保持拦蓄工程 400 万处（座），水土保持措施初步治理面积累计达 20 万 km²。受治理标准较低等因素影响，水土保持措施对中常降雨条件下减水减沙效果明显，但遭遇大暴雨，减水减沙效果显著降低。20 世纪 70 年代以来，黄河中游水土保持措施多年平均减少入黄泥沙 3 亿 t 左右。"按照规划，预计 2010 年减沙将达 5 亿 t[10]。

根据黄委的调查报告[11]和有关资料，黄河干流已投入运行的水库水电站有龙羊峡、刘家峡、三门峡、小浪底、盐锅峡、青铜峡、三盛公、万家寨、天桥、拉西瓦、尼拉、李家峡、直岗拉卡、公伯峡、炳灵、八盘峡、小峡、大峡、沙坡头、龙口、西霞院共 21 座，正在建设的有康扬、苏只、积石峡、柴家峡共 4 座，规划于近期建设的有碛口、古贤、小观音、大柳树共 4 座。各支流建设的水库水电站数量更多，干支流均修建了大量引水工程。

人为修建的各种工程和生物措施，极大地改变了黄河流域下垫面的状况，现今若发生 20 世纪五六十年代相同的降雨，则实际进入黄河的水沙径流将与过去测量的数据有较大的差别。水沙径流的数量和过程是降雨和下垫面相互作用所形成的，雨水是主动作用因素，下垫面遭受降雨作用后，在自身发生相应变化的同时，并对雨水的去向进行分配，多少水保持在原地附近入渗、蒸发；多少水形成地表径流由支沟汇入河道，对雨水的分配状况和自身变化的程度决定于降水的强度和下垫面的条件（植被、土质、地形等）及日照等，对于中常降雨、良好的植被、平坦或洼坑地形，一般是自身变化小，入渗和蒸发的水量多，汇入河道的水流少，泥沙径流更少；下垫面若为植被差的黄土丘陵沟壑地形，则自身变化大，水土大量流失，汇入支沟河道，入渗和蒸发的水量少。遭遇暴雨，一般都会不同程度的增加水土流失量。植树、种草、修建鱼鳞坑、梯田、淤地坝、拦沙坝等水土保持措施都是为了改变下垫面的条件，调整雨水的去向以利于当地保持水土、发展生产，同时也减少了进入河道的水沙量。在干支流河道上修建的大坝水库等工程，也会明显改变进入下游河道的水沙过程和泥沙数量。

综上所述，现在黄河流域的下垫面已发生巨大变化，遭遇与过去同样的降雨，将产生与过去不同的水沙径流数量和过程。因此，过去的水沙径流资料（如小浪底水库 2000 年设计水平 1950—1975 年代表系列等典型水沙系列）难以代表今后可能发生地情况，建议将过去黄河流域（特别是中游流域）的降水资料，降到现在黄河流域的下垫面上，重新推算其产生的水沙径流量和过程，按此办法对过去的水沙资料进行系统的修正，用修正后的资料和近年的观测资料一起，重新计算各控制站的洪水频率和用水保证率，以及选配各种典型的水沙系列，作为今后一段时间工程设计、河道整治和对已有工程进行校核计算的依据。

■ 参 考 文 献 ■

[1]　黄河水利委员会治黄研究组. 黄河的治理与开发 [M]. 上海：上海教育出版社，1984.

［2］ 侯素珍，常温花，王平，等. 黄河内蒙古河段萎缩特征及成因［J］. 人民黄河，2007，20（1）：21－22.

［3］ 申冠卿，张原铎，侯素珍，等. 黄河上游干流水库调节水沙对宁蒙河段的影响［J］. 泥沙研究，2007（1）：67－75.

［4］ 胡春宏，陈绪坚，陈建国. 黄河水沙空间分布及其变化过程研究［J］. 水利学报，2008，39（5）：518－527.

［5］ 丁联臻，彭瑞善. 黄河东坝头以下河道整治经验初步总结［C］//中国水科院编著，中国水科院科学研究论文集（第11集）. 北京：水利电力出版社，1983：1－19.

［6］ 陈建国，周文浩，孙平. 论小浪底水库近期调水调沙在黄河下游河道冲刷中的作用［J］. 泥沙研究，2009（3）：1－7.

［7］ 彭瑞善，李慧梅. 小浪底水库修建后下游游荡性河道的演变趋势及对策［J］. 水利水电技术，1997，28（7）：9－13.

［8］ 吴普特，高建恩. 黄土高原水土保持新论［M］. 郑州：黄河水利出版社，2006.

［9］ 冉大川，刘斌，王宏，等. 黄河中游典型支流水土保持措施减洪减沙作用研究［M］. 郑州：黄河水利出版社，2006.

［10］ 黄河水利委员会. 黄河流域防洪规划［M］. 郑州：黄河水利出版社，2008.

［11］ 王震宇，季利，李永亮，等. 黄河上游水库水电站防汛调查报告［R］. 郑州：黄河水利委员会，2005.

Considerations on Comprehensive Harnessing of the Yellow River

Abstract：Much more reservoirs, hydropower stations, diversional projects and water-soil conservation works built on the main stem and tributaries of the Yellow River have remarkably changed the incoming runoff-sediment hydrograph of the river and resurted in the channel withered. The basic requirement of channel regulation of the Lower Yellow River is to maintain the longitudinal equilibrium of sediment transportation and plane stability of configuration of the river. The river training planning should be revised according to the decreases of incoming runoff and sediment load. The regulated channel widths along the river should be reduced with the decrease of the slope and the operation of water-sediment management of the reservoirs should be cooperated with the channel regulation so as to efficiently play the roles of channel erosion. configuration stability and sediment transported to the sea. Considering the changes of the conditions of underlying surface in the river basin and effects of the reservoirs operations, it is suggested that the incoming runoff-sediment is needed to be re-estimated, and the water-sediment series and flood frequencies are also needed to be revised, according to the data of historical records of rainfall.

Key words：comprehensive harnessing; reduction of runoff and sediment load; revision of planning; changes of underlying surface ; correcting the incoming runoff and sediment load; the Yellow River

适应新的水沙条件加快黄河下游治理[*]

[摘要]　　基于实测水沙、水位和河道断面等资料，分析了黄河下游来水来沙变化、各河段冲淤变化、河道比降变化情况等。研究结果认为：小浪底水库建成以来，尤其是实施调水调沙以后，黄河下游已由水少沙多、水沙搭配失调、河道持续淤积，转变为来水特别是来沙大幅度减少、水沙搭配基本合理、河道持续发生冲刷；预估今后的来沙量，不会比近 10 年的来沙量有大的增加，河道将继续以冲刷为主的造床过程，直至达到新的冲淤基本平衡。在新的水沙条件下，建议将下游河道治理方略修改为"稳定主槽、平衡输沙、关注滩区、两岸引水和滞洪区"，加快河道治理，并与水库群调控水沙等措施相互配合，以塑造出一条有利于泄洪、主槽稳定、平衡输沙、两岸自流引水及改善滩区、滞洪区人民生产生活条件的新黄河。

[关键词]　　新的水沙条件；河道冲淤特性；生产堤；自流引水；滩区

1　黄河下游河床的冲淤特性

1.1　黄河下游高村上下游河段的冲淤特性

黄河下游主要通过河槽输水、输沙，即使大洪水漫滩行洪时河槽的输水量仍占 80% 左右。黄河下游河道具有上宽下窄、上陡下缓的特点，在涨水期因比降增大而河槽普遍发生冲刷，落水期因比降减小而河槽回淤。滩面水浅、糙率大、流速小，一般都是淤积。河道每年的冲淤情况，决定于来水来沙的数量和洪水过程及其洪峰的大小等。在 20 世纪 50 年代的水沙条件下，艾山以上宽河段河槽与滩地均大量淤积，艾山以下窄河段冲淤基本平衡，发生这种情况的主要原因是：高村以上河槽宽浅散乱，水深小，洪水漫滩后滩地大量淤积；艾山以下窄河段河槽相对窄深，水深大，故能将上游大量淤积减沙后留下的颗粒较细的泥沙全部输送入海。据统计 1950—1959 年，花园口共输送泥沙 150.44 亿 t，艾山共输送泥沙 127.99 亿 t[1]。发生小流量"冲河南，淤山东"现象的原因是，流量较小时来沙量也较小，即使在高村以上宽河段水流也能回归深槽，宽窄河段断面平均水深的差值减小，比降对输沙能力的影响增大，造成高村以上河段（大比降）冲刷、高村（或艾山）以下河段（小比降）淤积。

---

* 彭瑞善. 适应新的水沙条件加快黄河下游治理 [J]. 人民黄河，2013，35（8）.

1.2　黄河下游河床由淤积向冲刷转变

黄河上中游地区水土保持工作的大规模持续进行和干支流水库及引水工程的修建，极大地改变了流域下垫面状况和干流水沙条件，进入黄河下游的水量特别是沙量大幅度减小[2-4]，以至于 1999 年 10 月小浪底水库投入运行以后，进入黄河下游的水沙条件与小浪底建库前一些年份非汛期进入黄河下游的水沙条件相近。

黄河下游河道的输沙能力近似与流量的平方成正比，即

$$Q_s = KQ^a \tag{1}$$

式中：Q_s 为输沙率，t/s；Q 为流量，m³/s；K、a 为待定系数和指数，决定于来水的流量过程、来沙的多少、河槽的形态以及河床组成等，a 一般接近 2。

河段冲淤量与花园口平均流量平方的比值（称为冲刷能力），可概略反映冲淤量与输沙能力的对比关系；在上游来沙相近的情况下，该比值的大小可反映相同水力条件下冲刷能力的变化。为了研究黄河下游河槽冲淤变化特性，分别计算了 1971—1985 年（因 1982 年数据特殊，故未选入）历年非汛期（上年 11 月至当年 6 月）黄河下游高村以上、高村以下河段冲淤量及其与花园口非汛期平均流量平方的比值（即非汛期冲刷能力，记为 K_1），以及小浪底水库建成后 2000—2011 年历年（上年 11 月至当年 10 月）黄河下游高村以上、高村以下河段冲淤量及其与花园口年平均流量平方的比值（记为 K_2），见表 1[1] 和表 2[5-6]（本文所用的水沙、河床冲淤及工程等资料，除注明参考文献的以外，均引自黄河网）。

表 1　小浪底水库建库前黄河下游非汛期河槽冲淤情况（断面法计算结果）[1]

年份	W_{ss}/亿 t	非汛期冲淤量/亿 m³		W_H/亿 m³	Q_H/(m³/s)	K_1/(s²/m³)	
		高村以上	高村—利津			高村以上	高村—利津
1971	2.76	−1.040	0.735	166.8	798	−163.3	115.4
1972	3.08	−1.097	1.148	202.4	968	−117.1	122.5
1973	1.02	−0.377	0.608	129.4	619	−98.4	158.7
1974	1.04	−1.574	−0.094	153.5	734	−292.2	−17.4
1975	0.09	−1.006	0.532	157.1	751	−178.4	94.3
1976	0.60	−2.140	0.713	231.3	1106	−174.9	58.3
1977	0.28	−0.821	0.612	166.2	795	−129.9	96.8
1978	0.09	−0.384	0.342	117.0	560	−122.4	109.1
1979	0.07	−0.800	0.882	157.3	752	−141.5	156.0
1980	0.16	−0.977	1.113	143.3	685	−208.2	237.2
1981	0.19	−0.358	0.803	114.9	550	−118.3	265.5
1983	0.24	−1.304	0.602	193.9	927	−151.7	70.1
1984	1.03	−1.536	1.023	234.7	1122	−122.0	81.3
1985	0.17	−0.953	0.585	208.1	995	−96.3	59.1
平均	0.77	−1.026	0.686	169.1	811	−156.0	104.3

注　W_{ss} 为三门峡非汛期下泄的沙量；W_H 为花园口非汛期的水量；Q_H 为花园口非汛期的平均流量；负值表示冲刷。

表2 小浪底水库建成后黄河下游河槽冲淤情况（断面法计算结果）[5-6]

| 年份 | 年冲淤量/亿 m³ | | | | | | | Q_H/ (m³/s) | K_2/(s²/m³) | |
	花园口以上	花园口—夹河滩	夹河滩—高村	高村—艾山	艾山—利津	高村以上	高村—利津		高村以上	高村—利津
2000	−0.659	−0.435	0.054	0.139	0.148	−1.04	0.287	524	−378.8	104.5
2001	−0.473	−0.315	−0.100	0.054	0.018	−0.888	0.072	525	−322.2	−26.1
2002	−0.304	−0.397	0.133	0.045	−0.225	−0.568	0.180	620	−147.8	−46.8
2003	−1.344	−0.474	−0.411	−0.404	−0.979	−2.229	−1.383	865	−297.9	−184.8
2004	−0.280	−0.426	−0.281	−0.103	−0.247	−0.987	−0.350	763	−169.5	−60.1
2005	−0.160	−0.308	−0.304	−0.322	−0.358	−0.772	−0.680	815	−116.5	−102.4
2006	−0.395	−0.634	−0.077	−0.215	0.036	−1.106	−0.179	891	−139.2	−22.5
2007	−0.438	−0.443	−0.159	−0.317	−0.292	−1.040	−0.609	855	−142.3	−83.3
2008	−0.278	−0.110	−0.098	−0.204	−0.047	−0.486	−0.251	749	−86.6	−44.7
2009	−0.095	−0.271	−0.209	−0.264	−0.081	−0.575	−0.345	736	−106.1	−63.7
2010	−0.290	−0.293	−0.125	−0.173	−0.196	−0.708	−0.369	876	−92.3	−48.1
2011	−0.335	−0.433	−0.261	−0.195	−0.122	−1.029	−0.317	910	−124.3	−38.3
合计	−5.051	−4.539	−1.838	−1.959	−2.345	−11.428	−4.304			
平均	−0.421	−0.378	−0.153	−0.163	−0.195	−0.952	−0.359	761	−164.4	−62.0

注 Q_H 为花园口年平均流量；负值表示冲刷。

由表1可以看出：小浪底建库前，三门峡水库改建完成初期的1971—1974年，各年非汛期下泄的沙量为1.02亿～3.08亿t，1974年以后各年非汛期下泄沙量（除1976年为0.60亿t，1984年为1.03亿t外）均在3000万t以下；非汛期黄河下游高村以上河段均发生冲刷，14年非汛期平均冲刷量约为1亿 m³；高村以下河段除1974年微冲外其他年份均发生淤积，淤积量约为高村以上河段冲刷量的2/3。

小浪底水库建成后，各年下泄的沙量与上游来水来沙和调水调沙情况有关，大多在0.4亿～1.0亿t之间，12年平均为0.59亿t，12年花园口年平均流量为761m³/s，高村以上河段仍均发生冲刷，年均冲刷量约0.95亿 m³（见表2），与小浪底建库前非汛期的平均冲刷量相近，但高村以下河段则不同，除建库初期发生淤积以外，从2002年开始进行调水调沙试验（运行）以后，各年均发生冲刷。调水调沙利用三门峡、小浪底等水库对小流量进行调节后按4000m³/s左右的洪峰下泄，从而增大了高村以下小比降河段的输沙能力，使全下游河道发生冲刷，2002—2011年平均，高村以下河段的冲刷量约为高村以上河段冲刷量的1/2（即占全下游河道冲刷量的33%）。

由于黄河下游各个河段长度不同（见表3，2006年以前花园口以上为花园口至小浪底，2006以后花园口以上为花园口至西霞院），各河段冲刷量的多少并不代表其冲刷强度，因此为便于比较分析小浪底建库后下游河道沿程冲刷情况，计算了各河段单位河长的冲刷量（表4）、2000—2011年各河段平均河槽总冲刷深度和年均冲刷深度（表5）。

表 3　　　　　　　　　　　　　黄河下游各河段长度

河段	花园口以上	花园口—夹河滩	夹河滩—高村	高村—艾山	艾山—利津	高村以上	高村—利津	利津以上
间距/km	125.8 (109.8)	100.8	77.1	182.1	269.6	303.7 (287.7)	451.7	755.4 (739.4)

注　括号内为 2006 年以后数据。

表 4　　小浪底水库建成后黄河下游各河段单位河长冲淤量（断面法计算结果）[4-5]

年份	单位河长冲淤量/(万 m³/km)							单位河长冲刷能力/[s²/(km·m³)]	
	花园口以上	花园口—夹河滩	夹河滩—高村	高村—艾山	艾山—利津	高村以上	高村—利津	高村以上	高村—利津
2000	−52.38	−43.15	7	7.63	5.49	−34.24	6.35	−1.247	0.231
2001	−37.6	−31.25	−12.97	2.97	0.67	−29.24	1.59	−1.061	0.058
2002	−24.17	−39.38	17.25	2.47	−8.35	−18.7	−3.98	−0.487	−0.104
2003	−106.84	−47.02	−53.31	−22.24	−36.31	−73.39	−30.62	−0.981	−0.409
2004	−22.26	−42.26	−36.45	−5.66	−9.16	−32.5	−7.75	−0.558	−0.133
2005	−12.72	−30.55	−39.43	−17.68	−13.28	−25.42	−15.05	−0.383	−0.227
2006	−31.4	−62.9	−9.99	−11.81	1.34	−36.42	−3.96	−0.459	−0.049
2007	−39.89	−43.95	−20.62	−17.41	−10.83	−36.15	−13.48	−0.495	−0.184
2008	−25.32	−10.91	−12.71	−11.2	−1.74	−16.89	−5.56	−0.301	−0.099
2009	−8.65	−26.88	−27.11	−14.5	−3	−19.99	−7.64	−0.369	−0.141
2010	−26.41	−29.07	−16.21	−9.5	−7.27	−24.61	−8.17	−0.321	−0.107
2011	−30.51	−42.96	−33.85	−10.71	−4.53	−35.77	−7.02	−0.432	−0.085
合计	−418.34	−450.3	−238.39	−107.58	−86.98	−383.32	−95.39		

表 5　　　　　　　　　2000—2011 年各河段平均河槽冲刷深度

河　段	平均河槽宽度/m	单位河长冲淤量/(万 m³/km)		冲刷深度/m	
花园口以上	2421	−418.34	−34.86	1.728	0.144
花园口—夹河滩	3142	−450.3	−37.53	1.433	0.119
夹河滩—高村	2939	−238.39	−19.87	0.811	0.068
高村—艾山	1064	−107.58	−8.97	1.011	0.084
艾山—利津	538	−86.98	−7.25	1.617	0.135
高村以上	2812	−383.32	−31.94	1.363	0.114
高村—利津	750	−95.39	−7.95	1.272	0.106

　　从表 2、表 4 和表 5 可以看出：小浪底水库投入运用后，下游河道冲刷自上而下发展。2000—2001 年，无论是河段冲刷量还是单位河长冲刷量，都是花园口以上最多，夹河滩以下（2000 年）或高村以下（2001 年）发生淤积；2004 年以后，河段冲刷量和单位

河长冲刷量最多河段都下移到花园口—夹河滩河段；2003 年以后，全下游都发生冲刷（只有 2006 年度艾山—利津河段微淤）。

2000—2011 年，利津以上河段共冲刷泥沙 15.732 亿 m³，其中：高村以上冲刷 11.428 亿 m³，约占利津以上冲刷量的 73%；高村以下冲刷 4.304 亿 m³，约占利津以上冲刷量的 27%，约为高村以上冲刷量的 38%。单位河长冲刷量，花园口—夹河滩河段最多（达 450.3 万 m³/km），花园口以上次之，花园口以下沿程递减，艾山—利津河段最小（仅 86.98 万 m³/km）。河槽冲刷深度与河宽和河势是否稳定有关，花园口以上河段受整治工程控制，河势变化和河宽均小于花园口—夹河滩和夹河滩—高村河段，因而冲刷深度最大；艾山—利津河段虽地处最下游，比降最小，但河道整治工程比较完善，河势稳定，河宽较小，水流集中，其冲刷深度仅小于花园口以上河段，比处于其上游的夹河滩—高村河段几乎要大一倍；夹河滩—高村河段河宽并不是最大，但整治工程不配套，河势多变，水流不集中，因而冲刷深度最小，这也证明了调水调沙必须与河道整治相互配合[7]，才能取得冲深河槽、规顺河势、输沙入海的效果。

小浪底建库前，黄河下游高村以上河段历年非汛期冲刷能力（K_1）呈波动变化，变化范围为 96.3～292.2s²/m³，平均冲刷能力为 151.6s²/m³，冲刷能力的变化没有趋势性规律，每年非汛期冲刷后，汛期大多会发生回淤，河床处于冲淤交替变化，长时段平均情况是汛期淤积量大于非汛期冲刷量，即长期表现为淤积。小浪底建库后，高村以上河段冲刷能力亦呈现波动变化，变化范围为 86.6～378.8s²/m³ [单位河长冲刷能力为 0.301～1.247s²/(km·m³)]，平均冲刷能力为 177.0s²/m³，略大于小浪底建库前非汛期冲刷能力（可能与调水调沙人造洪峰有关）。随着时间的延长，全下游河道的冲刷能力呈逐渐减小的变化趋势，原因是随着河床持续发生冲刷，引起比降减小、过水断面扩大、河床粗化、流速减小等，从而造成冲刷能力在波动变化中呈下降趋势。

通过上述分析，可以得出以下认识：①小浪底水库建成后，利用水库群调水调沙，人造洪峰，使黄河下游水沙搭配基本合理，改变了小流量"冲河南，淤山东"的不利状况，使全下游河槽均发生冲刷；②河槽的冲淤除与来水来沙有关外，还与河槽宽度、整治工程的合理布置等因素有关，要全面冲深河槽、逐步实现输沙平衡，应调水调沙运行与河道整治相互配合；③小浪底水库建成后，经过调水调沙运行，黄河下游河槽共冲刷泥沙近 16 亿 m³，沿程河槽的冲刷深度，以花园口以上河段最大，艾山—利津河段次之，夹河滩—高村河段最小，高村—艾山河段次小；河槽的冲刷能力随冲刷年限的延长呈下降趋势，要实现河道整治的目标，应根据新的水沙条件，修改规划治理方案，并加快实施。

2 黄河下游河道比降的变化

2.1 河道比降的特征

输水输沙是河流的自然属性，比降是河流输水输沙的能源基础，黄河下游河道输水输沙的总能量决定于西霞院坝下（2006 年 10 月以前为小浪底坝下）至河口的总落差和进入黄河下游的水沙量，河道的总落差和总长度决定全河的平均比降。黄河河口的延伸、蚀退或改道，改变了河道的长度，首先影响尾闾河段的比降；小浪底等水库泄水对下游河道的冲刷，降低了孟津河段的河底高程，减小了河段的落差，首先减小花园口以上河段的比降。沿河比降的变化，不但与地形有关，而且反映沿河能耗的分配。高村以上河段，输送的洪峰大，水量多，泥沙多，河床大量淤积，形成宽浅散乱、流势多变的游荡型河道，也就是说，该河段河道输水输沙的任务重，而河床的阻力大（包括边界不规则、不平顺、湿周大等静态阻力及水流紊乱、河势变化所产生的动态阻力），因而消耗的能量大，故形成较陡的比降；艾山以下河段，原为大清河，河床相对窄深稳定，洪峰流量及其变幅均减小，沙量也减小，相对于高村以上河段，输水输沙的任务减轻，而河床边界的阻力相对较小，水流比较平顺，故消耗的能量大大减小，因而河床比降大幅度减小。从河床冲淤的观点分析，黄河下游主要是因来沙多而引起的沿程淤积，一般是上段淤得多，下段淤得少，淤积沿程递减，故比降加大，以增加其输沙能力，河床向输沙平衡的方向调整。近年来，由于黄河上中游地区水土保持措施成效显现，加之小浪底水库建成拦沙，因此下泄泥沙大幅度减少，下游河道发生沿程冲刷，比降将减小，也是向输沙平衡的方向调整。

2.2 河道比降的变化

由于黄河下游河床冲淤变化快、幅度大，河槽的断面形态和宽度差别大等，因此河床比降的表述比较困难，不同的表述方法反映河床比降的不同特征。各断面深泓点的连线，可以反映河床冲刷最深点的比降，因具有一定的偶然性，故难以代表各河段比降的基本特性；用河槽平均河底高程表述河床比降较为合理，但沿程河宽差别很大，河宽大的断面河槽平均河底高程相对于河宽小的断面河槽平均河底高程偏高，因而不同河宽断面平均河底高程的连线，也难以全面准确反映各河段比降的特征；水面线是综合反映各河段比降的一种方法，但实测沿河各站水位相应的流量并不相同，若按各站同流量水位计算比降，则存在同流量水位不是同一时间的问题。

表 6 列出了几种方法计算的黄河下游各河段比降历年变化情况。

表 6   黄河下游各河段比降历年变化情况（1/万）

序号	年份	铁谢—花园口	花园口—夹河滩	夹河滩—高村	高村—孙口	孙口—艾山	艾山—泺口	泺口—利津
1	1952		1.89	1.65	1.22	1.03	1.10	0.92
2	1956		1.89	1.61	1.23	1.09	1.15	0.93
3	1958		1.86	1.58	1.31	1.12	1.13	0.92
4	1960	2.68	1.87	1.66	1.66	1.31	1.09	0.93
5	1961	2.66	1.83	1.63	1.16	1.31	1.07	0.93
6	1962	2.73	1.78	1.63	1.18	1.27	1.05	0.94
7	1963	2.66	1.82	1.63	1.15	1.35	1.06	0.90
8	1964	2.54	1.87	1.66	1.18	1.18	1.09	0.89
9	1965	2.46	1.93	1.60	1.19	1.22	1.09	0.87
10	1966	2.39	1.92	1.57	1.26	1.15	1.07	0.88

序号	年份	铁谢—花园口	花园口—夹河滩	夹河滩—高村	高村—孙口	孙口—艾山	艾山—泺口	泺口—利津
11	1967	2.39	1.93	1.55	1.26	1.14	1.06	0.89
12	1968		1.89	1.55	1.23	1.17	1.05	0.91
13	1972	2.49	1.90	1.59	1.21	1.12	1.06	0.94
14	1973	2.41	1.87	1.60	1.22	1.12	1.05	0.95
15	1974	2.35	1.84	1.61	1.22	1.15	1.01	0.95
16	1975	2.35	1.84	1.63	1.22	1.13	1.02	0.94
17	1976	2.28	1.90	1.62	1.19	1.12	1.06	0.97
18	1980		1.87	1.57	1.23	1.14	1.04	0.96
19	1982		1.86	1.57	1.22	1.11	1.04	0.99
20	1983		1.88	1.53	1.22	1.12	1.07	0.98
21	1985		1.88	1.53	1.22	1.14	1.05	0.97
22	1987		1.76	1.49	1.16	1.20	1.09	1.08
23	1988		1.78	1.49	1.14	1.18	1.00	0.95
24	1991		1.78	1.48	1.16	1.18	1.00	0.92
25	1992		1.77	1.52	1.16	1.21	0.98	0.94
26	1993		1.77	1.51	1.11	1.16	0.98	0.95
27	1994		1.59	1.73	1.19	1.17	0.99	0.94
28	1995		1.59	1.74	1.12	1.17	0.97	0.95
29	1996		1.57	1.73	1.13	1.18	0.98	0.96
30	1998		1.61	1.67	1.14	1.20	0.99	0.97
31	1999		1.60	1.65	1.15	1.22	1.00	0.97
32	2000		1.59	1.64	1.17	1.22	1.00	0.97
33	2002		1.60	1.78	1.24	1.11	1.07	1.00
34	2008		1.65	1.74	1.15	1.16	1.05	1.01
35	1953	2.69	1.82	1.57	1.14	1.12	1.02	0.88
36	1964	2.58	1.78	1.50	1.14	1.24	1.03	0.84
37	1986	2.49	1.84	1.45	1.16	1.17	1.00	0.93
38	1965	2.33	1.92	1.63	1.36	1.17	1.05	0.95
39	1999	2.34	1.95	1.68	1.44	1.27	1.16	1.09

表 6 中序号 1~21 为利用黄河下游各站当年汛后相应于 3000m³/s 流量的水位计算出各河段的比降[1]；序号 22~32 为黄河下游各河段当年汛期（7—10 月）4 个月的水面平均比降[8]；序号 33、34 分别为利用调水调沙试验初期和 2008 年黄河下游各站相应于 3000m³/s 流量的水位计算出的比降[9]；序号 35~37 为按河槽平均河底高程计算的比降[10]；序号 38~39 分别为对 1965 年、1999 年黄河下游多处实测高程资料进行回归分

析[6]计算出的比降，高程计算式为

$$Z_{65}=122.74-1.106\times10^{-7}X^3+2.412\times10^{-4}X^2-0.2689X \tag{2}$$

$$Z_{99}=123.96-1.092\times10^{-7}X^3+2.281\times10^{-4}X^2-0.2673X \tag{3}$$

式中：X 为黄河下游各处距小浪底坝址的距离，km；Z_{65}、Z_{99} 分别为 1965 年、1999 年的河底方程，m。

分析表 6 表明：①黄河下游各河段比降为上陡下缓，花园口和高村为比降变化的两个拐点，花园口以上为砂卵石河床向沙质河床过渡的河段，比降最陡，变化为 2.3/万～2.7/万，多年平均约 2.5/万；花园口—高村为游荡型河道，其中花园口—东坝头多年平均比降约为 1.8/万，东坝头—高村多年平均比降约为 1.6/万；高村以下基本上是工程控制下的弯曲型河道，但高村—艾山河段有一些畸形急弯和卡口，增加了河道的阻力，而艾山以下河段多为平顺河湾，水流平稳，阻力相对较小，多年平均比降高村—孙口河段为1.19/万，孙口—艾山河段为 1.17/万，艾山—泺口为 1.04/万，泺口—利津河段仅为0.94/万。②比降的变化与上游来水来沙引起河道的冲淤变化有关，1960 年 9 月，三门峡水库投入运用后，下泄沙量减少，下游河道由淤积转变为冲刷，铁谢 3000m³/s 流量水位由 1960 年 10 月的 120.66m 下降到 1976 年 10 月的 116.65m，铁谢—花园口河段的比降由 1960 年的 2.68/万减少到 1976 年的 2.28/万。1986 年以后，年水量减少到 300 亿 m³左右，而 1988 年、1992 年、1994 年、1996 年的年沙量均在 10 亿 t 以上，造成河床大量淤积，1987 年 11 月至 1996 年 10 月黄河下游共淤积泥沙 16.9 亿 m³，花园口—夹河滩河段的比降由 1987 年的 1.76/万减小到 1996 年 1.57/万，夹河道—高村河段的比降则由1987 年的 1.49/万增大到 1996 年的 1.73/万，夹河滩—高村河段的比降与花园口—夹河滩河段比降的比值由 1987 年的 0.85 增大到 1996 年的 1.10，即夹河滩—高村河段的比降超过了其上游花园口—夹河滩河段的比降。另外，孙口—艾山河段的比降在有的年份也超过了其上游高村—孙口河段的比降。这种现象表明，河床在以中小流量淤积为主的演变过程中，有时夹河滩—高村河段和孙口—艾山河段的能耗率会超过其上游河段的能耗率（1960—1965 年孙口—艾山河段比降超过其上游高村—孙口河段比降，系位山拦河坝壅水所致）。

2.3　整治河宽与比降之间的关系

设各河段流量 Q（m³/s）、挟沙能力 S_*（kg/m³）均相等，在全河输沙平衡的情况下[11]，利用曼宁阻力公式、连续方程和改进型挟沙能力公式[11-14]，探讨各河段整治河宽 B（m）与比降 J（1/万）之间的关系：

$$v=\frac{1}{n}H^{2/3}J^{1/2} \tag{4}$$

$$Q=BHv \tag{5}$$

$$S_*=K\left(\frac{\gamma'}{\gamma_s-\gamma'}\cdot\frac{HJ^{\frac{3}{2}}}{g\omega n^3}\right)^{0.75} \tag{6}$$

式中：v 为流速，m/s；H 为水深，m；γ' 为浑水容重，kg/m³；γ_s' 为泥沙容重，kg/m³；B 为河宽，m；n 为糙率；ω 为泥沙在浑水中的沉速，m/s；K 为系数。

考虑沿程泥沙粒径和河床糙率的减少，从式（4）～式（6）可导出沿程各河段整治河宽与比降的关系式：

$$\frac{B_2}{B_1} = \left(\frac{J_2}{J_1}\right)^{19/12} \tag{7}$$

按照黄河流域防洪规划[15]，花园口—夹河滩河段的整治河宽为 1000m。设想 4 种比降分布情况，计算的各河段整治河宽见表 7。

表 7　　　　　　　　　　　　　4 种比降分布情况下的整治河宽

河　段	情况 1		情况 2		情况 3		情况 4	
	$J/10^{-4}$	B/m	$J/10^{-4}$	B/m	$J/10^{-4}$	B/m	$J/10^{-4}$	B/m
花园口—夹河滩	1.84	1000	1.8	1000	1.76	1000	1.7	1000
夹河滩—高村	1.56	770	1.55	789	1.54	809	1.53	846
高村—孙口	1.2	508	1.21	533	1.22	560	1.23	599
孙口—艾山	1.16	482	1.17	506	1.18	531	1.19	569
艾山—泺口	1.1	443	1.11	465	1.12	489	1.13	524
泺口—利津	0.93	339	0.93	351	0.94	370	0.95	398

由于沿河两岸引水，实际上各河段的流量是不相等的，表 7 仅提示一个初步概念，具体应用时，须根据实际情况，进一步深入细致研究。

3　在新的水沙条件下应加快黄河下游治理

3.1　水沙量减少情况下下游河道治理方略

水土保持工作持续有效的开展，使黄河中游地区的产水特别是产沙量大幅度减少[16]；小浪底水库建成后 10 余年来，水库拦沙运用，使进入黄河下游的水沙量进一步减少，见表 8。

表 8　　　　　　　　小浪底水库建成后进入黄河下游（花园口站）的水沙量

年份	年径流量/亿 m³	年平均流量/(m³/s)	年输沙量/亿 t	年平均含沙量/(kg/m³)	年平均来沙系数/[(kg·s)/m⁶]
2000	165.3	524	0.835	5.05	0.0096
2001	165.5	525	0.657	3.97	0.0076
2002	195.6	620	1.16	5.93	0.0096
2003	272.7	865	1.97	7.22	0.0083
2004	240.5	763	2.04	8.48	0.0111
2005	257.0	815	1.05	4.09	0.0050
2006	281.1	891	0.837	2.98	0.0033
2007	269.7	855	0.843	3.13	0.0037

年份	年径流量/ 亿 m³	年平均流量/ (m³/s)	年输沙量/ 亿 t	年平均含沙量/ (kg/m³)	年平均来沙系数/ [(kg·s)/m⁶]
2008	236.1	749	0.614	2.60	0.0035
2009	232.2	736	0.269	1.16	0.0016
2010	276.3	876	1.24	4.28	0.0049
2011	287.1	910	0.609	2.12	0.0023
平均	240.0	761	1.01	4.25	0.0059
多年平均	403.6	1280	10.5	26.4	0.0206

注　多年平均为1950—2000年平均。

由表8可知：2000—2011年，花园口站平均年径流量较多年平均减少约40%，其中水量最多的2011年约减少29%，水量最少的2000年减少59%；年输沙量平均减幅超过90%，其中沙量最多的2004年减少约81%，沙量最少的2009年减少超过97%；含沙量减幅为68%～96%，平均减少84%；来沙系数减幅为46%～92%，平均减少71%。

影响今后进入黄河下游水沙量的主要因素：①降雨特别是中游水土流失地区的暴雨，很难准确预报，有待进一步研究；②根据党的十八大关于生态文明建设的要求，黄土高原的水土保持工作肯定会进一步加强和更有效的开展，下垫面的变化将使水特别是沙的径流系数减小；③干流古贤水库（远期还有碛口水库）和泾河东庄水库等枢纽工程的修建，在一定时段会拦截进入下游河道的泥沙；④小浪底水库的拦沙年限，可能会延长到30年以上，但排沙比会随库区淤积量的增加而加大；⑤南水北调可减轻黄河分水的负担，增大黄河的水量。

综合分析上述影响因素，预测今后进入黄河下游的水沙量可能会随降雨的多少和强度呈波动变化，但平均值很难明显超过近10年的数量，若仍继续利用小浪底等水库进行调水调沙运行，黄河下游河道将继续发生冲刷，但冲刷量会逐渐减少，最终达到新的冲淤平衡（届时，是否会引起河口附近地区海岸线的蚀退，是需要研究的问题）。2008年，花园口流量为3000m³/s的水位已下降到91.98m，接近1953年花园口流量为3000m³/s的水位91.91m，高村、利津流量为3000m³/s的水位已低于1980年同流量水位[1,9]，还须进一步分析枯水（流量为500～1000m³/s）河槽水位和比降的变化，其与两岸引水关系密切。为预防冲刷平衡后的纵剖面对两岸进水闸自流引水造成困难，应趁此河道冲刷造床时期加快下游河道整治，并与水沙调控等各种措施相互配合，以塑造出一条平面上主槽稳定、纵剖面合理的微弯型河道。今后在确保防洪安全的前提下，河道整治不但要求主槽稳定、各河段河宽适宜、全河平衡输沙，而且要求最终塑造成的纵剖面有利于两岸进水闸的自流引水。因此，建议将下游河道治理方略修改为"稳定主槽、平衡输沙，关注滩区、两岸引水和滞洪区"[15,17]。

3.2　生产堤的防洪标准

当前黄河下游河道治理的目的，主要是在确保防洪安全的前提下，有利于改善滩区

190 万人民的生产生活条件[17]，因此为防止中小洪水淹没滩区，可考虑修建防御流量为 10000m³/s 的生产堤。根据黄河流域防洪规划，黄河下游洪水主要来自河口镇至花园口区间，以三门峡为界，可分为上大洪水、下大洪水和上下较大洪水（见表 9）。

表 9　　　　　　　　　　　　花园口站各类较大洪水的峰量组成[15]

洪水类型	洪水发生年份	花园口		三 门 峡			三 花 间			三门峡占花园口的比重/%	
		洪峰流量/(m³/s)	12d 洪量/(亿 m³)	洪峰流量/(m³/s)	相应洪水流量/(m³/s)	12d 洪量/(亿 m³)	洪峰流量/(m³/s)	相应洪水流量/(m³/s)	12d 洪量亿 m³	洪峰流量	12d 洪量
上大	1843	33000	136.0	36000		119.00		2200	17.0	93.3	87.5
	1933	20400	100.50	22000		91.90		1900	8.60	90.7	91.4
下大	1761	32000	120.00		6000	50.00	26000		70.0	18.8	41.7
	1954	15000	76.98		4460	36.12	12240		40.55	29.7	46.9
	1958	22300	88.85		6520	50.70	15700		37.31	29.2	57.2
	1982	15300	65.25		4710	28.01	10730		37.5	30.8	42.9
上下较大	1957	13000	66.30		5700	43.10	7300		23.2	43.8	65.0

注　三花间指三门峡至花园口之间的河段。相应洪水流量系指组成花园口洪峰流量的相应来水流量；1761 年和 1843 年洪水系调查推算值。

三花区间现已建成的干支流水库的总库容为 253.64 亿 m³，可长期使用的有效库容为 123.34 亿 m³，其中干流水库的有效库容为 111.45 亿 m³（表 10），大于 1933 年三门峡 12d 洪量 91.90 亿 m³ 和花园口 12d 洪量 100.50 亿 m³，通过水库调节，可以控制下泄流量。

表 10　　　　　　　　　　　　三花间干支流水库控制面积及库容

干支流	水库名称	控制面积/km²	库容/亿 m³	有效库容/亿 m³	开始运用时间
干流	三门峡	688421	94.60	60.00	1960 年 09 月
	小浪底	694221	126.50	51.00	1999 年 10 月
	西霞院		1.62	0.45	2007 年 06 月
	干流合计		224.52	111.45	
支流	陆浑	3492	13.90	2.50	1965 年 08 月
	故县	5370	11.75	7.00	1992 年
	河口村	9223	3.49	2.39	2013 年 11 月
	支流合计	18085	29.12	11.89	

1919 年有实测资料以来，三花间 3 次较大洪水（1954 年、1958 年、1982 年）地区组成见表 11。这 3 次洪水中，小花间（小浪底至花园口称为小花间）产生的洪峰流量分别为 10900m³/s、10000m³/s、8350m³/s，5d 洪量分别为 18.78 亿 m³、22.9 亿 m³、20.6 亿 m³（换算成 5d 平均流量分别为 4347m³/s、5301m³/s、4769m³/s），小

花间洪水主要来自伊、洛、沁河和小花间黄河干流。伊河陆浑水库、洛河故县水库和沁河河口村水库共控制流域面积 18085km²，占小花间流域面积 35881km² 的 50.4%，充分发挥陆浑、故县、河口村三水库的削峰调节作用，把 1954 年、1958 年的洪峰流量控制到 9000m³/s 是有可能的（具体需进行调洪演算），留给小浪底发电流量 1000m³/s，这就意味着，滩区防御流量为 10000m³/s 的防洪标准，已达到 1919 年至今 94 年来实际发生的最大洪水。

表 11　　　　　　　　　三花间较大洪水地区组成统计[15]

年份	区间	洪峰流量/(m³/s)	5d 洪量/亿 m³	12d 洪量/亿 m³
1954	三花间	12240	24.0	40.55
	小花间	10900	18.78	31.9
	三小间	1340	5.22	8.65
1958	三花间	15700	30.8	37.31
	小花间	10000	22.9	27.92
	三小间	5700	7.9	9.39
1982	三花间	10730	29.01	37.5
	小花间	8350	20.6	27.77
	三小间	2380	8.41	9.73

3.3　驼峰河段的治理

小浪底水库建成后，黄河下游河道普遍发生冲刷，根据有关研究，河底高程降低最少和平滩流量增加最少的河段都在孙口附近，到 2009 年汛前，孙口的平滩流量 3850m³/s 为黄河下游各水文站最小值[9,18]。分析原因，该河段属畸形河湾、卡口集中的河段，孙口水文站位于于楼、梁路口、蔡楼、影堂 4 个连续急弯之中，其上游还有杨楼急弯，其下游还有国那里陡弯和十里铺卡口，这些急弯的密集连接，对控制河势变化发挥了"节点"[17]作用，流量为 3000～4000m³/s 的水流动力轴线适宜的弯曲半径，远大于这些急弯的弯曲半径，因而水流紊乱，降低了水流冲刷河底的能力。因此，要从根本上增大"驼峰"河段的泄洪能力和平滩流量，可考虑重新规划此河段的流路，在保持主槽稳定的前提下，采取裁弯取直措施，即将连续急弯改为平顺连接的微弯型河道，以减小阻力、改善流态，降低河底高程，增大平滩流量和泄洪能力。

4　结语

（1）中华人民共和国成立以来，经过 60 多年对黄河的全面综合治理，水被大量引用，流域产水特别是产沙量大幅度减少，加之水库拦截，进入下游的水特别是沙量大大减少。近 10 年来进入黄河下游的年平均流量接近 20 世纪七八十年代非汛期平均流量，年沙量约为过去的 1/10。过去非汛期通常是"冲河南，淤山东"，而小浪底水库建成后，经过调水调沙运行，实现了全下游河槽冲刷，共冲刷泥沙近 16 亿 m³，沿程河槽的冲刷深度，以整治工程比较完善的花园口以上河段和艾山—利津河段最大，表明河槽的冲淤除与来水来沙有关以外，还与河槽宽度、整治工程的合理布置等因素有关，要全面冲深河槽、逐步实现输沙平衡，必须是调水调沙运行与河道整治相互配合。

（2）黄河下游沿程比降的变化，不仅与地形有关，而且反映沿河能耗（阻力）的分配。花园口、高村为比降变化的两个拐点，花园口以上为砂卵石河床向沙质河床过渡的河段，河床阻力大，比降最陡，多年平均比降约为 2.5/万；花园口—高村河段输送的洪峰流量大、水量多、泥沙多，河床大量淤积，形成宽浅散乱、流势多变的游荡型河道，不但输水输沙任务重，而且河床的阻力大，因而消耗的能量多，故形成较陡的比降，平均比降为 1.7/万；高村以下基本上是工程控制的弯曲型河道，但高村—艾山河段存在一些畸形河湾和卡口，增大了河道的阻力，平均比降约 1.18/万，艾山以下原为大清河窄深河槽，多为平缓河湾连接，水势平稳、阻力较小，平均比降约为 1.0/万。随着游荡型河道整治工作的进一步开展，各河段的阻力差逐渐减小，故比降的调整趋势也是差值减小，因此在河道整治规划中，不但要强调稳定主槽，而且还要注意调整各河段的阻力分布及枯水河槽的变化，以便在一定程度上控制各河段的比降及中小流量的水位变化，以保证沿河两岸引水闸的自流引水。

（3）黄河的特点是水少沙多、水沙异源、水沙搭配失调，历史上是一条"善淤、善决、善徙"的多灾河流，中华人民共和国成立以后，在产沙流域开展了大规模的水土保持工作，在干支流河道，修建了大量水库、电站、引水等枢纽工程，在黄河下游采取宽河固堤的防洪方针，战胜了 1958 年的特大洪水，保障了 60 多年伏秋大汛的防洪安全。小浪底水库建成运行 10 余年的实测资料表明，从中游水土流失地区进入河道的水特别是沙大幅度减少，通过三门峡、小浪底等水库拦沙和调水调沙，进入花园口的沙量减少 90% 多，下游河道连年发生冲刷，由于河床粗化、过水断面扩大等原因，水流的冲刷能力逐渐缓慢减小。今后，黄土高原水土保持工作的力度和成效还会加大，古贤、东庄等黄河干支流水库将相继修建，已发生巨大变化的流域下垫面将继续发生变化，已大幅度减小的产水特别是产沙径流系数将继续减小，过去观测的大水大沙年的资料已不再具有可重现的性质，需要按下垫面的变化进行修正。再加上南水北调的增水，预估今后进入黄河下游的水沙条件将由水少沙多、搭配失调转变为水沙量及搭配基本合理，下游河道将由持续淤积转变为持续冲刷，直至冲淤基本平衡。当前，黄河下游正处于一个新的冲刷造床时期，2008 年流量为 3000 m³/s 的水位，花园口已接近 1953 年同流量的水位，高村、利津已低于 1980 年同流量的水位，为了预防冲淤平衡后的纵剖面对两岸进水闸自流引水造成困难，在此冲刷造床过程中，应加快黄河下游的治理，按照泄洪、稳定主槽、输沙平衡、两岸自流引水的要求，进行整治规划，与干支流水库群的调水调沙运行相配合，塑造出一条平面上主槽稳定、纵剖面形态与高程适宜，有利于泄洪输沙、两岸引水和改善滩区、滞洪区人民生产生活条件的新黄河。河宽缩窄、主槽稳定、输沙平衡后，也有利于船舶航行，新黄河将相当于中国的第二条长江——北方的长江。因此，建议将下游河道治理方略修改为"稳定主槽、平衡输沙，关注滩区、两岸引水和滞洪区"。

▦　参　考　文　献　▦

［1］　樊左英，韩少发. 黄河下游河床演变基本资料汇编［Z］. 郑州：黄河水利科学研究所，1987.

［2］　胡春宏，陈绪坚，陈建国. 黄河水沙空间分布及其变化过程研究［J］. 水利学报，2008，39（5）：518－527.

［3］　尚红霞. 2000 年以来黄河流域水沙变化分析［M］//时明立，姚文艺，李勇. 2006 年黄河河情咨询报告. 郑州：黄河水利出版社，2009：125－159.

［4］　彭瑞善. 黄河综合治理思考［J］. 人民黄河，2010，32（2）：1－4.

［5］　齐璞，孙赞盈，齐宏海. 再论黄河下游游荡性河道双向整治方案［J］. 泥沙研究，2011（3）：1－9.

［6］　申冠卿，张原铎，尚红霞. 黄河下河游道对洪水的响应机理与泥沙输移规律［M］. 郑州：黄河水利出版社，2008.

［7］　彭瑞善，李慧梅. 小浪底水库修建后已有河道整治工程适应性研究［J］. 人民黄河，1996，18（10）：30－33.

［8］　史传文. 河型模糊控制基础［M］. 郑州：黄河水利出版社，2009.

［9］　江恩惠，万强，曹永涛. 小浪底水库拦沙运用九年后黄河下游防洪形势预测［J］. 泥沙研究，2010（1）：1－4.

［10］　赵业安，周文浩，费祥俊，等. 黄河下游河道演变基本规律［M］. 郑州：黄河水利出版社，1998.

［11］　彭瑞善. 黄河下游河道整治与平衡输沙［J］. 人民黄河，2011，33（3）：3－7.

［12］　吴保生. 水流输沙能力［M］//王光谦，胡春宏. 泥沙研究进展. 北京：中国水利水电出版社，2006：46－94.

［13］　张红武，吕昕. 弯道水力学［M］. 北京：水利电力出版社，1993.

［14］　武汉水利电力学院河流泥沙工程学教研室. 河流泥沙工程学［M］. 北京：水利电力出版社，1981.

［15］　黄河水利委员会. 黄河流域防洪规划［M］. 郑州：黄河水利出版社，2008.

［16］　彭瑞善. 修正水沙资料是当前治黄的基础性研究课题［J］. 人民黄河，2012，34（8）：1－5.

［17］　彭瑞善. 对近期治黄科研工作的思考［J］. 人民黄河，2010，32（9）：6－9.

［18］　孙赞盈. 进一步增大高村—艾山河段平滩流量的可行性［M］//时明立，姚文艺，李勇. 2008 黄河河情咨询报告. 郑州：黄河水利出版社，2011：276－299.

Conforming to New Condition of Water with Sediment and Speeding up Harnessing the Lower Yellow River

Abstract：Based on measured materials on water，sediment，water level and cross section etc，it were analysed that change of water and sediment incoming the Lower Yellow River，change of erosion or silt in the reaches of the Lower Yellow River and change of river slope etc. results indicate：since the Xiaolangdi Reservoir operation，especially behind operation of regulation water and sediment，in the past so the condition of less water with more sediment and both no appropriate collocation ，that generated sustain deposition in the bed ，the condition has changed to appropriate of water with sediment so that it has generated sustain erosion recently, on the Lower Yellow River. It is predicted that the coming sediment will not be more than recent one , that the will generate erosion continually until basic equilibrium. On condition that new condition of water and sediment, propose river harnessing guiding modify to stabilization of main bed, balance of sediment transportation, show concern river floodplain, diversions in both bank gate and detention area. Speeding up river harnessing and coordinate with reservoirs regulation and control water and sediment, so that bring about the new Lower Yellow River which will be benefit to flood carrying, stabilization of main bed, balance of sediment transportation, diversion in both bank gate and improving on living environment of resident of river floodplain and detention area.

Key words: new condition of water with sediment; river character on erosion or silt; river harnessing guiding; bank levee; channel diversion; floodplain the Lower Yellow River

新时代黄河治理方向探讨*

1 引言

黄河难治的根本原因是水少沙多，搭配失调，造成河道持续淤积。过去是由决口改道来减缓河床的淤积抬高速度。人民治黄以来，70多年伏秋大汛未发生决口，河床迅速淤积抬高，主要是依靠1950—1985年三次系统性全面堤防加高，东坝头以上加高了2～3m，东坝头以下加高了4～5m[1]。为了从根本上治理黄河，在中上游黄土高原开展了大规模长时间的水土保持工作，特别是近十多年，工作更加踏实有效，进入黄河的泥沙显著减少，再加上龙羊峡、刘家峡、三门峡、小浪底等干支流控制性水库的建成运用，下游河道发生持续冲刷，考虑到未来的绿色发展和已开工修建的东庄水库与即将修建的古贤、碛口等水库，洪水和泥沙基本得到控制，黄河已进入可以根治的新时代。

2 黄河流域概况及治黄思想的发展过程

2.1 黄河流域概况

黄河发源于青藏高原巴颜喀拉山北麓海拔4500m的约古宗列盆地，流经青海、四川、甘肃、宁夏、内蒙古、山西、陕西、河南、山东省（自治区），在山东省垦利县注入渤海。干流河道全长5464km，流域面积79.5万km²（包括内流区4.3万km²）。河口镇以上为上游，河道长3472km，流域面积42.8万km²；河口镇至桃花峪为中游，河道长1206km，流域面积34.4万km²；桃花峪以下为下游，河道长786km，流域面积2.3万km²。黄河多年平均天然径流量534.8亿m³，62%的水量来自兰州以上，多年平均天然输沙量16亿t，多年平均天然含沙量35kg/m³，90%的泥沙来自中游河口镇至三门峡区间的黄土高原流域，其中多沙粗沙区面积为7.86万km²，仅占黄土高原水土流失面积45.4万km²的17.4%，输沙量占总沙量的62.8%，其中粒径大于0.05mm的粗泥沙占全河粗泥沙量的72.5%。黄河作为连接河源，上中下游及河口湿地生态单元的"廊道"，是维持河流水生生物和洄游鱼类栖息、繁殖的重要基础，同时也是我国生态脆弱区分布面积最大的流域之一。水少沙多，水沙异源，搭配失调，从而造成黄河下游河道持续淤积，形成地上悬河，河床高于背河地面一般为4～6m，成为海河和淮河流域的分水岭。从周定王五年（公元前602年）至1938年的2540年间共决口1590次，决溢范围北至天津，南达

---

* 彭瑞善. 新时代黄河治理方向探讨 [J]. 水资源研究，2018，7（6）.

江淮,纵横 25 万 km² 的华北平原。黄河下游河道上宽下窄,比降上陡下平,流量上大下小,两岸大堤之间的滩地面积约 3154km²,耕地约 340 万亩,居住人口约 190 万人。由于生产堤的修建,一般洪水集中在河槽内淤积,东坝头至陶城铺之间部分河段形成槽高滩低堤根洼的"二级悬河",严重威胁防洪安全,故于 1974 年经国务院批准废除生产堤。黄河宁海以下为河口段,具有淤积、延伸、摆动的特性,摆动范围北起徒骇河口,南至支脉沟口,扇形面积约 6000km²。近 20 年,由于入海沙量大幅度减少,河口趋于相对稳定[1]。

2.2   治黄思想的发展过程

黄河流经祖国中原大地,气候适宜,物产丰富,历代王朝大多在黄河流域建都。古代人民的物质生活主要是保障居住安全和发展农业生产,然后是交通运输,所以保障防洪安全是最重要的,其次是引水灌溉和航运。早在 4000 多年以前,大禹治水主要是适应水性就下的自然规律,采用"疏川导滞"的办法,开凿行水通道,让水自然下泄。随着经济的发展,人口增加,需要占用更多的平地,开始修建堤防,到战国时期,黄河下游提防已达到一定规模。由于黄河中上游黄土高原地区,生产方式落后,坡地开荒,广种薄收,造成水土流失,大量泥沙随水下泄,在下游两岸任意修建的提防间发生日益严重的淤积,逐渐形成地上悬河,到西汉时期,汛期洪水慢堤、溃堤、冲决堤防的现象日渐增多,对于如何治理黄河意见纷纭,东汉时期王景提出的"宽河行洪"的方针受到重视,并被采纳。由于宽河道的行洪断面大、洪水位较低,河床淤高的速度较慢。而且容许主流有一定的摆动范围,所以能够维持近千年河患较少的局面。但毕竟河床还是在不断淤积,到明朝时,潘季驯发现水流分散,虽可降低水位,但流速小,水流挟带的泥沙少,淤积在河床上的泥沙多,为了减轻河床淤积,输送更多的泥沙入海,提出"以堤束水,以水攻沙"的集流学说,这也是人口增多的要求和经济发展、技术进步才有可能。对洪水和泥沙由退让转向进攻,此时堤防不单是挡水,而且要修筑更多的防护工程抗冲,从而取得一个时期"河道安流、粮运无阻"的成效。河流的自然属性不单是输水,而且要输沙,由于黄土高原严重的水土流失,来沙量超过河道的输沙能力,河床仍要淤积抬高,主流摆动,决口常有发生。民国时期,李仪祉提出上、中、下游全面治理的方略,上中游蓄水拦沙,植树造林、修梯田,在支干沟打坝留淤,建库蓄水,在下游尽量给洪水筹划出路,开辟减河,整治河道,固定中水河槽,洪水时能淤滩刷槽,安全泄流入海,这是一个很大的进步。1955 年第一届全国人民代表大会第二次会议,通过了邓子恢副总理所作的《关于根治黄河水害和开发黄河水利的综合规划报告》,并相应作出了组织实施的决议,开创了全面治理黄河的新纪元。规划注意到对水、沙的控制和利用,在黄土高原水土流失区大力开展水土保持工作,在干支流修建一系列水库,蓄水拦沙,调节水量,以利于防洪、灌溉、航运和充分利用水力资源发电,选定的第一期工程为在干流上修建三门峡、刘家峡两座综合性大水库和青铜峡、渡口堂、桃花峪三座灌溉枢纽,在支流修建一批防洪、拦沙和综合兴利的水库[2]。配合三门峡水库的修建,为了全面解决黄河下游的防灾兴利问题,在黄河下游规划了 6 座低水头水利枢纽,并于 1960 年 6 月建成花园口、位山两座枢纽,泺口、王旺庄两枢纽正在施工。1960 年 9 月三门峡水库开始蓄水拦沙运用后,库区大量淤积,末端迅速上延,淹没浸没影响严重，于1962年3月即改为汛期滞洪排沙运用，但因泄洪能力小，库尾淤积继续快速上延，威胁渭河乃至西安市的防洪安全，1964年决定改建两洞4管，以后又打开12个底孔，1973年11月正式改为蓄清排浑、控制运用，非汛期灌溉防凌蓄水，汛期畅泄排沙。三门峡改为滞洪排沙运用后，下泄沙量增大，黄河下游的花园口枢纽和位山枢纽于1963年先后破坝恢复原河道。泺口、王旺庄两枢纽停建废弃[3]。

改革开放以来，治黄工作迅速发展，先后建成龙羊峡、小浪底两座综合性大水库和20多座电站（引水）工程，水土保持工作取得了很大的成效。但在编制黄河流域防洪规划和综合规划中，由于没有充分考虑流域下垫面变化对过去观测的水沙资料进行修正，预测到2030年入黄泥沙还有8亿t，因而对下游河道的治理仍然采用"稳定主槽、调水调沙、宽河固堤、政策补偿"的治河方略，使滩区190万居民长期处于年年汛期都要准备逃避可能遭受洪水淹没的环境中生产和生活。如果按照下垫面的变化，对过去观测的水沙资料进行修正[4]，则预测未来的水沙条件会更接近实际发生的情况，来沙量会大幅度减少，下游的治河方略可修改为"稳定主槽，平衡输沙，关注滩区、两岸引水、生态环境、航运和滞洪区"，修建生产堤保护滩区。实施根治黄河水害，全面开发黄河水利的治河方略。历代的治河方略均与当时的社会因素（人口、生产力水平、社会是否安定等）和人们对黄河的认识水平有关，"疏川导滞""宽河行洪"都是在人口稀少、生产力落后的条件下发挥了一段时间的作用。随着人口的增加和生产力水平的提高，才有实行"束水攻沙"的必要和可能。20世纪30年代李仪祉提出的上中下游全面治理是一个很大的进步，但当时的社会因素没有实现的条件。中华人民共和国成立后，治黄工作呈波浪式向前推进，改革开放以来，全面快速发展，特别是退耕还林还草，在国家实行粮食补贴后成效显著，在绿色发展的新时代，从治河方略的发展过程来看，当今社会安定，生产力水平和人们对黄河的认识已达到了一个新的高度，应该放弃宽河固堤的治河方略，实施全面根治黄河的治河方略。

3　黄河流域水土保持工作的主要成效

3.1　水沙径流产生的机理

河流水沙径流的数量和过程，主要是流域降水和下垫面相互作用的产物，降雨是主动作用因素，下垫面被动遭受雨滴冲击作用后，在自身发生相应变化（产沙）的同时，对雨水的去向进行分配，即多少水保持在原地或流动途中储存、入渗、蒸发；多少水形成地表径流，并挟带从地表冲起的泥沙由支沟汇入河道。对雨水分配的状况和自身变化的程度及水流挟带泥沙的多少，决定于降水的强度、数量、过程和下垫面的条件（地形、地貌、地质、植被、土质、含水量和工程措施等）以及日照等气候因素。对于中常降雨，平坦缓坡地形或梯田，良好的植被，一般在原地附近入渗、蒸发和储存的水量多，汇入河流的水流少，带走的泥沙更少；下垫面若为黄土高原坡耕地，则原地附近入渗、蒸发和储存的水量少，挟带泥沙汇入支沟河道的水流多。遭遇暴雨、大暴雨都会不同程度的增加水土流失量。茂盛的林草可以阻挡雨滴对地面土壤的直接冲击，消减其冲刷地面的动能，并增加雨水汇集流动的阻力，从而有利于保护土壤被水侵蚀并增加下渗和蒸发的水量。梯田、淤地坝、拦砂坝等措施，可以缓解和拦截坡面和沟道的水土流失，以利于当地发展生产。植树种草，坡耕地改梯田、修建淤地坝、拦沙坝等水土保持措施，可明显改善下垫面条件，从而大大减轻土壤流失，并优化分配雨水的去向，就地保存更多的水量。硬化地面不产生泥土流失，几乎全部雨水都转变为地表径流，从而大大增加了城市排涝的负担。上述事实充分证明下垫面条件对降雨产生水沙径流的数量和过程有极其重要的影响[5-6]。

3.2　水土保持的措施和成效

黄土高原水土保持的主要措施为淤地坝和水库、坡耕地改梯田、退耕还林还草和封禁。根据较全面的最新研究成果[7]，现摘录整理如下。

3.2.1　措施

（1）淤地坝和水库。截至 2011 年底，潼关以上黄土高原地区共有骨干坝（大型淤地坝）5470 座，总库容约 55 亿 m^3，已淤库容 22.4 亿 m^3，其中河龙区间为 3726 座和库容 40 亿 m^3，约占潼关以上总数的 68％和 73％。2000 年以后建成的占总量的 52％；潼关以上黄土高原共有中小型淤地坝 52444 座（不包括库容小于 1 万 m^3 的微型淤地坝），其中 1990 年以后建成的 6371 座。大中小型淤地坝共有坝地面积 846km^2，其中河龙区间 743km^2，占总面积的 87.8％；潼关以上地区共有水库 853 座［不含小（2）型水库］，其中大型水库 26 座，中型水库 170 座，小型水库 657 座，大中小型水库共有库容 499.7 亿 m^3，水库多建于 20 世纪 50 年代后期至 70 年代末。

（2）梯田。截至 2014 年，潼关以上共有水平梯田 3.6 万 km^2，其中 68.5％分布在甘肃省和宁夏回族自治区。截至 2012 年，潼关以上地区共有梯田 33939km^2，其中，重点地区的梯田面积见表 1。

表 1　　　　　　　　　2012 年潼关以上各地区的梯田面积

区　域	唐乃亥—青铜峡	河龙区间	汾河流域	北洛河状头以上	怪水张家山以上	渭河咸阳以上	合计
梯田面积/km²	7308.0	4716.5	2170.0	9332.6	7473.2	9117.8	32318.1

注　本次遥感调查未计入修建在平缓河川阶地上的梯田和窄幅梯田，故与统计数据稍有差别。

为了描述梯田对流域主要产沙区的控制程度，引入"梯田比"概念，它是指某地区梯田面积占其轻度以上水土流失面积的比例，潼关以上典型地区 2014 年梯田比见表 2。

表 2　　　　　　　　　潼关以上典型地区 2014 年梯田比

河龙区间黄丘区	汾河黄丘区	北洛河上游	泾河黄丘/残原区	渭河拓石以上	祖历河上中游
6.44％	19.1％	6.72％	22.7％	40.4％	28.3％

梯田的垂向位置不同，对坡面水沙的控制程度亦不相同，位于坡面中下部的梯田有机会拦截其上部坡面的水沙，将梯田对上方坡面的控制面积称为上控面积，潼关以上各地区梯田的上控面积见表 3。

表 3   潼关以上各地区梯田的上控面积

地　区	河龙区间	汾河流域	泾渭洛河	青铜峡以上	潼关以上合计
梯田上控面积/km²	4697	1428	8986	4937	20048

（3）林草地。1998 年长江大水以后，国家在黄土高原全面实施了退耕还林还草和封禁治理措施，退耕后的土地主要转为林草地，原林草地内的林草种植密度也显著增加。黄河主要产沙区林草地面积 2010 年达到 115768km²，较 1978 年的 104513km² 增加 11255km²。

林草植被是通过叶径及其枯落物挡蔽雨滴对地面的直接冲击，增加雨水汇集流动的阻力，从而发挥保持水土的作用。流域内林草叶径覆盖的面积占易侵蚀区面积的比例是决定该地区水土保持成效的关键因素，因此，定义流域内易侵蚀区林草叶茎正投影面积占易侵蚀区面积的百分比为易侵蚀区林草覆盖率。林草地植被盖度是指林草叶茎正投影面积占草地面积的比例，反映林草叶茎对林草地的保护程度。当易侵蚀区内没有耕地和建设用地时，覆盖率就是盖度。植被盖度小于 20%～30% 的林草地对遏制水土流失作用不大，现将黄河主要来沙区 30% 以上三级盖度的林草地面积变化列于表 4。

表 4   黄河主要来沙区不同盖度等级的林草地面积变化   单位：km²

类别	面积参数	河龙间黄丘区	北洛河上游	泾河景村以上	渭河括石以上	汾河上游黄丘区	孔兑黄丘区	清水河上中游	祖历河上中游	合计
全部林草地	S_{1978}	48821	4374	20884	10008	3669	5272	5908	5577	104513
	S_{2014}	55718	5912	21851	10424	3997	5270	6301	6295	115768
	$S_{2014}-S_{1978}$	6897	1538	967	416	328	−2	393	718	11255
	S_{2014}/S_{1978}	1.14	1.35	1.05	1.04	1.09	1.00	1.07	1.13	1.11
盖度≥30%	S_{1978}	20580	2410	14044	5683	2045	324	3085	3661	51832
	S_{2014}	53457	5887	21487	10097	3284	5087	6062	6167	111528
	$S_{2014}-S_{1978}$	32877	3477	7443	4414	1239	4763	2977	2506	59696
	S_{2014}/S_{1978}	2.60	2.44	1.53	1.78	1.61	15.70	1.96	1.68	2.15
盖度≥50%	S_{1978}	12023	1800	5182	2503	1464	100	357	14	23443
	S_{2014}	42385	5511	14688	8047	3084	3635	1605	1322	80277
	$S_{2014}-S_{1978}$	30362	3711	9506	5544	1620	3535	1248	1308	56834
	S_{2014}/S_{1978}	3.53	3.06	2.83	3.21	2.11	36.35	4.50	94.43	3.42
盖度≥70%	S_{1978}	7105	610	2181	941	925	46	34	0	11842
	S_{2014}	20027	2861	8569	4514	2351	151	381	46	38900
	$S_{2014}-S_{1978}$	12922	2251	6388	3573	1426	105	347	46	27058
	S_{2014}/S_{1978}	2.82	4.69	3.93	4.80	2.54	3.28	11.21	46	3.28

由表 4 可知，2014 年与 1978 年比较，盖度≥30% 的林草地面积增加了 1.15 倍，增加值达 59696km²；盖度≥50% 的林草地面积增加了 2.42 倍，增加值达 56834km²；盖度

≥70%的林草地面积增加了 2.28 倍，增加值达 27058km²，都是在河龙间黄丘区增加最多。高盖度林草地面积的大幅度增加，对于保护土壤，减少进入黄河的沙量发挥了重要作用。

3.2.2 成效

通过对黄河主要产沙区 6045 个雨量站 1966—2014 年日降雨数据的分析表明，2007—2014 年（代表现状年）降雨总体偏丰，因而降雨不是近年黄河来沙锐减的原因。1919—1975 年，黄河潼关（陕县）站实测年均输沙量 16.286 亿 t，龙门、河津、状头、张家山和咸阳五站实测年均输沙量 17.354 亿 t。近十几年，相近降雨情况下来沙量较 20 世纪急剧减少，2007—2014 年，潼关站实测平均输沙量 1.794 亿 t，龙门、河津、状头、张家山和咸阳五站实测年均输沙量 1.925 亿 t，分别较 1919—1975 年减少 14.292 亿 t 和 15.43 亿 t。现以 2007—2014 年作为现状年，采用识别和遴选对产沙敏感降雨因子，构建了各支流（区间）在下垫面变化较小时期的降雨-产沙关系模型群，计算了各支流（区间）2007—2014 年非降雨因素变化所导致的总减沙量，并分析核查了淤地坝、林草、梯田各项措施的减沙量见表 5。

表 5　　　　潼关以上现状下垫面在 2007—2014 年降雨情况下的计算减沙量

区　间	非降雨因素总减沙量/万 t	主要下垫面因素减沙量/万 t				
		水库拦沙	淤地坝拦沙	灌溉引沙增量	河道淤积	林草梯田等因素减沙
河龙区间	96887~104686	8778	8604	250	500	78136—88489
北洛河状头	7657~9824	356	673	0	100	8000—8410
泾河张家山	23613~26800	1293	1348	50	100	15590—17760
渭河咸阳	11208~13126	1450	395	300	0	10220—11990
汾河河津	6070~6100	431	350	200	150	4840—4852
十大孔兑	885~1117	0	120	0	0	904—1232
青铜峡以上	15440~16812	5780	1036	200	0	7800—8360
宁蒙冲积性河段	—			−1820	−940	0
中游冲积性河段	—			900	−260	0
潼关以上合计	161760~178448	18088	12526	80	−350	125400—141093

注　引沙增量指现代灌溉引沙量较 20 世纪 50 年代以前的增量。

根据黄河泥沙公报，近年进入黄河的泥沙显著减少，2000—2017 年 18 年平均为 2.418 亿 t，2008—2017 年 10 年平均为 1.474 亿 t。经过小浪底水库拦调后，花园口站的年输沙量，2000—2017 年平均为 0.847 亿 t，2008—2017 年平均为 0.585 亿 t，分别为花园口站 1950—1999 年 50 年平均 10.734 亿 t 的 7.89% 和 5.45%。1999 年 10 月小浪底水库投入运用以后，下游河道持续发生冲刷，1999 年 10 月至 2017 年 10 月共冲刷泥沙 21.16 亿 m³，其中高村以上冲 14.49 亿 m³，高村以下冲 6.67 亿 m³。

以上资料充分表明，水土保持措施已取得相当大的减沙效果，只要今后继续巩固发展，就能基本控制黄土高原的水土流失，创造了根治黄河的基本条件。在绿色发展的新时代，进行江河开发治理，修正水沙资料就是绿水青山变成金山银山的转化剂。

4　黄河的治理方向和亟须研究的主要问题

4.1　黄河中上游的开发治理

黄河中上游的开发治理要从全河的角度考虑，首要的是调节洪水、减少进入河道的泥沙。按照规划继续完成干支流梯级水利枢纽工程的修建，充分开发利用水能资源，完善径流泥沙调控体系，保障全河防洪（防凌）安全，并有利于河道平衡输沙[8]、引水、生态环境和航运。大力发展节水灌溉技术，增大河道中的基流，不但可以增加梯级电站的发电量和保证出力[9-10]，而且对于保护生态环境、水产养殖、航运以及两岸引水等多方面都是有益的。中上游流域黄土高原的治理，要以绿水青山就是金山银山的理念为指导，大力发展和加强水土保持工作，在林草种植、修建梯田等地貌地形修复改造工作中完善创新，使林草地和梯田遇中小雨能保水保土，并给暴雨和大暴雨产生的径流安排稳定的出路，沟道的淤地坝要布置相应的泄流设施，保持排洪系统畅通。长远的目标是把黄土高原建设成既有利于改善生态环境，发展生产，又能经受风雨作用，地表保持相对稳定的下垫面，其流入黄河的泥沙量，要与黄河下游河道的输沙能力及维持河口地区海岸线的稳定相适应。把黄河中上游流域建设成绿水青山，就有利于全河（特别是黄河下游滩区）变成金山银山。

4.2　黄河下游的治理方向

前述分析表明，由于中上游黄土高原长期水土保持工作的成效，流域下垫面已发生巨大变化，暴雨所产生的沙量显著减少，在 21 世纪新时代，国家实施绿色发展的进程中，下垫面的地形和植被肯定是向好的方向变化，产沙量是由减少到基本稳定的变化趋势。大量水土流失的情况只能在特大暴雨的异常气候条件下发生，而且产沙量也会比过去减少很多。因此，早期观测的水沙资料已不再具有可重观的性质，必须按照下垫面的变化进行修正[4,11]，修正后的水沙资料系列，会更接近未来实际发生的水沙情况，才能作为河道治理规划、工程设计和管理运用的依据[6,12]。1999 年 10 月小浪底水库建成投入运用，2002 年即开始调水调沙运行，黄河下游河道即由持续淤积转变为持续冲刷，其发展趋势是冲刷量逐渐减少至达到准平衡状态。此后，随来水来沙的多少，河床发生冲淤交替变化，持续淤积的现象不会再发生。由于三门峡、小浪底和伊河陆浑、洛河故县、沁河河口村诸水库的建成联合运用，黄河下游的洪水基本得到控制。再加上黄土高原水土保持工作的进一步发展，未来进入黄河下游的泥沙将变成基本可控的状态，在洪水、泥沙均达到可控的情况下，黄河下游河道已进入可以根治（效益充分发挥，灾害可以防治）的新时代，今后的治理方向，要从主要保障黄河大堤防洪安全转向全面根治，通过采取各种治河措施，结合水库群调节水沙，可以实现控导河势，稳定主槽，满足泄洪要求，缩窄河宽，增大水深，平衡输沙，保证两岸自流引水，不但要全年不断流，而且要增大基流流量，保护湿地、水产养殖和生态环境，争取在非冰冻期均能通航。按照防御 $10000m^3/s$ 洪水修建生产堤，不但可以确保黄河大堤的防洪安全，而且可以把滩区的防洪标准提高到百年一遇，从而改善滩区 190 万居民的生产生活条件。为防御特大洪水，可在生产堤布置若干个分洪进、出口，以保持滩地的滞洪沉沙作用，并可在滩区修建隔堤，以根据特大洪水的洪量启用不同范围的滞洪区。黄河下游的洪水主要来自河口镇至龙门，龙门至三门峡和三门峡至花园口三个地区，以三门峡为界，分为上大洪水、下大洪水和上下较大洪水[13]，见表 6。

表 6　　　　　　　　　　　　花园口站各类较大洪水的峰量组成

洪水类型	洪水年份	花园口		三门峡		
		洪峰流量/(m³/s)	12 日洪量/亿 m³	洪峰流量/(m³/s)	相应洪水流量/(m³/s)	12 日洪量/亿 m³
上大洪水	1933	20400	100.5	22000		91.90
下大洪水	1954	15000	76.98		4460	36.12
	1958	22300	88.85		6520	50.79
	1982	15300	65.25		4710	28.01
上下较大洪水	1957	13000	66.30		5700	43.10

三花间干支流已建成三门峡、小浪底、陆浑、故县和河口村 5 座水库，总库容为 253.64 亿 m^3，其中干流水库的有效库容为 111.45 亿 m^3，大于 1933 年三门峡 12d 洪量 91.90 亿 m^3 和花园口 12d 洪量 100.50 亿 m^3，通过水库调节，可以控制下泄流量[12]。黄河下游的防洪主要是防御小浪底至花园口之间的洪水。从 1919 年有实测资料以来，三花间共发生过 3 次（1954 年、1958 年、1982 年）较大洪水[13]，其地区组成见表 7。

表 7　　　　　　　　　　　　三花间较大洪水的地区组成

年份	区间	洪峰流量/(m³/s)	5d 洪量/亿 m³	5d 平均流量/(m³/s)	12d 洪量/亿 m³	12d 平均流量/(m³/s)
1954	三花间	12240	24.00	5556	40.55	3911
	小花间	10900	18.78	4347	31.90	3077
	三小间	1340	5.22	1208	8.65	834
1958	三花间	15700	30.80	7130	37.31	35.99
	小花间	10000	22.90	5301	27.92	2693
	三小间	5700	7.90	1829	9.39	906
1982	三花间	10730	29.01	6715	37.50	3617
	小花间	8350	20.60	4769	27.77	2678
	三小间	2380	8.41	1947	9.73	938

三小间的洪峰流量可以由小浪底水库拦蓄，小花间产生的洪峰流量分别为 $10900m^3/s$、$10000m^3/s$ 和 $8500m^3/s$。小花间洪水来自伊洛沁河和小花间黄河干流，伊河陆浑水库，洛河故县水库和沁河河口村水库共控制流域面积 $18085km^2$，占小花间流域面积 $35881km^2$ 的 50.4%。充分发挥陆浑、故县、河口村 3 水库（均系 1965 年以后建成运用）的削峰调

节作用，把 1954 年、1958 年的洪峰流量调控到 9000m³/s 以下是可能的，这表明从 1919 年到 2018 年共 100 年所发生的洪水都可以保障滩区的防洪安全[12]，因此，建议把"稳定主槽，调水调沙，宽河固堤，政策补偿"的治河方略修改为"稳定主槽，平衡输沙，关注滩区、两岸引水、生态环境、航运和滞洪区"。近年开始建设的泾河东庄水库和即将在北干流建设的古贤水库、碛口水库、共有拦沙库容 200 多亿 m³，可拦沙超过 300 亿 t，有效库容 82 亿 m³，可进一步增大拦调洪水和泥沙的能力。

4.3　亟须研究的主要问题

（1）黄河防洪、枢纽工程的规划设计和管理运用、水土保持措施以及河床演变和治理等多方面均与气象因素有密切关系，黄河流域的气候变化、长中短期天气预报需要不断加强研究。

（2）研究提高中短期天气预报的准确性，对枢纽工程的管理运用有一定价值，由于进入黄河的泥沙大量减少，水库因排沙而降低库水位的要求更灵活，可以研究在汛期的某些时段，根据天气预报，在确保防洪安全的前提下，高于汛限水位运行，可增加兴利效益。

（3）研究完善防御大暴雨的水土保持措施。

（4）黄河下游河道的防洪主要是防御小花区间的洪水，为了减少花园口的洪峰流量，保障黄河大堤和生产堤的防洪安全，修建桃花峪水库是一个能够满足要求的方案，但又带来两个问题：一是库区损失大，麻烦多；二是使用的概率极小。因此，最好是利用现代先进技术，从以下几方面研究措施：①小花间 1954 年、1958 年洪峰流量分别为 10900m³/s、10000m³/s，计算陆浑、故县、河口村 3 水库以上流域占比的数量，可由该 3 水库调控削减为多少洪峰流量。②研究减少减缓小浪底、陆浑、故县、河口村、花园口区间流域暴雨产流、汇流的各种措施（生物措施和工程措施等），以及人工干预暴雨降落地区的方法。③研究提高小花间流域发生特大暴雨的中期天气预报，以便提前采取防御措施。④研究提高小花间流域发生大暴雨的短期预报的精度，建立小花间流域暴雨产流、汇流及在花园口出现洪峰流量的数值和时间的快速测报系统，以及浑陆、故县、河口村、三门峡、小浪底五水库联合调度运用的决策支持系统。⑤研究花园口发生超过 10000m³/s 洪水的分洪预案，在保障全河防洪安全的前提下，损失最小。

（5）研究塑造黄河下游的河床形态。要实现稳定主槽、维护两岸自流引水等兴利目标，必须固定基本流路，塑造一个合适的纵剖面、平面和横断面形态，需研究以下问题：①研究制订规划治导线，作为全河平面控制的依据，以协调上下游，左右岸的关系和河势衔接。②研究选择有利的纵剖面形态，控制在冲刷造床过程中实现并长期保持，以满足两岸自流引水的要求。③根据纵比降的沿程变化，按照平衡输沙[8]的要求研究选择各河段的整治河宽。④按照枯水期通航的要求，研究选择枯水河槽的流路和宽度，并布置相应的潜水丁坝加以控制。

（6）黄河下游河道的整治工程。黄河下游河道的基本特征是上宽下窄，纵比降上陡下平，河床组成上粗下细，洪峰流量上大下小，峰型上尖下缓，含沙量上大下小，河床沿程淤积。高村以上为游荡型河道，陶城铺以下为工程控制的微弯型河道。由于人民治黄后修建了大量控导工程，以及对险工的加固和延修，西霞院至桃花峪和高村至陶城铺两河段也初步成为工程控制的弯曲型河段，河势变化小。过去黄河治理，由于各种条件的限制，防护工程多在旱滩施工，坝头根基浅，需要通过抢险来加深根基，为便于抢护，一般都采取"以坝护湾，以湾导流"的形式，布置控导工程，形成两岸锯齿型河湾对应衔接的流路。坝头附近水流紊乱。如今要按照根治黄河的要求，把黄河下游河道整治成长期稳定、顺畅的弯曲型河道，不但要确保黄河大堤的防洪安全，而且要缩小河宽，冲深河槽，减少河岸对行洪排沙的阻力，提高滩区的防洪标准。因此，今后布置护湾工程要从丁坝群组成的锯齿形逐步摸索改为平顺形，以减少阻力，增大河槽的行洪排沙能力。国家实施创新驱动发展战略，要研究把各种新材料、新结构、新技术、新理念应用于治理黄河的途径，近些年已开始采用管柱筑坝，一次做到要求的基础深度，不需要通过迎流抢险来加深基础，这将有利于修建平顺型防护工程。为了枯水期通航，又不影响汛期泄洪，需要布置潜水丁坝，缩窄枯水河槽，以增加水深，适用于黄河下游细沙河床的潜水丁坝是一项新的研究课题。

5　结语

黄河中上游黄土高原地区，生产方式落后，坡地开荒，广种薄收，造成严重水土流失，平均每年进入黄河的泥沙为 16 亿 t，经过长时间的水土保持工作，已摸索出林草种植、坡耕地改田梯、沟道修淤地坝等比较有效的方法，特别是近 10 多年，按照生态文明建设的要求，工作更加踏实有效，进入黄河的泥沙显著减少，2000—2017 年 18 年平均为 2.42 亿 t，2008—2017 年 10 年平均为 1.47 亿 t。经过小浪底水库拦调后，花园口站的年输沙量，2000—2017 年平均为 0.847 亿 t，2008—2017 年平均为 0.585 亿 t，分别为花园口站 1950—1999 年 50 年平均 10.734 亿 t 的 7.89% 和 5.45%。1999 年 10 月小浪底水库投入运用以后，下游河道持续发生冲刷，1999 年 10 月至 2017 年 10 月共冲刷泥沙 21.16 亿 m^3，其中高村以上冲 14.49 亿 m^3，高村以下冲 6.67 亿 m^3，预计冲刷还将继续，直至达到冲淤交替的准平衡状态，再加上南水北调的补充水量，水少沙多，搭配失调的状况已经改变，黄河已进入可以根治的新时代。今后，黄河中上游的开发治理是继续完成干支流梯级水利枢纽工程的修建，调控水沙，保障全河的防洪（防凌）安全，大力发展节水灌溉技术，增大基流，充分利用水能，并有利于河道的平衡输沙、引水、生态环境和航运。水土保持的成效是根治黄河的基础，加强、改进和完善黄土高原的水土保持工作，目标是建成环境优美，生产发达，长期保持相对稳定的下垫面，其流失的泥沙量与下游河道的输沙能力和维持河口地区海岸线稳定的沙量相适应。

黄河下游的治理，在绿色发展的新时代，持续淤积的现象不可能再发生，依据按下垫面变化修正后的水沙资料，预测下游河道的演变趋势，修订整治规划，改变宽河固堤的治河方略，充分发挥干支流水库群调节水沙的作用，在确保黄河大堤防洪安全的前提下，缩窄河宽，修建防御 10000m^3/s 流量的生产堤，把滩区的防洪标准提高到百年一遇。考虑到对黄河下游防洪安全威胁最大的洪水是来自小陆故河花无控制区，要研究采取各种措施，减缓其产流汇流的速度，以降低花园口的洪峰流量。把天气预报、产流汇流计算、洪水预报和干支流水库群的联合调度联系在一起，以充分发挥水库群的综合效益和拦洪滞洪调节水沙的作用。采用潜水丁坝缩窄枯水河槽，集中水流，固定流路，以利于两岸自流引水、生态环境、水产养殖和航运等兴利事业。要研究管柱筑坝、潜水丁坝等新型建筑物，减少边介对水流的扰动和阻力损失，尽力把新材料、新结构、新技术、新认识（例如人工干预降雨等）应用到河道开发治理工作中去，逐步实现根治黄河的目标。

■　参　考　文　献　■

[1]　黄河水利委员会. 黄河流域综合规划（2012—2030 年）概要（EB/OL），2015 - 03 - 21. http：//www. yellowriver. gov. cn/zwzc/lygh/201303/t20130321-129411. html

[2]　黄河水利委员会治黄研究组. 黄河的治理与开发 [M]. 上海：上海教育出版社，1984.

[3]　彭瑞善. 对近期治黄科研工作的思考 [J]. 人民黄河，2010，32（9）：6 - 9.

[4]　彭瑞善. 修正水沙资料是当前治黄的基础性研究课题 [J]. 人民黄河，2012，34（8）：1 - 5.

[5]　彭瑞善. 黄河综合治理思考 [J]. 人民黄河，2010，32（2）：1 - 4.

[6]　彭瑞善. 新时期许多江河治理都需要研究修正水沙资料 [J]. 水资源研究，2015，4（4）：303 -309.

[7]　刘晓燕，等. 黄河近年水沙锐减成因 [M]. 北京：科学出版社，2016.

[8]　彭瑞善. 黄河下游河道整治与平衡输沙 [J]. 人民黄河，2011，33（3）：3 - 7.

[9]　彭瑞善. 粗谈黄河的治理规划 [C] //治黄规划座谈会秘书组，治黄规划座谈会文件及代表发言汇编. 郑州：黄河水利委员会，1988：134 - 136.

[10]　彭瑞善. 提高黄河水资源利用效益的途径 [J]. 水资源研究，2017，6（4）：384 - 391.

[11]　彭瑞善. 修正水沙资料系列初探 [J]. 水资源研究，2016，5（4）：368 - 378.

[12]　彭瑞善. 适应新的水沙条件加快黄河下游治理 [J]. 人民黄河，2013，35（8）：3 - 9.

[13]　黄河水利委员会. 黄河流域防洪规划 [M]. 郑州：黄河水利出版社，2008.

后　记

　　本书中的水沙资料除注明出处的以外，均引自中国河流和黄河泥沙公报和水资源公报。书中"黄河下游花园口至黑岗口河段河道整治模型试验"（参加试验工作的主要人员有李慧梅、蔡今、尹立生、杜英奇、刘晓辉、方芳欣、陈建国、夏元莉）、"在河工模型中应用比降二次变态的试验研究"（参加试验的主要人员有蔡今、尹立生、方芳欣）、"泥沙的动水沉速及对准静水沉降法的改进"（参加研究的主要人员有李慧梅、刘玉忠）、"小浪底水库建成后下游游荡性河道的演变趋势和对策"（参加研究的有李慧梅）、"松花江哈尔滨段防洪模型试验"（参加试验的有韦安多）5篇均为彭瑞善负责研究项目的研究成果，前两项试验是在曾庆华所长领导下进行的。本书所有研究报告均由彭瑞善执笔编写。"黄河东坝头以下河道整治经验初步总结"为中国水科院泥沙所与黄河水利委员会下属多个单位的合作研究项目，由丁联臻所长负责，泥沙所参加工作的有张仲南、彭瑞善、秦荣显，黄河水利委员会参加工作的有沈鸿信等多位同志，部分同志曾分别编写过研究报告。"黄河东坝头以下河道整治经验初步总结"报告由彭瑞善执笔编写，曾以丁联臻、彭瑞善的名字发表。鲁文协助中国水科院科研专项（泥集0820——黄河治理研究）的立项和管理工作。本书的出版得到郭庆超所长的大力支持帮助，戴清、邓安军、陈绪坚的支持推荐，谨在此对所有支持帮助和共同工作过的各位同志及水沙资料测量和整理的同志一并致以衷心的感谢。

作　者

2021 年 11 月